개념연산

중 **2** **1 B**

2022 개정 교육과정

👁 눈으로
🖐 손으로   개념이 발견되는 디딤돌 개념연산
🧠 머리로

디딤돌수학 개념연산 중학 2-1B

펴낸날 [초판 1쇄] 2024년 6월 15일
펴낸이 이기열
펴낸곳 (주)디딤돌 교육
주소 (03972) 서울특별시 마포구 월드컵북로 122 청원선와이즈타워
대표전화 02-3142-9000
구입문의 02-322-8451
내용문의 02-336-7918
팩시밀리 02-335-6038
홈페이지 www.didimdol.co.kr
등록번호 제10-718호
구입한 후에는 철회되지 않으며 잘못 인쇄된 책은 바꾸어 드립니다.
이 책에 실린 모든 삽화 및 편집 형태에 대한 저작권은
(주)디딤돌 교육에 있으므로 무단으로 복사 복제할 수 없습니다.

1

눈으로 이해되는 개념

디딤돌수학 개념연산은 보는 즐거움이 있습니다.
핵심 개념과 연산 속 개념, 수학적 개념이
이미지로 빠르고 쉽게 이해되고, 오래 기억됩니다.

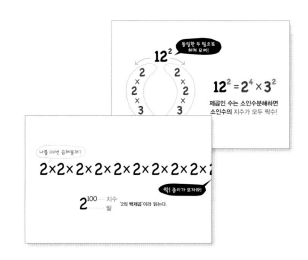

핵심 개념의 이미지화

핵심 개념이 이미지로 빠르고 쉽게
이해됩니다.

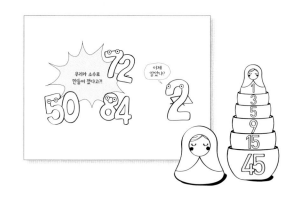

연산 개념의 이미지화

연산 속에 숨어있던 개념들을 이미지로
드러내 보여줍니다.

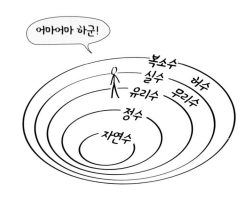

수학 개념의 이미지화

개념의 수학적 의미가 간단한 이미지로
쉽게 이해됩니다.

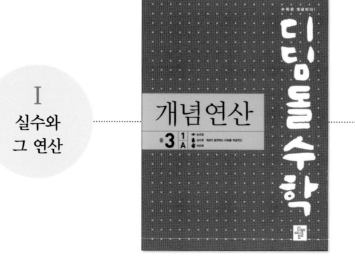

I
실수와
그 연산

Ⅱ
식의 계산

2 손으로 익히는 개념

디딤돌수학 개념연산은 문제를 푸는 즐거움이 있습니다.
학생들에게 가장 필요한 개념을 충분한 문항과 촘촘한 단계별 구성으로
자연스럽게 이해하고 적용할 수 있게 합니다.

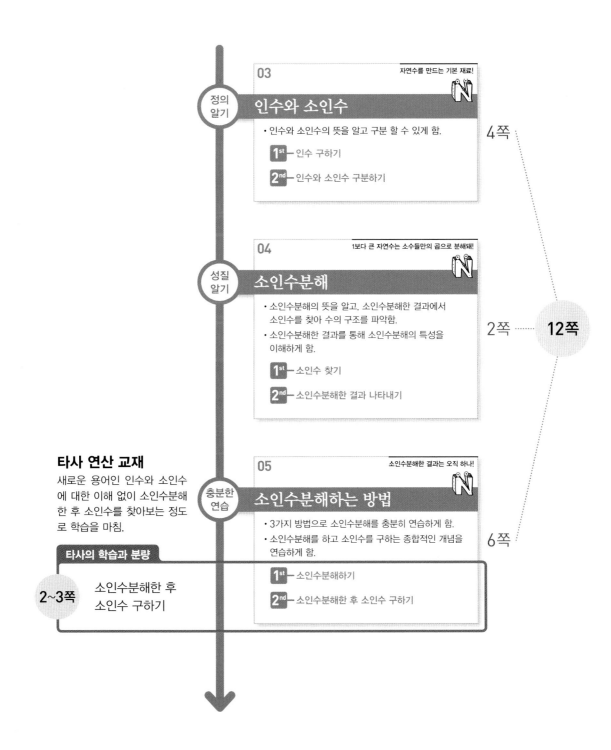

정의 알기

03   자연수를 만드는 기본 재료!

인수와 소인수

• 인수와 소인수의 뜻을 알고 구분 할 수 있게 함.

1st — 인수 구하기

2nd — 인수와 소인수 구분하기

4쪽

성질 알기

04   1보다 큰 자연수는 소수들만의 곱으로 분해돼!

소인수분해

• 소인수분해의 뜻을 알고, 소인수분해한 결과에서
  소인수를 찾아 수의 구조를 파악함.
• 소인수분해한 결과를 통해 소인수분해의 특성을
  이해하게 함.

1st — 소인수 찾기

2nd — 소인수분해한 결과 나타내기

2쪽   **12쪽**

타사 연산 교재
새로운 용어인 인수와 소인수
에 대한 이해 없이 소인수분해
한 후 소인수를 찾아보는 정도
로 학습을 마침.

타사의 학습과 분량

충분한 연습

05   소인수분해한 결과는 오직 하나!

소인수분해하는 방법

• 3가지 방법으로 소인수분해를 충분히 연습하게 함.
• 소인수분해를 하고 소인수를 구하는 종합적인 개념을
  연습하게 함.

6쪽

1st — 소인수분해하기

2nd — 소인수분해한 후 소인수 구하기

2~3쪽   소인수분해한 후
           소인수 구하기

3 머리로 발견하는 개념

디딤돌수학 개념연산은 개념을 발견하는 즐거움이 있습니다.
생각을 자극하는 질문들과 추론을 통해 개념을 발견하고
개념을 연결하여 통합적 사고를 할 수 있게 합니다.

우와!
이것은 연산인가 수학인가!

● **내가 발견한 개념**

   문제를 풀다보면 실전 개념이
   저절로 발견됩니다.

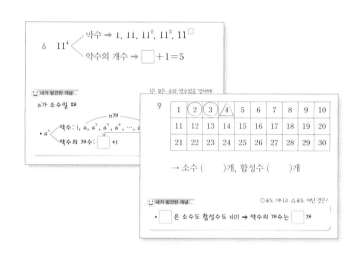

● **개념의 연결**

   나열된 개념들을 서로 연결하여
   통합적 사고를 할 수 있게 합니다.

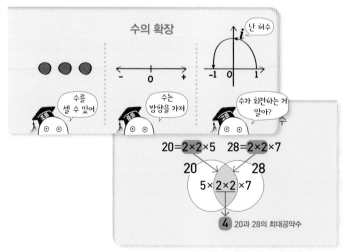

▼ 초등·중등·고등간의 개념연결

학습 내용 간의 개념연결 ▲

2 1/B 학습 계획표

Ⅳ 연립방정식

수학은 개념이다!

디딤돌수학

개념 연산

중 **2** | **1** / **B**

 눈으로

 손으로 개념이 발견되는 디딤돌 개념연산

 머리로

이미지로 이해하고 문제를 풀다 보면
개념이 저절로 발견되는 디딤돌수학 개념연산

①

01　(미지수가 2개인 일차식)=0!

미지수가 2개인 일차방정식

미지수가 2개인 일차방정식

일차식

| 미지수 | 계수 |

$$ax+by+c=0$$

앞뒤가 0만
아니면 돼~

뒤변에는 무조건
0만 남도록 정리해!

• **미지수가 2개인 일차방정식:** 미지수가 2개이고, 차수가 1인 방정식

$$ax+by+c=0 \ (a, b, c는 상수, a\neq0, b\neq0)$$

미지수 2개, 차수는 1

주의 미지수가 2개인 일차방정식을 찾으려면 주어진 식을 간단히 정리하여
① 등식인지 ② 미지수가 2개인지 ③ 미지수의 차수가 모두 1인지
확인해 본다.

예 $5x-y-4=0$, $x+3y-2=0$ → 미지수 2개인 일차방정식이다.
$3x-2$, $x^2-y=1$ → 미지수가 2개인 일차방정식이 아니다.

원리확인 다음 주어진 식에 대한 설명으로 알맞은 것을 보기에서 골
라 ( ) 안에 써넣으시오.

보기
ㄱ. 미지수가 2개인 일차방정식이다.

❶ $4x+2=0$ 　　　　( )

❷ $4x+3y-1$ 　　　　( )

❸ $3x+4y-1=0$ 　　( )

❹ $\dfrac{2}{x}+y-3=0$ 　　( )

❺ $x^2-3y+2=0$ 　　( )

10　III. 연립방정식

②

1st 미지수가 2개인 일차방정식 이해하기

• 다음 중 미지수가 2개인 일차방정식인 것은 ○를, 아닌 것은
×를 ( ) 안에 써넣으시오.

1 $x+y=0$ 　　　　　　( )

2 $\dfrac{x}{2}+y-3=0$ 　　( )

3 $2x+y+1$ 　　　　　( )

4 $x-3y=2x-3y$ 　　( )

5 $\dfrac{x}{3}+\dfrac{1}{y}=2$ 　　　( )

6 $x^2+2y-8=0$ 　　　( )

7 $x^3+4x=x^2+3y$ 　　( )

8 $xy+x=5+x$ 　　　( )

차수는 문자가 곱해진 개수이므로
xy의 차수는 2이.

• 다음 주어진 방정식이 미지수가 2개인 일차방정식이 될
조건을 찾는 과정이다. □ 안에 알맞은 수를 써넣으시오.

9 $ax+3y+1=0$이 미지수가 2개인 일차방정식
이 되려면 $a\neq$ □

10 $3x+by+1=0$이 미지수가 2개인 일차방정식
이 되려면 $b\neq$ □

11 $(a-2)x+4y+1=0$이 미지수가 2개인 일차
방정식이 되려면 $a-2\neq$ □, 즉 $a\neq$ □

12 $4x+(2-b)y+1=0$이 미지수가 2개인 일차
방정식이 되려면 $2-b\neq$ □, 즉 $b\neq$ □

13 $2(ax+1)+by=x+3y$가 미지수가 2개인 일
차방정식이 되려면
$2a-1\neq0$, 즉 $a\neq$ □
$b-3\neq0$, 즉 $b\neq$ □

개념모음문제

14 등식 $x+(a-3)y+4=2x-5y$가 x, y에
한 일차방정식일 때, 다음 중 상수 a의 값이
될 수 없는 것은?

① -2　　② -1　　③ 1
④ 2　　⑤ 3

③

☺ 내가 발견한 개념　　　미지수가 2개인 일차방정식이 될 조건은?

• $ax+by+c=0$이 미지수가 2개인 일차방정식이 되려면
→ $a\neq$ □ , $b\neq$ □ , a, b, c는 상수

→ 미지수 x, y의 계수가 □ 이 아니어야 한다.

정답과 풀이 2쪽

2nd 미지수가 2개인 일차방정식으로 나타내기

• 다음 문장을 미지수가 2개인 일차방정식으로 나타내시오.

15 오리 x마리와 고양이 y마리의 다리 수는 모두 /
30개이다.
→ □ × x + □ × y = □

16 한 개에 x원인 사탕 8개와 한 개에 y원인 초콜릿
12개를 샀더니 가격이 / 5200원이었다.

17 농구 경기에서 2점짜리 골 x개와 3점짜리 골 y
개를 성공시켜 얻은 점수는 / 45점이다.

18 가로의 길이가 x cm이고 세로의 길이가 10 cm
인 직사각형의 넓이는 / y cm²이다.

④

개념모음문제

20 x %의 설탕물 100 g과 y %의 설탕물 200 g을
섞었더니 20 %의 설탕물 300 g이 되었다. 이를
미지수가 2개인 일차방정식으로 나타내면?

① $x+2y=20$　　② $x-2y=20$
③ $x+2y=30$　　④ $x+2y=60$
⑤ $x-2y=60$

1. 연립방정식과 그 풀이 11

---

①
이미지로 개념 이해

핵심이 되는 개념을 이미지로
먼저 이해한 후 개념과 정의를
읽어보면 딱딱한 설명도 이해가 쏙!
원리확인 문제로 개념을
바로 적용하면 개념이 쏙!

②
단계별·충분한 문항

문제를 풀기만 하면
저절로 실력이 높아지도록
구성된 단계별 문항!
문제를 풀기만 하면
개념이 자신의 것이 되도록
구성된 충분한 문항!

③
내가 발견한 개념

문제 속에 숨겨져 있는
실전 개념들을 발견해 보자!
숨겨진 보물을 찾듯이
실전 개념들을 내가 발견하면
흥미와 재미는 덤! 실력은 쏙!

④
개념모음문제

문제를 통해 이해한 개념들은
개념모음문제로 한 번에 정리!
개념을 활용하는 응용력도 쏙!

발견된 개념들을 연결하여
통합적 사고를 할 수 있는 디딤돌수학 개념연산

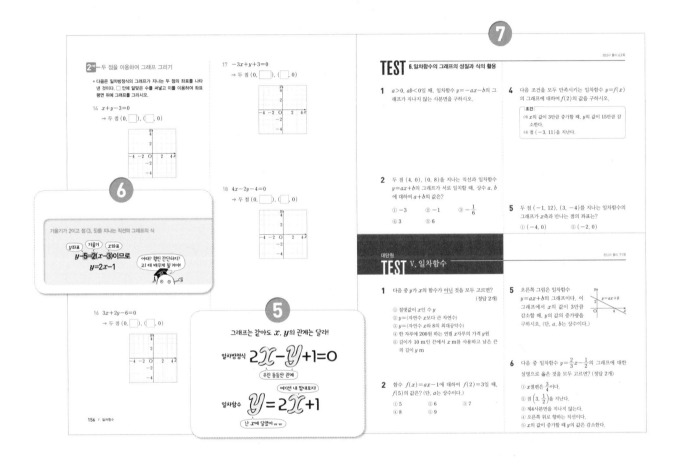

⑤ 그림으로 보는 개념

연산 속에 숨어있던 개념을
이미지로 확인해 보자.
개념은 쉽게 확인되고
개념의 의미는 더 또렷이 저장!

⑥ 개념 간의 연계

개념의 단원 안에서의 연계와
다른 단원과의 연계,
초·중·고 간의 연계를 통해
통합적 사고를 얻게 되면
공부하는 재미가 쭐깃!

⑦ 개념을 확인하는 TEST

중단원별로 개념의 이해를
확인하는 TEST
대단원별로 개념과 실력을
확인하는 대단원 TEST

대수의 계산!

연립방정식

1

미지수가 두 개인, 연립방정식과 그 풀이

우리는 이 두 방정식을

$$\begin{cases} ax+by=c \\ a'x+b'y=c' \end{cases}$$

모두 만족시켜야 해!

(미지수가 2개인 일차식)=0!

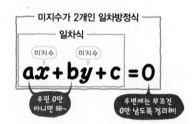

미지수가 2개인 일차방정식

일차식

미지수 미지수

$ax + by + c = 0$

우린 0만 아니면 돼~

우변에는 무조건 0만 남도록 정리해!

01 미지수가 2개인 일차방정식

$x+2y=3$은 미지수가 x, y로 2개이고, x, y의 차수는 모두 1이야. 이처럼 미지수 2개이고 차수가 1인 방정식을 미지수가 2개인 일차방정식이라 해. 따라서 어떤 등식을 미지수가 2개인 일차방정식인지 알아보려면 등식의 모든 항을 좌변으로 이항하여 정리하였을 때,

$$ax+by+c=0 \,(a, b, c는 상수, a\neq0, b\neq0)$$

꼴이면 돼!

참이 되게 하는 순서쌍 (x, y)!

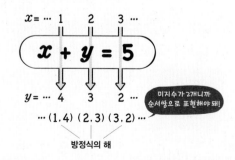

$x = \cdots$ 1 2 3 $\cdots$

$x + y = 5$

$y = \cdots$ 4 3 2 $\cdots$

미지수가 2개니까 순서쌍으로 표현해야 돼!

$\cdots (1,4) \ (2,3) \ (3,2) \cdots$

방정식의 해

02 미지수가 2개인 일차방정식의 해

미지수가 x, y로 2개인 일차방정식을 참이 되게 하는 x, y의 값 또는 순서쌍 (x, y)를 그 일차방정식의 해 또는 근이라 하고, 일차방정식의 해를 구하는 것을 일차방정식을 푼다고 해. 이때 해는 미지수가 1개인 일차방정식과 달리 x의 조건에 따라 해가 여러 개 존재할 수 있어.

2개의 방정식을 모두 참이 되게 하는 순서쌍 (x, y)!

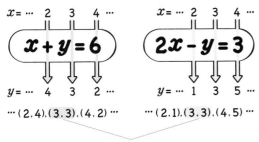

연립일차방정식의 해!

03 미지수가 2개인 연립일차방정식과 그 해

미지수가 2개인 두 일차방정식을 한 쌍으로 묶어 놓은 것을 미지수가 2개인 연립일차방정식이라 해. 이 때 두 방정식을 동시에 만족시키는 x, y의 값 또는 순서쌍 (x, y)를 그 연립방정식의 해라 하고, 연립방정식의 해를 구하는 것을 연립방정식을 푼다고 하지.

식을 더하거나 빼서 미지수 하나를 없애!

$$\begin{cases} 2x - y = 2 \\ x + y = 1 \end{cases}$$

$$\begin{array}{r} 2x - y = 2 \\ +) \quad x + y = 1 \\ \hline 3x = 3 \\ x = 1 \end{array}$$

더해서 y를 없애!

대입 ➡ $y = 0$

따라서 $x = 1$, $y = 0$

$$\begin{cases} x + 2y = 2 \\ x + y = 1 \end{cases}$$

$$\begin{array}{r} x + 2y = 2 \\ -) \quad x + y = 1 \\ \hline y = 1 \end{array}$$

빼서 x를 없애!

대입 ➡ $x = 0$

따라서 $x = 0$, $y = 1$

04 연립방정식의 풀이(1)-가감법

두 방정식을 변끼리 더하거나 빼서 한 미지수를 없애 연립방정식을 푸는 방법을 가감법이라 해. 이때 두 방정식의 x의 계수와 y의 계수의 절댓값이 각각 다른 경우에는 각 방정식의 양변에 적당한 수를 곱하여 x의 계수 또는 y의 계수의 절댓값을 같게 한후 연립방정식을 풀어야 해.

식을 대입해서 미지수 하나를 없애!

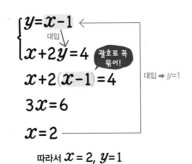

$$\begin{cases} y = x - 1 \\ x + 2y = 4 \end{cases}$$

대입

괄호로 꼭 묶어!

$$x + 2(x - 1) = 4$$
$$3x = 6$$
$$x = 2$$

대입 ➡ $y = 1$

따라서 $x = 2$, $y = 1$

05 연립방정식의 풀이(2)-대입법

미지수가 2개인 연립방정식을 풀 때, 한 방정식을 하나의 미지수에 대하여 정리하고, 이를 다른 방정식에 대입하여 한 미지수를 없애 연립방정식을 푸는 방법을 대입법이라 해.

01

(미지수가 2개인 일차식)=0!

미지수가 2개인 일차방정식

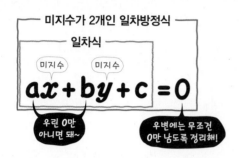

우린 0만 아니면 돼~

우변에는 무조건 0만 남도록 정리해!

• **미지수가 2개인 일차방정식**: 미지수가 2개이고, 차수가 1인 방정식

$$ax+by+c=0 \ (a, b, c는 \ 상수, \ a\neq0, \ b\neq0)$$

미지수 2개, 차수는 1

참고 미지수가 2개인 일차방정식을 찾으려면 주어진 식을 간단히 정리하여
① 등식인지 ② 미지수가 2개인지 ③ 미지수의 차수가 모두 1인지
확인해 본다.

예 $5x-y-4=0$, $x+3y-2=0$ → 미지수가 2개인 일차방정식이다.
$3x-2$, $x^2-y=1$ → 미지수가 2개인 일차방정식이 아니다.

원리확인 다음 주어진 식에 대한 설명으로 알맞은 것을 보기에서 골라 ( ) 안에 써넣으시오.

> **보기**
>
> ㄱ. 미지수가 2개인 일차방정식이다.
> ㄴ. 등호가 없으므로 방정식이 아니다.
> ㄷ. 미지수가 1개이므로 미지수가 2개인 일차방정식이 아니다.
> ㄹ. x^2의 차수가 2이므로 일차방정식이 아니다.
> ㅁ. 분모에 미지수가 있으면 다항식이 아니므로 일차방정식이 될 수 없다.

❶ $4x+2=0$ ( )

❷ $4x+3y-1$ ( )

❸ $3x+4y-1=0$ ( )

❹ $\dfrac{2}{x}+y-3=0$ ( )

❺ $x^2-3y+2=0$ ( )

1st — 미지수가 2개인 일차방정식 이해하기

• 다음 중 미지수가 2개인 일차방정식인 것은 ○를, 아닌 것은 ×를 ( ) 안에 써넣으시오.

1 $x+y=0$ ( )

2 $\dfrac{x}{2}+y-3=0$ ( )

3 $2x+y+1$ ( )

4 $x-3y=2x-3y$ ( )

5 $\dfrac{x}{3}+\dfrac{1}{y}=2$ ( )
분모에 미지수가 있으면 다항식이 아니므로 일차방정식이 될 수 없어!

6 $x^2+2y-8=0$ ( )

7 $x^2+4x=x^2+3y$ ( )

8 $xy+x=5+x$ ( )

차수는 문자가 곱해진 개수이므로 xy의 차수는 2야.

😊 **내가 발견한 개념** 미지수가 2개인 일차방정식이 될 조건은?

• $ax+by+c=0$이 미지수가 2개인 일차방정식이 되려면

→ $a\neq\boxed{}$, $b\neq\boxed{}$, a, b, c는 상수

→ 미지수 x, y의 계수가 $\boxed{}$이 아니어야 한다.

• 다음은 주어진 방정식이 미지수가 2개인 일차방정식이 될 조건을 찾는 과정이다. □ 안에 알맞은 수를 써넣으시오.

9 $ax+3y+1=0$이 미지수가 2개인 일차방정식이 되려면 $a \neq \boxed{}$

10 $3x+by+1=0$이 미지수가 2개인 일차방정식이 되려면 $b \neq \boxed{}$

11 $(a-2)x+4y+1=0$이 미지수가 2개인 일차방정식이 되려면 $a-2 \neq \boxed{}$, 즉 $a \neq \boxed{}$

12 $4x+(2-b)y+1=0$이 미지수가 2개인 일차방정식이 되려면 $2-b \neq \boxed{}$, 즉 $b \neq \boxed{}$

13 $2(ax+1)+by=x+3y$가 미지수가 2개인 일차방정식이 되려면

$2a-1 \neq 0$, 즉 $a \neq \boxed{}$

$b-3 \neq 0$, 즉 $b \neq \boxed{}$

방정식의 괄호를 풀고 등식의 모든 항을 좌변으로 이항하여 정리해 봐!

개념모음문제
14 등식 $x+(a-3)y+4=2x-5y$가 x, y에 대한 일차방정식일 때, 다음 중 상수 a의 값이 될 수 없는 것은?

① -2 　② -1 　③ 1
④ 2 　⑤ 3

2nd ─ 미지수가 2개인 일차방정식으로 나타내기

• 다음 문장을 미지수가 2개인 일차방정식으로 나타내시오.

15 오리 x마리와 고양이 y마리의 다리 수는 모두 / 30개이다.

➡ $\boxed{} \times x + \boxed{} \times y = \boxed{}$

16 한 개에 x원인 사탕 8개와 한 개에 y원인 초콜릿 12개를 샀더니 가격이 / 5200원이었다.

17 농구 경기에서 2점짜리 골 x개와 3점짜리 골 y개를 성공시켜 얻은 점수는 / 45점이다.

18 가로의 길이가 x cm이고 세로의 길이가 10 cm인 직사각형의 넓이는 / y cm²이다.

19 x의 3배와 y의 5배의 합은 / 35이다.

개념모음문제
20 x %의 설탕물 100 g과 y %의 설탕물 200 g을 섞었더니 20 %의 설탕물 300 g이 되었다. 이를 미지수가 2개인 일차방정식으로 나타내면?

① $x+2y=20$ 　② $x-2y=20$
③ $x+2y=30$ 　④ $x+2y=60$
⑤ $x-2y=60$

02

참이 되게 하는 순서쌍 (x, y)!

미지수가 2개인 일차방정식의 해

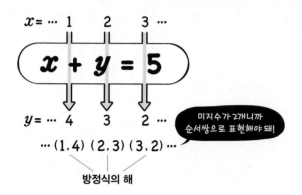

··· (1,4) (2,3) (3,2) ···

미지수가 2개니까 순서쌍으로 표현해야 돼!

방정식의 해

- **미지수가 2개인 일차방정식의 해**: 미지수가 2개인 일차방정식을 만 족시키는 x, y의 값 또는 그 순서쌍 (x, y)
- **일차방정식을 푼다**: 일차방정식의 해를 모두 구하는 것

원리확인 일차방정식 $2x+y=5$에 대하여 □ 안에 알맞은 수를 써 넣고, 옳은 문장에 ○를 하시오.

① $x=0$, $y=5$일 때, $2 \times \boxed{} + \boxed{} = \boxed{}$
→ $(0, 5)$는 (해이다 , 해가 아니다).

② $x=1$, $y=4$일 때, $2 \times \boxed{} + \boxed{} = \boxed{}$
→ $(1, 4)$는 (해이다 , 해가 아니다).

③ $x=2$, $y=2$일 때, $2 \times \boxed{} + \boxed{} = \boxed{}$
→ $(2, 2)$는 (해이다 , 해가 아니다).

④ $x=3$, $y=-1$일 때, $2 \times \boxed{} + (\boxed{}) = \boxed{}$
→ $(3, -1)$은 (해이다 , 해가 아니다).

⑤ $x=-2$, $y=9$일 때, $2 \times (\boxed{}) + \boxed{} = \boxed{}$
→ $(-2, 9)$는 (해이다 , 해가 아니다).

1st ― 미지수가 2개인 일차방정식의 해 판별하기

● 다음 주어진 일차방정식의 해인 것은 ○를, 아닌 것은 ×를 ( ) 안에 써넣으시오.

$$x + 3y = 7$$

1 $(0, 3)$ ( )
$x+3y=7$에 $x=0$, $y=3$을 대입해 봐!

2 $(1, 2)$ ( )

3 $(2, 1)$ ( )

4 $(4, 1)$ ( )

5 $(-1, 3)$ ( )

6 $(-2, 3)$ ( )

7 $(-5, 4)$ ( )

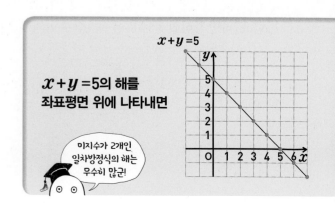

$x+y=5$의 해를
좌표평면 위에 나타내면

미지수가 2개인
일차방정식의 해는
무수히 많군!

● 다음 일차방정식 중에서 순서쌍 $(2, -1)$을 해로 갖는 것은 ○를, 갖지 않는 것은 ×를 ( ) 안에 써넣으시오.

8 $x+2y=0$ ( )

$x+2y=0$에 $x=2$, $y=-1$을 대입해 봐!

9 $2x-y+3=0$ ( )

10 $3x+2y=10$ ( )

11 $5x+2y-9=0$ ( )

12 $y=-(x-1)$ ( )

13 $3(x-5)=y+8$ ( )

14 $4x+2(y-3)=0$ ( )

개념모음문제
15 다음 중 일차방정식 $x-4y=20$의 해가 <u>아닌</u> 것은?

① $(0, -5)$　② $(2, -6)$　③ $(4, -4)$
④ $(8, -3)$　⑤ $(12, -2)$

2nd — x, y가 자연수일 때 일차방정식의 해 구하기

● x, y가 자연수일 때, 다음 일차방정식에 대하여 표를 완성하고, 일차방정식의 해를 구하시오.

16 $2x+y=7$

x	1	2	3	4	5
y	5	3	1	−1	−3

→ 해: $(1, 5)$, $(2, \boxed{})$, $(3, \boxed{})$

x, y가 자연수인 경우만 찾아!

17 $7x+y=25$

x	1	2	3	4	5
y					

→ 해:

18 $x+2y=10$

x					
y	1	2	3	4	5

→ 해:

미지수가 2개인 일차방정식의 자연수인 해를 구할 때,
계수의 절댓값이 큰 미지수에 자연수를 차례로
대입하면 해를 구하는 게 더 쉬워!
$x+2y=10$ — $y=1, 2, 3, \cdots$을 대입
(계수: 1) < (계수: 2)

19 $x+8y=32$

x					
y	1	2	3	4	5

→ 해: _____

20 $y=4-x$

x	1	2	3	4	5
y					

→ 해: _____

21 $y=-3x+11$

x	1	2	3	4	5
y					

→ 해: _____

22 $y=-\dfrac{1}{2}x+3$

x					
y	1	2	3	4	5

→ 해: _____

● x, y가 자연수일 때, 다음 일차방정식의 해를 구하시오.

23 $2x+y-10=0$

_____

x에 자연수 1, 2, 3, …을 차례로 대입해 봐!

24 $x+3y=15$

_____

y에 자연수 1, 2, 3, …을 차례로 대입하면 더 쉽게 찾을 수 있어!

25 $3x+2y=11$

_____

26 $\dfrac{1}{4}x+y=3$

_____

27 $y=20-5x$

_____

개념모음문제
28 x, y가 자연수일 때, 다음 일차방정식 중 해의 개수가 가장 많은 것은?

① $x+y=3$　　　② $x+2y=5$
③ $2x+y=12$　　④ $2x+3y=19$
⑤ $3x+4y=30$

3rd — 해가 주어졌을 때의 미지수의 값 구하기

● 일차방정식과 그 한 해가 다음과 같을 때, 상수 a의 값을 구하시오.

29 $-x+ay=4$, $(1, 5)$

→ $-\boxed{}+a\times\boxed{}=4$이므로 $a=\boxed{}$

30 $x-y=a$, $(2, -3)$

31 $ax+y=6$, $(1, 3)$

32 $2x+ay=10$, $(-1, 4)$

33 $3x+2y=a$, $(-3, 5)$

34 $ax-3y=17$, $(-5, 1)$

개념모음문제
35 일차방정식 $7x-ay-8=0$의 해가 $(-4, 9)$일 때, 상수 a의 값은?

① -6 ② -4 ③ -2
④ 1 ⑤ 3

36 $-x+5y=4$, $(1, a)$

→ $-\boxed{}+5\times\boxed{}=4$이므로 $a=\boxed{}$

37 $x+3y=11$, $(a, 2)$

38 $2x-y=9$, $(-3, a)$

39 $3x+7y=8$, $\left(\dfrac{1}{3}, a\right)$

40 $4x+9y+1=0$, $(a, 3)$

41 $5x-6y+8=0$, $\left(a, \dfrac{1}{2}a\right)$

:) 내가 발견한 개념   일차방정식의 해의 의미는?

● x, y에 대한 일차방정식 $ax+by=c$의 해가 (p, q)이다.

→ $a\times\boxed{}+b\times\boxed{}=c$ (단, a, b, c는 상수, $a\neq0, b\neq0$)

개념모음문제
42 순서쌍 $(7, 2)$, $(b, -2)$가 일차방정식 $ax-5y=4$의 해일 때, $a-b$의 값은?
(단, a는 상수)

① -5 ② -3 ③ -1
④ 3 ⑤ 5

2개의 방정식을 모두 참이 되게 하는 순서쌍 (x, y)!

미지수가 2개인 연립일차방정식과 그 해

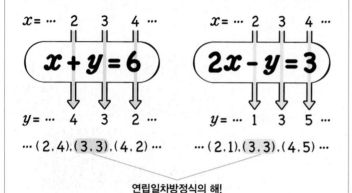

$x = \cdots$ 2 3 4 $\cdots$

$x + y = 6$

$y = \cdots$ 4 3 2 $\cdots$

$\cdots (2, 4), (3, 3), (4, 2) \cdots$

$x = \cdots$ 2 3 4 $\cdots$

$2x - y = 3$

$y = \cdots$ 1 3 5 $\cdots$

$\cdots (2, 1), (3, 3), (4, 5) \cdots$

연립일차방정식의 해!

- **미지수가 2개인 연립일차방정식**: 미지수가 2개인 일차방정식 두 개를 한 쌍으로 묶어 놓은 것

> **미지수가 2개인 연립일차방정식**
> $$\begin{cases} ax+by=c \ (a, b, c\text{는 상수}, a\neq0, b\neq0) \\ a'x+b'y=c' \ (a', b', c'\text{는 상수}, a'\neq0, b'\neq0) \end{cases}$$

> **참고** 연립일차방정식을 간단히 연립방정식이라 한다.

- **연립방정식의 해**: 연립방정식에서 두 일차방정식을 모두 만족시키는 x, y의 값 또는 그 순서쌍 (x, y)
- **연립방정식을 푼다**: 연립방정식의 해를 구하는 것

원리확인 다음 연립방정식에 대하여 □ 안에 알맞은 수를 써넣고, 옳은 문장에 ○를 하시오.

$$\begin{cases} x+y=6 \\ 2x+y=7 \end{cases}$$

❶ $x=1$, $y=5$일 때, $\begin{cases} \boxed{}+\boxed{}=6 \\ 2\times\boxed{}+\boxed{}=7 \end{cases}$

→ $(1, 5)$는 (해이다 , 해가 아니다).

❷ $x=2$, $y=4$일 때, $\begin{cases} \boxed{}+\boxed{}=6 \\ 2\times\boxed{}+\boxed{}=\boxed{} \end{cases}$

→ $(2, 4)$는 (해이다 , 해가 아니다).

1st — 연립방정식으로 나타내기

● 다음 문장을 미지수가 2개인 연립방정식으로 나타내시오.

1 문방구에서 연필 1자루는 x원, 공책 1권은 y원에 판매한다. 연필 3자루와 공책 5권의 값은 5000원이고, 연필 4자루와 공책 2권의 값은 3400원이다.

→ $\begin{cases} \boxed{}\times x+\boxed{}\times y=\boxed{} \\ \boxed{}\times x+\boxed{}\times y=\boxed{} \end{cases}$

2 오리 x마리와 염소 y마리를 모두 합한 동물 10마리의 다리 수를 세어보니 28개였다.

3 직사각형의 가로의 길이와 세로의 길이가 각각 x cm, y cm이다. 가로의 길이가 세로의 길이보다 5 cm 더 긴 직사각형의 둘레의 길이는 58 cm이다.

4 현재 아버지의 나이는 x세, 아들의 나이는 y세이다. 현재 아버지와 아들의 나이의 합은 58세이고, 3년 후에 아버지의 나이는 아들의 나이의 3배가 된다.

2ⁿᵈ ─ 연립방정식의 해 판별하기

● 다음 연립방정식 중에서 순서쌍 $(1, 2)$를 해로 갖는 것은 ○를, 갖지 않는 것은 ×를 (   ) 안에 써넣으시오.

5 $\begin{cases} x+y=3 \\ 2x+y=4 \end{cases}$ (   )

x=1, y=2를 두 일차방정식에 각각 대입해서 모두 참이 되는지 살펴봐!

6 $\begin{cases} 2x+y=4 \\ x+3y=9 \end{cases}$ (   )

7 $\begin{cases} 2x-y=1 \\ -3x+2y=1 \end{cases}$ (   )

8 $\begin{cases} 3x-y=1 \\ x+4y=9 \end{cases}$ (   )

9 $\begin{cases} -4x+3y=-2 \\ x-5y=-10 \end{cases}$ (   )

10 $\begin{cases} 5x+y=7 \\ -2x+7y=12 \end{cases}$ (   )

3ʳᵈ ─ x, y가 자연수일 때 연립방정식의 해 구하기

● x, y가 자연수일 때, 다음 연립방정식에 대하여 표를 완성하고 연립방정식의 해를 구하시오.

11 $\begin{cases} x+y=5 & \cdots\cdots ㉠ \\ 2x+y=6 & \cdots\cdots ㉡ \end{cases}$

일차방정식 ㉠의 해

x	1	2	3	4	5
y					

일차방정식 ㉡의 해

x	1	2	3	4	5
y					

→ 연립방정식의 해: _____

12 $\begin{cases} 2x+y=7 & \cdots\cdots ㉠ \\ x+3y=11 & \cdots\cdots ㉡ \end{cases}$

일차방정식 ㉠의 해

x	1	2	3	4	5
y					

일차방정식 ㉡의 해

x					
y	1	2	3	4	5

→ 연립방정식의 해: _____

13 $\begin{cases} 3x+2y=16 & \cdots\cdots ㉠ \\ 2x+7y=22 & \cdots\cdots ㉡ \end{cases}$

일차방정식 ㉠의 해

x	1	2	3	4	5
y					

일차방정식 ㉡의 해

x					
y	1	2	3	4	5

→ 연립방정식의 해: _____

• x, y가 자연수일 때, 다음 연립방정식의 해를 구하시오.

14 $\begin{cases} x+y=3 \\ x+2y=5 \end{cases}$

두 방정식의 자연수인 해를 각각 구해서 공통인 해를 찾아!

15 $\begin{cases} x+3y=8 \\ 2x+3y=13 \end{cases}$

16 $\begin{cases} 2x+y=9 \\ x=-2y+6 \end{cases}$

17 $\begin{cases} 3x+2y=11 \\ y=-3x+7 \end{cases}$

18 $\begin{cases} 4x+3y=23 \\ 3x+5y=31 \end{cases}$

개념모음문제

19 x, y가 자연수일 때, 연립방정식
$\begin{cases} 3x-4y=7 \\ -5x+6y=-13 \end{cases}$
의 해는 (p, q)이다. $p+q$의 값은?

① 1   ② 3   ③ 5

④ 7   ⑤ 9

4th — 해가 주어졌을 때의 미지수의 값 구하기

• ☐ 안에 알맞은 수를 써넣으시오.

20 다음은 연립방정식 $\begin{cases} ax+2y=7 \\ -3x+by=9 \end{cases}$ 의 해가
$x=-1$, $y=3$일 때, 상수 a, b의 값을 구하는 과정이다.

(1) $x=\boxed{}$, $y=\boxed{}$을/를

일차방정식 $ax+2y=7$에 대입하면

$-a+\boxed{}=7$

따라서 $a=\boxed{}$

(2) $x=\boxed{}$, $y=3$을

일차방정식 $-3x+by=9$에 대입하면

$\boxed{}+3b=9$

따라서 $b=\boxed{}$

21 다음은 연립방정식 $\begin{cases} 3x+ay=2 \\ bx-2y=6 \end{cases}$ 의 해가
$x=2$, $y=-4$일 때, 상수 a, b의 값을 구하는 과정이다.

(1) $x=\boxed{}$, $y=\boxed{}$을/를

일차방정식 $3x+ay=2$에 대입하면

$\boxed{}-4a=2$

따라서 $a=\boxed{}$

(2) $x=2$, $y=\boxed{}$을/를

일차방정식 $bx-2y=6$에 대입하면

$2b+\boxed{}=6$

따라서 $b=\boxed{}$

😊 내가 발견한 개념   연립방정식의 해의 의미는?

• x, y에 대한 연립방정식 $\begin{cases} ax+by=c \\ a'x+b'y=c' \end{cases}$ 의 해가 (p, q)이다.

→ $a \times \boxed{} + b \times \boxed{} = c$, $a' \times \boxed{} + b' \times \boxed{} = \boxed{}$

● 연립방정식과 그 해가 다음과 같을 때, 상수 a, b의 값을 구하시오.

22 $\begin{cases} x-2y=a \\ bx+y=4 \end{cases}$, $(1, 2)$

    ➡ $x=1$, $y=2$를 $x-2y=a$에 대입하면

      $\boxed{} - 2 \times \boxed{} = a$에서 $a = \boxed{}$

      $x=1$, $y=2$를 $bx+y=4$에 대입하면

      $b + \boxed{} = 4$에서 $b = \boxed{}$

23 $\begin{cases} ax+y=5 \\ 3x+by=9 \end{cases}$, $(2, 3)$

24 $\begin{cases} 2x+ay=-5 \\ bx-y=4 \end{cases}$, $(-1, -3)$

25 $\begin{cases} ax+5y=-6 \\ 5x-3y=b \end{cases}$, $(2, -2)$

26 $\begin{cases} x-3y=a \\ bx+3y=-7 \end{cases}$, $(-2, -1)$

27 $\begin{cases} x-4y=-11 \\ bx+y=6 \end{cases}$, $(a, 3)$

    ➡ $x=a$, $y=3$을 $x-4y=-11$에 대입하면

      $\boxed{} - 4 \times \boxed{} = -11$에서 $a = \boxed{}$

      $x = \boxed{}$, $y=3$을 $bx+y=6$에 대입하면

      $b \times \boxed{} + \boxed{} = 6$에서 $b = \boxed{}$

28 $\begin{cases} 4x-7y=2 \\ bx+y=-10 \end{cases}$, $(4, a)$

29 $\begin{cases} 3x-11y=16 \\ x-4y=b \end{cases}$, $(a, -2)$

개념모음문제

30 연립방정식 $\begin{cases} -3x+2y=12 \\ 5x+4y=k \end{cases}$ 를 만족시키는 y의 값이 3일 때, 상수 k의 값은?

   ① 0   ② 2   ③ 4

   ④ 6   ⑤ 8

두 일차방정식의 그래프의 교점이 해이군! 곧 배울테지만…

미지수가 1개인 일차방정식	미지수가 2개인 일차방정식	미지수가 2개인 연립일차방정식
 $x=2$ 해는 1개	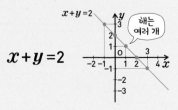 $x+y=2$ 해는 여러 개	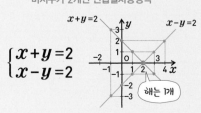 $\begin{cases} x+y=2 \\ x-y=2 \end{cases}$ 해는 1개

04

식을 더하거나 빼서 미지수 하나를 없애!

연립방정식의 풀이(1)-가감법

$$\begin{cases} 2x-y=2 \\ x+y=1 \end{cases}$$

$$\begin{array}{r} 2x-y=2 \\ +)\ \ x+y=1 \\ \hline 3x\ \ \ \ =3 \\ x\ \ \ \ =1 \end{array}$$

더해서 y를 없애!

대입 ➡ $y=0$

따라서 $x=1$, $y=0$

$$\begin{cases} x+2y=2 \\ x+y=1 \end{cases}$$

$$\begin{array}{r} x+2y=2 \\ -)\ \ x+\ \ y=1 \\ \hline y=1 \end{array}$$

빼서 x를 없애!

대입 ➡ $x=0$

따라서 $x=0$, $y=1$

- **가감법**: 연립방정식의 두 일차방정식을 변끼리 더하거나 빼어서 한 미지수를 소거하여 연립방정식을 푸는 방법
- **가감법을 이용한 연립방정식의 풀이**
  (ⅰ) 소거하려는 미지수의 계수의 절댓값이 같아지도록 각 방정식의 양변에 적당한 수를 곱한다.
  (ⅱ) 소거하려는 미지수의 계수의 부호가 같으면 변끼리 빼고, 다르면 변끼리 더하여 한 미지수를 소거한 후 방정식을 푼다.
  (ⅲ) (ⅱ)에서 구한 해를 두 일차방정식 중 간단한 일차방정식에 대입하여 다른 미지수의 값을 구한다.

원리확인 다음은 연립방정식에서 x 또는 y를 없애는 과정이다. 빈칸에 알맞은 것을 써넣으시오.

❶ $\begin{cases} x+2y=5 & \cdots\cdots\ \textcircled{\scriptsize ㄱ} \\ x+y=4 & \cdots\cdots\ \textcircled{\scriptsize ㄴ} \end{cases}$

$$\xrightarrow{\textcircled{\scriptsize ㄱ}}\quad x+2y=\ 5$$
$$\xrightarrow{\textcircled{\scriptsize ㄴ}}\quad -)\ x+\ \ y=\ 4$$
$$\overline{\qquad\qquad\qquad y=\boxed{}}$$

❷ $\begin{cases} 3x+y=2 & \cdots\cdots\ \textcircled{\scriptsize ㄱ} \\ -2x-y=8 & \cdots\cdots\ \textcircled{\scriptsize ㄴ} \end{cases}$

$$\xrightarrow{\textcircled{\scriptsize ㄱ}}\qquad\quad 3x+y=\ 2$$
$$\xrightarrow{\textcircled{\scriptsize ㄴ}}\quad +)\ -2x-y=\ 8$$
$$\overline{\qquad\qquad\quad x\qquad\ =\boxed{}}$$

❸ $\begin{cases} x-2y=-9 & \cdots\cdots\ \textcircled{\scriptsize ㄱ} \\ 2x+y=2 & \cdots\cdots\ \textcircled{\scriptsize ㄴ} \end{cases}$

$$\xrightarrow{\textcircled{\scriptsize ㄱ}\times 2}\quad 2x-\boxed{}y=\boxed{}$$
$$\xrightarrow{\textcircled{\scriptsize ㄴ}}\ \bigcirc\big)\ 2x+\quad y=\ 2$$
$$\overline{\qquad\qquad\quad\boxed{}y=\boxed{}}$$

소거하려는 미지수의 계수의 절댓값이 같도록 각 방정식의 양변에 적당한 수를 곱해!

❹ $\begin{cases} 3x+2y=10 & \cdots\cdots\ \textcircled{\scriptsize ㄱ} \\ 4x-3y=2 & \cdots\cdots\ \textcircled{\scriptsize ㄴ} \end{cases}$

$$\xrightarrow{\textcircled{\scriptsize ㄱ}\times 3}\quad \boxed{}x+6y=\boxed{}$$
$$\xrightarrow{\textcircled{\scriptsize ㄴ}\times 2}\ \bigcirc\big)\ \boxed{}x-6y=\boxed{}$$
$$\overline{\qquad\qquad\ \boxed{}x\quad\ =\boxed{}}$$

❺ $\begin{cases} -2x+7y=20 & \cdots\cdots\ \textcircled{\scriptsize ㄱ} \\ 5x+2y=-11 & \cdots\cdots\ \textcircled{\scriptsize ㄴ} \end{cases}$

$$\xrightarrow{\textcircled{\scriptsize ㄱ}\times 5}\quad -10x+\boxed{}y=\boxed{}$$
$$\xrightarrow{\textcircled{\scriptsize ㄴ}\times 2}\ \bigcirc\big)\ \ 10x+\boxed{}y=\boxed{}$$
$$\overline{\qquad\qquad\qquad\ \boxed{}y=\boxed{}}$$

🙂 **내가 발견한 개념**　　　　언제 더하고 언제 뺄까?

소거하려는 미지수의 계수의

- 부호가 같으면 ➡ 두 방정식의 변끼리 $\boxed{}$다.
- 부호가 다르면 ➡ 두 방정식의 변끼리 $\boxed{}$한다.

1st 가감법을 이용하여 연립방정식 풀기

● □ 안에 알맞은 수를 써넣으시오.

1 다음은 연립방정식

$$\begin{cases} -x+2y=8 & \cdots\cdots \text{㉠} \\ x+3y=7 & \cdots\cdots \text{㉡} \end{cases}$$ 을 푸는 과정이다.

x를 소거하기 위하여 ㉠, ㉡을 변끼리 더하면

$$\begin{array}{r} -x+\ 2y\ =8 \\ +\ )\quad x+\ 3y\ =7 \\ \hline \boxed{}\,y=\boxed{} \\ y=\boxed{} \end{array}$$

$y=\boxed{}$ 을/를 ㉠에 대입하여 풀면

$x=\boxed{}$

따라서 $x=\boxed{}$, $y=\boxed{}$

2 다음은 연립방정식

$$\begin{cases} 5x+2y=4 & \cdots\cdots \text{㉠} \\ 3x+2y=0 & \cdots\cdots \text{㉡} \end{cases}$$ 을 푸는 과정이다.

y를 소거하기 위하여 ㉠, ㉡을 변끼리 빼면

$$\begin{array}{r} 5x\ +2y=\ 4 \\ -\ )\quad 3x\ +2y=\ 0 \\ \hline \boxed{}\,x\quad=\boxed{} \\ x=\boxed{} \end{array}$$

$x=\boxed{}$ 을/를 ㉡에 대입하여 풀면

$y=\boxed{}$

따라서 $x=\boxed{}$, $y=\boxed{}$

3 다음은 연립방정식

$$\begin{cases} x+4y=11 & \cdots\cdots \text{㉠} \\ 5x-2y=-11 & \cdots\cdots \text{㉡} \end{cases}$$ 을 푸는 과정이다.

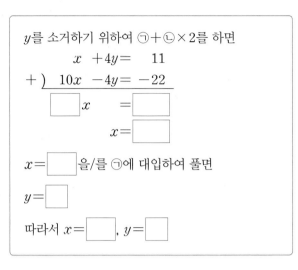

y를 소거하기 위하여 ㉠+㉡×2를 하면

$$\begin{array}{r} x\ +4y=\ \ \ 11 \\ +\ )\quad 10x\ -4y=\ -22 \\ \hline \boxed{}\,x\quad=\boxed{} \\ x=\boxed{} \end{array}$$

$x=\boxed{}$ 을/를 ㉠에 대입하여 풀면

$y=\boxed{}$

따라서 $x=\boxed{}$, $y=\boxed{}$

4 다음은 연립방정식

$$\begin{cases} 3x+2y=20 & \cdots\cdots \text{㉠} \\ x-4y=2 & \cdots\cdots \text{㉡} \end{cases}$$ 을 푸는 과정이다.

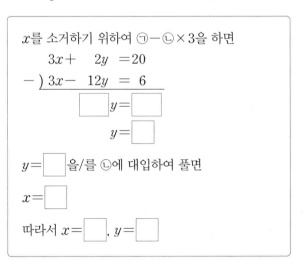

x를 소거하기 위하여 ㉠−㉡×3을 하면

$$\begin{array}{r} 3x+\ \ 2y\ =20 \\ -\ )\quad 3x-\ 12y\ =\ \ 6 \\ \hline \boxed{}\,y=\boxed{} \\ y=\boxed{} \end{array}$$

$y=\boxed{}$ 을/를 ㉡에 대입하여 풀면

$x=\boxed{}$

따라서 $x=\boxed{}$, $y=\boxed{}$

● 다음 연립방정식을 가감법을 이용하여 푸시오.

5 $\begin{cases} x+y=5 & \cdots\cdots ㉠ \\ -x+2y=7 & \cdots\cdots ㉡ \end{cases}$

➡ ㉠+㉡을 하면

$\quad\quad\quad x+\ y=5$

$\quad +)\ -x+2y=7$

$\quad\quad\quad \boxed{}y=\boxed{}$ 이므로 $y=\boxed{}$

$y=\boxed{}$ 를 ㉠에 대입하면

$x+\boxed{}=5$에서 $x=\boxed{}$

6 $\begin{cases} 2x-y=3 \\ x-y=6 \end{cases}$

7 $\begin{cases} -2x+3y=11 \\ 2x+4y=10 \end{cases}$

8 $\begin{cases} 3x+y=11 \\ -3x+2y=4 \end{cases}$

9 $\begin{cases} 4x+3y=3 \\ -x-3y=6 \end{cases}$

10 $\begin{cases} x+2y=13 \\ x-y=-2 \end{cases}$

11 $\begin{cases} 4x-y=9 \\ 3x+y=5 \end{cases}$

12 $\begin{cases} 3x+2y=10 \\ -3x+4y=2 \end{cases}$

13 $\begin{cases} x-4y=1 \\ 5x+4y=-19 \end{cases}$

개념모음문제

14 다음 중 연립방정식의 해가 나머지 넷과 <u>다른</u> 하나는?

① $\begin{cases} x+3y=-1 \\ -x+3y=-5 \end{cases}$ ② $\begin{cases} x+2y=0 \\ -3x+2y=-8 \end{cases}$

③ $\begin{cases} 3x-y=7 \\ -x-y=-1 \end{cases}$ ④ $\begin{cases} 4x+y=9 \\ 2x+y=3 \end{cases}$

⑤ $\begin{cases} 5x+2y=8 \\ -3x+2y=-8 \end{cases}$

● 다음 연립방정식을 가감법을 이용하여 푸시오.

15 $\begin{cases} x+4y=7 & \cdots\cdots ㉠ \\ 2x+3y=4 & \cdots\cdots ㉡ \end{cases}$

→ ㉠×2−㉡을 하면

$\quad\quad 2x+8y=14$

$-\underline{)\ 2x+3y=4}$

$\quad\quad\boxed{}\,y=\boxed{}$ 이므로 $y=\boxed{}$

$y=\boxed{}$ 를 ㉠에 대입하면

$x+4\times\boxed{}=7$ 에서 $x=\boxed{}$

16 $\begin{cases} -x+2y=3 \\ 3x-4y=-5 \end{cases}$

17 $\begin{cases} x-3y=-1 \\ 2x+y=5 \end{cases}$

18 $\begin{cases} 3x+7y=2 \\ x+2y=1 \end{cases}$

19 $\begin{cases} 5x+3y=10 \\ x-y=2 \end{cases}$

20 $\begin{cases} 3x+4y=3 \\ 2x+3y=-1 \end{cases}$

21 $\begin{cases} 2x+5y=3 \\ 3x-2y=-5 \end{cases}$

22 $\begin{cases} 2x-5y=-14 \\ 5x-3y=3 \end{cases}$

23 $\begin{cases} 6x-5y=14 \\ 4x-3y=10 \end{cases}$

개념모음문제

24 다음 중 연립방정식

$\begin{cases} -7x+3y=-6 & \cdots\cdots ㉠ \\ 5x-4y=-5 & \cdots\cdots ㉡ \end{cases}$

에서 y를 소거하기 위해 필요한 식은?

① ㉠+㉡   ② ㉠×3−㉡×4

③ ㉠×3+㉡×4   ④ ㉠×4−㉡×3

⑤ ㉠×4+㉡×3

식을 대입해서 미지수 하나를 없애!

연립방정식의 풀이(2)-대입법

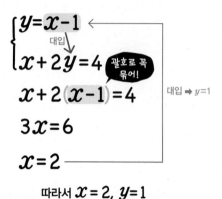

$$\begin{cases} y=\boxed{x-1} \\ x+2y=4 \end{cases}$$

대입

괄호로 꼭 묶어!

$x+2(x-1)=4$

$3x=6$

$x=2$

대입 ➡ $y=1$

따라서 $x=2,\ y=1$

- **대입법**: 연립방정식의 한 방정식을 한 미지수에 대하여 푼 후 그 식을 다른 방정식에 대입하여 연립방정식을 푸는 방법
- **대입법을 이용한 연립방정식의 풀이**
  (ⅰ) 연립방정식 중 한 일차방정식을 한 미지수에 대하여 푼다.
     ➡ $x=(y$에 대한 식$)$의 꼴 또는 $y=(x$에 대한 식$)$의 꼴
  (ⅱ) (ⅰ)의 식을 다른 일차방정식에 대입하여 한 미지수를 소거한 후 방정식을 푼다.
  (ⅲ) (ⅱ)에서 구한 해를 (ⅰ)의 식에 대입하여 다른 미지수의 값을 구한다.

  참고 가감법과 대입법 중 어느 것을 이용하여 풀어도 연립방정식의 해는 같으므로 편리한 방법을 택한다.

원리확인 다음 □ 안에 알맞은 것을 써넣으시오.

❶ 다음 등식을 x와 y에 대하여 푸시오.

(1) $x-y+1=0$

x에 대하여 풀면 ➡ $x=\boxed{}-1$

y에 대하여 풀면 ➡ $y=\boxed{}+1$

(2) $2x-4y+8=0$

x에 대하여 풀면 ➡ $x=\boxed{}$

y에 대하여 풀면 ➡ $y=\boxed{}$

---

(3) $5x-2y=2x+7y+9$

x에 대하여 풀면 ➡ $x=\boxed{}$

y에 대하여 풀면 ➡ $y=\boxed{}$

(4) $3x-y+2=5x+4y$

x에 대하여 풀면 ➡ $x=\boxed{}$

y에 대하여 풀면 ➡ $y=\boxed{}$

❷ $y=x+1$을 다음 식에 대입하여 x의 값을 구하시오.

(1) $x+2y=11$

➡ $y=x+1$을 $2x+y=0$에 대입하면

$2x+x+1=0,\ \boxed{}x=-1$

따라서 $x=\boxed{}$

(2) $2x+y=0$

➡ $y=x+1$을 $x+2y=11$에 대입하면

$x+2(x+1)=11,\ x+\boxed{}x+2=11$

$\boxed{}x=9$

따라서 $x=\boxed{}$

(3) $-3x+5y=-7$

➡ $y=x+1$을 $-3x+5y=-7$에 대입하면

$-3x+5(x+1)=-7$

$-3x+\boxed{}x+5=-7,\ \boxed{}x=-12$

따라서 $x=\boxed{}$

(4) $2x+7y=-2$

➡ $y=x+1$을 $2x+7y=-2$에 대입하면

$2x+7(x+1)=-2$

$2x+\boxed{}x+7=-2,\ \boxed{}x=-9$

따라서 $x=\boxed{}$

1st — 대입법을 이용하여 연립방정식 풀기

● □ 안에 알맞은 수를 써넣으시오.

1 다음은 연립방정식

$$\begin{cases} 2x+y=11 & \cdots\cdots \ \text{㉠} \\ y-x+2 & \cdots\cdots \ \text{㉡} \end{cases}$$ 을 푸는 과정이다.

㉡을 ㉠에 대입하면

$2x+(x+2)=11$

$\boxed{}\,x=\boxed{}$, $x=\boxed{}$

$x=\boxed{}$ 을/를 ㉡에 대입하면

$y=\boxed{}$

따라서 $x=\boxed{}$, $y=\boxed{}$

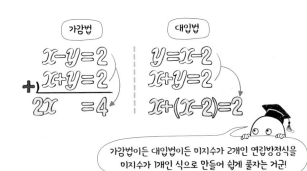

가감법이든 대입법이든 미지수가 2개인 연립방정식을
미지수가 1개인 식으로 만들어 쉽게 풀자는 거군!

2 다음은 연립방정식

$$\begin{cases} x=y-3 & \cdots\cdots \ \text{㉠} \\ 2x+y=9 & \cdots\cdots \ \text{㉡} \end{cases}$$ 을 푸는 과정이다.

㉠을 ㉡에 대입하면

$2(y-3)+y=9$

$\boxed{}\,y=\boxed{}$, $y=\boxed{}$

$y=\boxed{}$ 을/를 ㉠에 대입하면

$x=\boxed{}$

따라서 $x=\boxed{}$, $y=\boxed{}$

3 다음은 연립방정식

$$\begin{cases} x+2y=1 & \cdots\cdots \ \text{㉠} \\ 2x-y=12 & \cdots\cdots \ \text{㉡} \end{cases}$$ 을 푸는 과정이다.

㉠에서 좌변의 $2y$를 우변으로 이항하면

$x=-2y+1$ $\cdots\cdots$ ㉢

㉢을 ㉡에 대입하면

$2(-2y+1)-y=12$

$\boxed{}\,y=\boxed{}$, $y=\boxed{}$

$y=\boxed{}$ 을/를 ㉢에 대입하면

$x=\boxed{}$

따라서 $x=\boxed{}$, $y=\boxed{}$

4 다음은 연립방정식

$$\begin{cases} 3x-2y=8 & \cdots\cdots \ \text{㉠} \\ 2x+y=3 & \cdots\cdots \ \text{㉡} \end{cases}$$ 을 푸는 과정이다.

㉡에서 좌변의 $2x$를 우변으로 이항하면

$y=-2x+3$ $\cdots\cdots$ ㉢

㉢을 ㉠에 대입하면

$3x-2(-2x+3)=8$

$\boxed{}\,x=\boxed{}$, $x=\boxed{}$

$x=\boxed{}$ 을/를 ㉢에 대입하면

$y=\boxed{}$

따라서 $x=\boxed{}$, $y=\boxed{}$

● 다음 연립방정식을 대입법을 이용하여 푸시오.

5 $\begin{cases} 2x-y=3 & \cdots\cdots \text{㉠} \\ y=x+2 & \cdots\cdots \text{㉡} \end{cases}$

➡ ㉡을 ㉠에 대입하면

$2x-(\boxed{})=3$이므로 $x=\boxed{}$

$x=\boxed{}$를 ㉡에 대입하면 $y=\boxed{}$

6 $\begin{cases} y=-x+10 \\ y=3x+2 \end{cases}$

$\begin{cases} A=B \\ A=C \end{cases}$의 꼴인 연립방정식은 $B=C$로 놓고 푼다.

$\begin{cases} y=-x+10 \\ y=3x+2 \end{cases}$ ➡ $-x+10=3x+2$

7 $\begin{cases} x=2y-4 \\ -x-2y=8 \end{cases}$

8 $\begin{cases} 2x-3y=7 \\ y=-2x+3 \end{cases}$

9 $\begin{cases} x=3y+1 \\ 2x+y=-12 \end{cases}$

10 $\begin{cases} y=4x-7 \\ 3x-y=-1 \end{cases}$

11 $\begin{cases} 3x+4y=15 \\ x=7-2y \end{cases}$

12 $\begin{cases} 3x-4y=-6 \\ y=4x-5 \end{cases}$

13 $\begin{cases} y=3x-2 \\ y=5x+2 \end{cases}$

14 $\begin{cases} x=4y+3 \\ x-2y=-5 \end{cases}$

15 $\begin{cases} x+y=3 & \cdots\cdots\ \text{㉠} \\ 3x-2y=-1 & \cdots\cdots\ \text{㉡} \end{cases}$

➡ ㉠을 x에 대하여 풀면 $x=3-y$ $\cdots\cdots$ ㉢

㉢을 ㉡에 대입하면

$3(\ \boxed{}\ )-2y=-1$이므로 $y=\boxed{}$

$y=\boxed{}$를 ㉠에 대입하면 $x=\boxed{}$

16 $\begin{cases} -x+2y=7 \\ x-y=-3 \end{cases}$

17 $\begin{cases} x+2y=5 \\ 2x+3y=6 \end{cases}$

18 $\begin{cases} 2x-y=6 \\ 3x-4y=14 \end{cases}$

19 $\begin{cases} 5x-y=1 \\ -x+y=3 \end{cases}$

20 $\begin{cases} x+3y=-2 \\ 3x+2y=8 \end{cases}$

21 $\begin{cases} 7x+2y=13 \\ 11x-y=8 \end{cases}$

22 $\begin{cases} 4x+9y=2 \\ 2x-3y=-14 \end{cases}$

23 $\begin{cases} 5x-2y=-2 \\ 6x+4y=4 \end{cases}$

개념모음문제

24 연립방정식 $\begin{cases} 4x-5y=1 \\ x-3y=-5 \end{cases}$ 의 해가 $x=a$, $y=b$

일 때, $a+b$의 값은?

① -1 ② 1 ③ 3

④ 5 ⑤ 7

● 다음 연립방정식의 해가 주어진 일차방정식을 만족시킬 때, 상수 k의 값을 구하시오.

$$\begin{cases} x+2y=10 & \cdots\cdots \text{㉠} \\ 2x+ky=8 & \cdots\cdots \text{㉡} \end{cases}$$

25 $y=2x$ $\cdots\cdots$ ㉢

➡ $y=2x$를 ㉠에 대입하면

$x+2(\boxed{})=10$에서 $x=\boxed{}$

$x=\boxed{}$를 ㉢에 대입하면 $y=\boxed{}$

$x=\boxed{}$, $y=\boxed{}$를 ㉡에 대입하면

$2\times\boxed{}+k\times\boxed{}=8$이므로 $k=\boxed{}$

26 $x=6y+2$

27 $y=3x-2$

28 $x+y-8=0$
$x=-y+8$ 또는 $y=-x+8$임을 이용해!

29 $4x+y+2=0$

● 다음 연립방정식의 해가 주어진 조건을 만족시킬 때, 상수 k의 값을 구하시오.

$$\begin{cases} x+y=k & \cdots\cdots \text{㉠} \\ 2x-y=5 & \cdots\cdots \text{㉡} \end{cases}$$

30 x의 값이 y의 값의 2배이다.
$x=2y$를 ㉡에 대입해 봐!

31 y의 값이 x의 값의 3배이다.

32 x의 값에서 y의 값을 빼면 2이다.

33 y의 값이 x의 값보다 1만큼 크다.

34 x의 값이 y의 값보다 2만큼 작다.

35 y의 값이 x의 값의 5배보다 4만큼 크다.

TEST 1. 연립방정식과 그 풀이

1 다음 **보기**에서 미지수가 2개인 일차방정식인 것만을 있는 대로 고르시오.

> **보기**
> ㄱ. $4x+2=0$ ㄴ. $x=3y+4$
> ㄷ. $xy+5=0$ ㄹ. $x^2-y=2$
> ㅁ. $7x+2y+5=0$ ㅂ. $\dfrac{2}{x}+y-3=0$

2 일차방정식 $3x-ay+11=0$의 해가 $(-2, 5)$일 때, 상수 a의 값을 구하시오.

3 연립방정식 $\begin{cases} -3x+ay=9 \\ bx+4y=2 \end{cases}$의 해가 $(2, -3)$일 때, 상수 a, b에 대하여 $b-a$의 값은?

① -5 ② -2 ③ 2
④ 7 ⑤ 12

4 다음 중 연립방정식
$\begin{cases} -3x+4y=-1 & \cdots\cdots ㉠ \\ 4x-5y=2 & \cdots\cdots ㉡ \end{cases}$ 에서 x를 소거하기 위해 필요한 식은?

① ㉠×3−㉡×4   ② ㉠×4−㉡×3
③ ㉠×4+㉡×3   ④ ㉠×5−㉡×4
⑤ ㉠×5+㉡×4

5 연립방정식 $\begin{cases} -2x+y=-5 & \cdots\cdots ㉠ \\ 3x+2y=4 & \cdots\cdots ㉡ \end{cases}$ 에서 ㉠을 y에 대하여 풀어서 ㉡에 대입한 후 정리하였더니 $7x=k$가 되었다. 상수 k의 값은?

① 2 ② 7 ③ 11
④ 14 ⑤ 19

6 연립방정식 $\begin{cases} y=3x+10 \\ 2x+y=-5 \end{cases}$의 해가 (a, b)일 때, a^2+b^2의 값을 구하시오.

2

계수를 정수로!
여러 가지
연립방정식의 풀이

우리를 정수로!

$$\begin{cases} ax+by=c \\ a'x+b'y=c' \end{cases}$$

우리도 정수로!

분배법칙으로 괄호를 풀어! x, y를 찾아라!

$$\begin{cases} 2(x+y)-y=1 \\ 2x-(x-y)=2 \end{cases}$$

괄호를 풀어
동류항끼리
간단히 정리!

$$\begin{cases} 2x+y=1 \\ x+y=2 \end{cases}$$

01 괄호가 있는 연립방정식

분배법칙을 이용하여 괄호를 풀고 동류항끼리 간단히 정리한 후 연립방정식을 풀어. 이때 괄호 앞에 '−'가 있는 경우에는 부호에 주의해야 해!

분수를 정수로! x, y를 찾아라!

$$\begin{cases} \dfrac{1}{2}x+y=1 \\ \dfrac{1}{2}x-\dfrac{3}{4}y=1 \end{cases}$$

×2

양변에 분모의
최소공배수를 곱해!

×4

$$\begin{cases} x+2y=2 \\ 2x-3y=4 \end{cases}$$

02 계수가 분수인 연립방정식

양변에 분모의 최소공배수를 곱하여 계수를 모두 정수로 고친 후 연립방정식을 풀면 더 편리하게 풀 수 있어. 이때 각 일차방정식의 양변에 최소공배수를 곱할 때는 양변의 모든 항에 곱해야 해!

소수를 정수로! x, y를 찾아라!

$$\begin{cases} 0.3x+0.2y=0.1 \\ 0.02x+0.03y=0.04 \end{cases}$$

×10

양변에 10의
거듭제곱을 곱해!

×100

$$\begin{cases} 3x+2y=1 \\ 2x+3y=4 \end{cases}$$

03 계수가 소수인 연립방정식

양변에 10의 거듭제곱을 곱하여 계수를 모두 정수로 고친 후 연립방정식을 풀면 더 편리하게 풀 수 있어. 이때 각 일차방정식의 양변에 10의 거듭제곱을 곱할 때는 양변의 모든 항에 곱해야 해!

방정식을 분리해! x, y를 찾아라!

$$A=B=C$$

방정식을 분리해!

$$A=B, \; B=C, \; A=C$$

간단한 식 2개를 택해!

$$\begin{cases} A=B \\ B=C \end{cases} \quad \begin{cases} A=B \\ A=C \end{cases} \quad \begin{cases} B=C \\ A=C \end{cases}$$

04 $A=B=C$ 꼴의 연립방정식

$A=B=C$ 꼴의 연립방정식은 $A=B$, $B=C$, $A=C$ 중 간단한 것 2개를 택하여 연립방정식을 세우고 풀면 돼! 이때 A, B, C 중 상수인 식이 있으면

$$\begin{cases} \square = (수) \\ \square = (수) \end{cases}$$

의 꼴로 고쳐 간단한 연립방정식을 만들 수 있어.

(외항의 곱)=(내항의 곱)! x, y를 찾아라!

$$\begin{cases} x+2y=3 \\ x:y=1:2 \end{cases} \xrightarrow[\text{방정식으로 바꿔!}]{\text{비례식을}} \begin{cases} x+2y=3 \\ 2x=y \end{cases}$$

05 비례식을 포함한 연립방정식

비례식을 포함한 연립방정식은 비례식의 성질을 이용하며 비례식을 방정식으로 바꾼 후 연립방정식을 풀면 돼! 비례식에서 (외항의 곱)=(내항의 곱)임을 이용해서 비례식을 방정식으로 바꿔보자!

해가 무수히 많거나, 없거나!

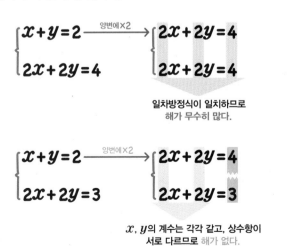

$$\begin{cases} x+y=2 \\ 2x+2y=4 \end{cases} \xrightarrow{\text{양변에}\times2} \begin{cases} 2x+2y=4 \\ 2x+2y=4 \end{cases}$$

일차방정식이 일치하므로
해가 무수히 많다.

$$\begin{cases} x+y=2 \\ 2x+2y=3 \end{cases} \xrightarrow{\text{양변에}\times2} \begin{cases} 2x+2y=4 \\ 2x+2y=3 \end{cases}$$

x, y의 계수는 각각 같고, 상수항이
서로 다르므로 해가 없다.

06 해가 특수한 연립방정식

연립방정식의 해가 특수한 경우가 있어. 바로 해가 무수히 많거나 해가 없는 경우지. 해가 무수히 많은 경우는 두 방정식을 변형했을 때, 미지수의 계수와 상수항이 각각 같은 경우이고, 해가 없는 경우는 두 방정식을 변형했을 때, 미지수의 계수는 각각 같고, 상수항이 다른 경우야!

01

분배법칙으로 괄호를 풀어! x, y를 찾아라!

괄호가 있는 연립방정식

$$\begin{cases} 2(x+y)-y=1 \\ 2x-(x-y)=2 \end{cases}$$

괄호를 풀어
동류항끼리
간단히 정리!

$$\begin{cases} 2x+y=1 \\ x+y=2 \end{cases}$$

• **괄호가 있는 연립방정식**: 분배법칙을 이용하여 괄호를 풀고 동류항 끼리 간단히 정리한 후 연립방정식을 푼다.

원리확인 다음은 연립방정식의 괄호를 푸는 과정이다. □ 안에 알맞은 수를 써넣으시오.

❶ $\begin{cases} x-2(x+y)=2 \\ 3(x-y)+2y=-6 \end{cases}$

→ $\begin{cases} -x-\boxed{}y=2 \\ \boxed{}x-y=-6 \end{cases}$

괄호 앞에 −가 있는 경우에는 부호에 주의해!

❷ $\begin{cases} 3(x+y)+y=7 \\ x+4(x-y)=9 \end{cases}$

→ $\begin{cases} \boxed{}x+4y=7 \\ \boxed{}x-\boxed{}y=9 \end{cases}$

❸ $\begin{cases} 2x-3(y-1)=8 \\ 4x-2(x+y)=6 \end{cases}$

→ $\begin{cases} 2x-\boxed{}y=\boxed{} \\ \boxed{}x-\boxed{}y=6 \end{cases}$

1st — 괄호가 있는 연립방정식 풀기

• 다음 연립방정식을 푸시오.

1 $\begin{cases} x-2y=-2 & \cdots\cdots \text{㉠} \\ -(x-2)+y=5 & \cdots\cdots \text{㉡} \end{cases}$

→ ㉡의 괄호를 풀어 동류항끼리 정리하면

$-x+y=3 \qquad \cdots\cdots \text{㉢}$

㉠+㉢을 하면 $-y=\boxed{}$ 이므로 $y=\boxed{}$

$y=\boxed{}$을 ㉢에 대입하여 풀면 $x=\boxed{}$

2 $\begin{cases} 3x-y=10 \\ -(x-5)+2y=y+1 \end{cases}$

3 $\begin{cases} 2(x-5y)+5y=-13 \\ -13x+5y=2 \end{cases}$

4 $\begin{cases} 4(x-2)+3y=-7 \\ 5x-3y=-19 \end{cases}$

5 $\begin{cases} 3(x-y)+2y=5 \\ 5x-2(x-2y)=10 \end{cases}$

6 $\begin{cases} 3x-(y+5)=x \\ 2+2(x+2y)=-2y \end{cases}$

7 $\begin{cases} -2(x+y)-y=5 \\ 3x-2(x-y)=-3 \end{cases}$

8 $\begin{cases} 2(x+1)-3y=0 \\ 3x-2y=7 \end{cases}$

9 $\begin{cases} 5x-2(x-y)=1 \\ (x+2y)-3y=2 \end{cases}$

10 $\begin{cases} x+3(x-2y)=-6 \\ 2x+2(y+4)=x+3 \end{cases}$

11 $\begin{cases} 3(x-2)+5y=4 \\ 2(x+4)+y=3 \end{cases}$

12 $\begin{cases} 3(x-y)+2=x \\ 4x+3(2y-x)=14 \end{cases}$

13 $\begin{cases} 2(2x-y)+3=5 \\ 7x-(x+2y)=4 \end{cases}$

14 $\begin{cases} -2(x-y)+3x=3 \\ 5x-3(2x-y)=2 \end{cases}$

15 $\begin{cases} 4(x+y)-3y=-7 \\ 3x-2(x+y)=5 \end{cases}$

16 $\begin{cases} 4(x-y)+2x=-2(y+1) \\ 6x-2(x+y)=-2 \end{cases}$

개념모음문제

17 연립방정식 $\begin{cases} 3(x-y)+2y=x+5 \\ 5(x+y)=7-x \end{cases}$ 의 해가 일

차방정식 $5x-y=a$를 만족시킬 때, 상수 a의
값은?

① 1   ② 6   ③ 11

④ 16   ⑤ 21

02

계수가 분수인 연립방정식

$$\begin{cases} \dfrac{1}{2}x+y=1 \\[2mm] \dfrac{1}{2}x-\dfrac{3}{4}y=1 \end{cases} \xrightarrow[\substack{양변에\ 분모의\\최소공배수를\ 곱해!}]{\begin{array}{c}\times 2\\[6mm]\times 4\end{array}} \begin{cases} x+2y=2 \\[2mm] 2x-3y=4 \end{cases}$$

- **계수가 분수인 연립방정식**: 양변에 분모의 최소공배수를 곱하여 계수를 모두 정수로 고친 후 푼다.

  주의 연립방정식의 풀이에서 각 일차방정식의 양변에 적당한 수를 곱할 때는 양변의 모든 항에 곱한다.

원리확인 다음은 연립방정식에 분모의 최소공배수를 곱하여 계수를 정수로 만드는 과정이다. □ 안에 알맞은 수를 써넣으시오.

❶
$$\begin{cases} \dfrac{x}{2}+y=2 & \cdots\cdots ㉠ \\[2mm] \dfrac{x}{2}-\dfrac{y}{3}=\dfrac{2}{3} & \cdots\cdots ㉡ \end{cases}$$

$\xrightarrow{㉠\times 2}$ $x+\boxed{}y=\boxed{}$

$\xrightarrow{㉡\times 6}$ $\boxed{}x-\boxed{}y=4$

❷
$$\begin{cases} \dfrac{2}{3}x+\dfrac{y}{4}=1 & \cdots\cdots ㉠ \\[2mm] x-\dfrac{y}{5}=-\dfrac{4}{5} & \cdots\cdots ㉡ \end{cases}$$

$\xrightarrow{㉠\times 12}$ $\boxed{}x+3y=\boxed{}$

$\xrightarrow{㉡\times 5}$ $\boxed{}x-y=\boxed{}$

1st — 계수가 분수인 연립방정식 풀기

● 다음 연립방정식을 푸시오.

1
$$\begin{cases} \dfrac{x}{2}-\dfrac{y}{4}=\dfrac{1}{2} & \cdots\cdots ㉠ \\[2mm] \dfrac{x}{3}-\dfrac{y}{2}=1 & \cdots\cdots ㉡ \end{cases}$$

→ ㉠×4를 하면 $2x-y=2$ $\cdots\cdots ㉢$

㉡×6을 하면 $2x-3y=6$ $\cdots\cdots ㉣$

㉢−㉣을 하면 $2y=\boxed{}$ 이므로 $y=\boxed{}$

$y=\boxed{}$ 를 ㉢에 대입하여 풀면 $x=\boxed{}$

2
$$\begin{cases} \dfrac{x}{4}+\dfrac{3}{2}y=1 \\[2mm] \dfrac{5}{6}x-\dfrac{y}{3}=-2 \end{cases}$$

3
$$\begin{cases} \dfrac{x}{3}-\dfrac{y}{2}=\dfrac{1}{3} \\[2mm] \dfrac{x}{2}-\dfrac{2}{3}y=\dfrac{2}{3} \end{cases}$$

4
$$\begin{cases} \dfrac{x}{3}+\dfrac{y}{2}=\dfrac{4}{3} \\[2mm] \dfrac{x}{2}+\dfrac{2}{5}y=\dfrac{3}{5} \end{cases}$$

5
$$\begin{cases} \dfrac{x}{2}+\dfrac{y}{3}=\dfrac{4}{3} \\[2mm] \dfrac{x}{2}+\dfrac{2}{5}y=\dfrac{6}{5} \end{cases}$$

6
$$\begin{cases} \dfrac{x}{10}+\dfrac{y}{5}=-1 \\[2mm] \dfrac{2}{5}x+\dfrac{3}{10}y=-\dfrac{3}{2} \end{cases}$$

7 $\begin{cases} \dfrac{x}{10} - \dfrac{y}{6} = -\dfrac{1}{3} \\ \dfrac{1}{3}x - \dfrac{y}{2} = -2 \end{cases}$

8 $\begin{cases} \dfrac{x}{8} + \dfrac{3}{2}y = -5 \\ \dfrac{1}{6}x + \dfrac{1}{4}y = \dfrac{1}{3} \end{cases}$

9 $\begin{cases} \dfrac{3}{4}x - \dfrac{1}{2}y = -\dfrac{5}{2} \\ \dfrac{1}{10}x - \dfrac{3}{5}y = \dfrac{1}{5} \end{cases}$

10 $\begin{cases} \dfrac{2}{5}x - \dfrac{1}{2}y = -\dfrac{7}{10} \\ \dfrac{1}{5}x - \dfrac{1}{10}y = \dfrac{1}{10} \end{cases}$

11 $\begin{cases} 2x - 5y = 3 \\ \dfrac{1}{4}x - \dfrac{1}{3}y = \dfrac{2}{3} \end{cases}$

12 $\begin{cases} \dfrac{2}{5}x + \dfrac{3}{10}y = 2 \\ 2x + y = 8 \end{cases}$

13 $\begin{cases} \dfrac{3x + 8y}{10} = 2 \\ \dfrac{1}{4}x - \dfrac{1}{12}y = -\dfrac{4}{3} \end{cases}$

14 $\begin{cases} \dfrac{x-3}{3} - y = -4 \\ \dfrac{2}{3}x - \dfrac{1}{5}y = 3 \end{cases}$

15 $\begin{cases} 3x + y = 15 \\ x + \dfrac{y-1}{4} = 5 \end{cases}$

16 $\begin{cases} \dfrac{3x - y}{2} = 5 \\ -\dfrac{1}{3}x + \dfrac{2}{5}y = \dfrac{1}{3} \end{cases}$

개념모음문제

17 연립방정식 $\begin{cases} 3(x-y) - 4 = x \\ -\dfrac{4}{7}x + \dfrac{1}{2}y = 1 \end{cases}$ 의 해가 $x = a$, $y = b$일 때, $a + b$의 값은?

① -13 ② -11 ③ -9
④ -7 ⑤ -5

03

소수를 정수로! x, y를 찾아라!

계수가 소수인 연립방정식

$$\begin{cases} 0.3x+0.2y=0.1 \xrightarrow{\times10} 3x+2y=1 \\ \qquad\qquad \text{양변에 10의} \\ \qquad\qquad \text{거듭제곱을 곱해!} \\ 0.02x+0.03y=0.04 \xrightarrow{\times100} 2x+3y=4 \end{cases}$$

- **계수가 소수인 연립방정식**: 양변에 10의 거듭제곱을 곱하여 계수를 모두 정수로 고친 후 푼다.

  주의 연립방정식의 풀이에서 각 일차방정식의 양변에 적당한 수를 곱할 때는 양변의 모든 항에 곱한다.

원리확인 다음은 연립방정식에 10의 거듭제곱을 곱하여 계수를 정수로 만드는 과정이다. □ 안에 알맞은 수를 써넣으시오.

❶ $\begin{cases} 0.2x+0.1y=0.5 & \cdots\cdots ㉠ \\ 0.3x-0.5y=0.3 & \cdots\cdots ㉡ \end{cases}$

$\xrightarrow{㉠\times10}$ $\begin{cases} 2x+y=\boxed{} \\ \boxed{}x-5y=\boxed{} \end{cases}$
$\xrightarrow{㉡\times10}$

❷ $\begin{cases} 0.3x+0.4y=0.7 & \cdots\cdots ㉠ \\ 0.5x-0.2y=0.3 & \cdots\cdots ㉡ \end{cases}$

$\xrightarrow{㉠\times10}$ $\begin{cases} \boxed{}x+4y=7 \\ \boxed{}x-\boxed{}y=3 \end{cases}$
$\xrightarrow{㉡\times10}$

❸ $\begin{cases} 1.1x+0.2y=0.7 & \cdots\cdots ㉠ \\ 0.18x-0.04y=0.1 & \cdots\cdots ㉡ \end{cases}$

$\xrightarrow{㉠\times10}$ $\begin{cases} 11x+\boxed{}y=\boxed{} \\ \boxed{}x-\boxed{}y=10 \end{cases}$
$\xrightarrow{㉡\times100}$

1st — 계수가 소수인 연립방정식 풀기

- 다음 연립방정식을 푸시오.

1 $\begin{cases} 0.2x-0.1y=0.1 & \cdots\cdots ㉠ \\ 0.4x-0.5y=-0.7 & \cdots\cdots ㉡ \end{cases}$

→ ㉠×10을 하면 $2x-y=1$ $\cdots\cdots ㉢$

㉡×10을 하면 $4x-5y=-7$ $\cdots\cdots ㉣$

㉢×2-㉣을 하면 $\boxed{}y=\boxed{}$이므로 $y=\boxed{}$

$y=\boxed{}$을 ㉢에 대입하여 풀면 $x=\boxed{}$

2 $\begin{cases} 0.2x-0.5y=-2 \\ 0.1x+0.3y=0.1 \end{cases}$

3 $\begin{cases} 0.3x-0.4y=0.2 \\ 0.1x+0.2y=0.4 \end{cases}$

4 $\begin{cases} 0.4x-0.3y=-0.4 \\ 0.2x-0.1y=-1.4 \end{cases}$

5 $\begin{cases} 0.1x+0.4y=0.7 \\ 0.2x+0.3y=0.4 \end{cases}$

6 $\begin{cases} 0.3x+0.7y=0.2 \\ 0.1x+0.2y=0.1 \end{cases}$

7 $\begin{cases} 0.5x - 0.2y = 0.3 \\ 0.1x + 0.3y = 0.4 \end{cases}$

13 $\begin{cases} 0.05x - 0.06y = 0.07 \\ 0.1x + 0.3y = 1.4 \end{cases}$

8 $\begin{cases} 0.4x + 0.5y = 0.9 \\ 0.2x - 0.3y = -0.1 \end{cases}$

14 $\begin{cases} 0.04x - 0.05y = 0.09 \\ 0.01x - 0.2y = 0.21 \end{cases}$

9 $\begin{cases} 0.3x + 0.4y = 0.7 \\ 0.2x - 0.3y = -0.1 \end{cases}$

15 $\begin{cases} 0.22x - 0.33y = 0.88 \\ x - 0.9y = 2.8 \end{cases}$

10 $\begin{cases} 0.2x - 0.5y = -1.4 \\ 0.5x - 0.3y = 0.3 \end{cases}$

16 $\begin{cases} 0.39x - 0.15y = 1.08 \\ 1.3x - 0.4y = 3.4 \end{cases}$

11 $\begin{cases} 0.6x - 0.5y = 1.3 \\ 0.4x - 0.3y = 0.9 \end{cases}$

개념모음문제

17 연립방정식 $\begin{cases} 0.6x + 0.2(y+5) = 3.2 \\ \dfrac{x-1}{2} - \dfrac{y-3}{3} = \dfrac{4}{3} \end{cases}$ 를 풀면?

① $x = -3,\ y = -2$ ② $x = -2,\ y = -3$
③ $x = 2,\ y = -3$ ④ $x = 3,\ y = -2$
⑤ $x = 3,\ y = 2$

12 $\begin{cases} 0.18x - 0.03y = 0.3 \\ 1.1x - 0.2y = 2.6 \end{cases}$

04

방정식을 분리해! x, y를 찾아라!

$A=B=C$ 꼴의 연립방정식

$$A=B=C$$

방정식을 분리해!

$$A=B, \; B=C, \; A=C$$

간단한 식 2개를 택해!

$$\begin{cases} A=B \\ B=C \end{cases} \quad \begin{cases} A=B \\ A=C \end{cases} \quad \begin{cases} B=C \\ A=C \end{cases}$$

- **$A=B=C$ 꼴의 연립방정식**: $A=B=C$ 꼴의 연립방정식은 $A=B$, $B=C$, $A=C$ 중 간단한 것 2개를 택하여 연립방정식을 세우고 푼다.

  참고 특히 C가 상수인 경우에는 $\begin{cases} A=C \\ B=C \end{cases}$ 로 풀면 간단하다.

원리확인 다음은 $A=B=C$ 꼴의 연립방정식을 $\begin{cases} A=C \\ B=C \end{cases}$ 꼴로 고친 것이다. □ 안에 알맞은 것을 써넣으시오.

❶ $2x+4y=3x+y=10$

$$\rightarrow \begin{cases} \boxed{} = 10 \\ \boxed{} = 10 \end{cases}$$

❷ $-3x+2y=4x-y=-4$

$$\rightarrow \begin{cases} \boxed{} = -4 \\ \boxed{} = -4 \end{cases}$$

❸ $6x-2y=3x-y=y+3$

$$\rightarrow \begin{cases} \boxed{} = y+3 \\ \boxed{} = y+3 \end{cases}$$

1st — $A=B=C$ 꼴의 연립방정식 풀기

- 다음 $A=B=C$ 꼴의 연립방정식을 주어진 꼴로 고치고, 연립방정식을 푸시오.

$$\begin{cases} A=C \\ B=C \end{cases}$$

1 $2x+5y=-2x+3y=-8$

$A=B=C$에서 A, B, C 중 상수인 식이 있으면 $\begin{cases} \square=\text{수} \\ \square=\text{수} \end{cases}$ 의 꼴로 고쳐!

2 $5x-3y=2x-y=6$

3 $x-2y=3x+4y=-5$

4 $2x+3y=3x-7y+7=9$

5 $3x-4y-1=2x-y=7$

6 $\dfrac{2x+3y}{3}=\dfrac{x+y}{2}=1$

$$\begin{cases} A=B \\ B=C \end{cases}$$

7 $2x+4y=x+6=y+7$

8 $3x-3y=x+3y=3x+3$

9 $x+4y=2x+y=3x+8$

10 $x-3y=4x+2y-1=3x+y-2$

11 $4x-3y=5x-4y+1=2x+y-8$

12 $\dfrac{x-y}{2}=\dfrac{3x-2-y}{3}=\dfrac{x-3y}{4}$

$$\begin{cases} A=B \\ A=C \end{cases}$$

13 $3x+5y=4x+6=x+y+2$

14 $5x+y+1=3x+7y-5=2x+3y-8$

15 $2x+y+7=3x-4y=4x+4y+6$

16 $\dfrac{2x+y}{4}=\dfrac{5x+3y-3}{2}=\dfrac{x-y-1}{6}$

개념모음문제

17 연립방정식 $2x-3y+5=3x-4(y-1)=x$의 해가 $x=a$, $y=b$일 때, $a+b$의 값은?

　① -4　　　② -1　　　③ 3

　④ 7　　　⑤ 12

(외항의 곱)=(내항의 곱)! x, y를 찾아라!

비례식을 포함한 연립방정식

$$\begin{cases} x+2y=3 \\ x:y=1:2 \end{cases}$$
비례식을
방정식으로 바꿔!
$$\begin{cases} x+2y=3 \\ 2x=y \end{cases}$$

• **비례식을 포함한 연립방정식**: 비례식을 포함한 연립방정식은 비례식의 성질을 이용하여 비례식을 방정식으로 바꾼 후 푼다.

원리확인 다음은 비례식을 연립방정식으로 바꾼 것이다. □ 안에 알맞은 것을 써넣으시오.

❶ $\begin{cases} x:y=2:1 \\ (x-1):y=3:1 \end{cases}$

→ $\begin{cases} x=\boxed{} \\ x=\boxed{} \end{cases}$

❷ $\begin{cases} x:(y+1)=3:1 \\ x:y=6:5 \end{cases}$

→ $\begin{cases} x=\boxed{} \\ 5x=\boxed{} \end{cases}$

❸ $\begin{cases} x:y=4:3 \\ (x-2):2=(y+3):3 \end{cases}$

→ $\begin{cases} 3x=\boxed{} \\ \boxed{}=12 \end{cases}$

1ˢᵗ ― 비례식을 포함한 연립방정식 풀기

● 다음 연립방정식을 푸시오.

1 $\begin{cases} x:y=2:1 & \cdots\cdots ㉠ \\ x-3y=1 & \cdots\cdots ㉡ \end{cases}$

→ ㉠을 방정식으로 바꾸면 $x=2y$ $\cdots\cdots$ ㉢

㉢을 ㉡에 대입하면 $-y=\boxed{}$ 이므로 $y=\boxed{}$

$y=\boxed{}$ 을 ㉢에 대입하면 $x=\boxed{}$

2 $\begin{cases} x:y=3:1 \\ 2x-3y=6 \end{cases}$

3 $\begin{cases} x:y=3:2 \\ 2x-5y=-8 \end{cases}$

4 $\begin{cases} x:y=4:1 \\ 3x-2y=10 \end{cases}$

5 $\begin{cases} x:y=5:2 \\ 4x-7y=-12 \end{cases}$
$2x=5y$이므로 $4x=10y$임을 이용해!

6 $\begin{cases} x:y=5:3 \\ 3x-9y=24 \end{cases}$

7
$$\begin{cases} 2(x+3)=20-4y \\ x:y=3:2 \end{cases}$$

13
$$\begin{cases} (x+3):(y+4)=2:3 \\ -x+3y=-2 \end{cases}$$

8
$$\begin{cases} 6(x+2)-y=4y+2 \\ x:y=5:4 \end{cases}$$

14
$$\begin{cases} (x-3):3=(x+y):1 \\ x-3y=-6 \end{cases}$$

9
$$\begin{cases} (x-2):(y+1)=2:1 \\ x+3y=9 \end{cases}$$

15
$$\begin{cases} (x+2):y=2:1 \\ 3(x+y)-4y=4 \end{cases}$$

10
$$\begin{cases} x:(y+2)=2:1 \\ 3x-y=7 \end{cases}$$

16
$$\begin{cases} (x+2):(y+3)=5:3 \\ 3x-(x-2y)=6 \end{cases}$$

11
$$\begin{cases} x:(y+1)=2:3 \\ x+2y=6 \end{cases}$$

12
$$\begin{cases} (x-2):(y+1)=2:1 \\ x+2y=8 \end{cases}$$

개념모음문제

17 연립방정식 $\begin{cases} 3(x+2)=9+4y \\ (x+1):(y+1)=3:2 \end{cases}$ 의 해가

$x=m$, $y=n$일 때, $m+n$의 값은?

① 4   ② 8   ③ 12

④ 16   ⑤ 20

06

해가 무수히 많거나, 없거나!

해가 특수한 연립방정식

$$\begin{cases} x+y=2 \\ 2x+2y=4 \end{cases} \xrightarrow{\text{양변에}\times2} \begin{cases} 2x+2y=4 \\ 2x+2y=4 \end{cases}$$

일차방정식이 일치하므로
해가 무수히 많다.

$$\begin{cases} x+y=2 \\ 2x+2y=3 \end{cases} \xrightarrow{\text{양변에}\times2} \begin{cases} 2x+2y=4 \\ 2x+2y=3 \end{cases}$$

x, y의 계수는 각각 같고, 상수항이
서로 다르므로 해가 없다.

- **해가 무수히 많은 연립방정식**

  두 방정식을 변형하였을 때, 미지수의 계수와 상수항이 각각 같은
  경우 이 연립방정식은 해가 무수히 많다.

  예) 연립방정식 $\begin{cases} x+2y=3 \\ 2x+4y=6 \end{cases}$ 에서

  $\dfrac{1}{2}=\dfrac{2}{4}=\dfrac{3}{6}$ 이므로 해가 무수히 많다.

- **해가 없는 연립방정식**

  두 방정식을 변형하였을 때, 미지수의 계수는 각각 같고 상수항이
  다른 경우 이 연립방정식은 해가 없다.

  예) 연립방정식 $\begin{cases} x+2y=1 \\ 2x+4y=3 \end{cases}$ 에서

  $\dfrac{1}{2}=\dfrac{2}{4}\neq\dfrac{1}{3}$ 이므로 해가 없다.

  참고) 연립방정식 $\begin{cases} ax+by=c \\ a'x+b'y=c' \end{cases}$ 에서

  ① 해가 무수히 많을 조건 ➡ $\dfrac{a}{a'}=\dfrac{b}{b'}=\dfrac{c}{c'}$

  ② 해가 없을 조건 ➡ $\dfrac{a}{a'}=\dfrac{b}{b'}\neq\dfrac{c}{c'}$

원리확인 다음 연립방정식에 대하여 □ 안에 알맞은 수를 써넣고,
옳은 문장에 ○를 하시오.

❶ $\begin{cases} x+2y=4 & \cdots\cdots ㉠ \\ 2x+4y=8 & \cdots\cdots ㉡ \end{cases}$

➡ ㉠×2를 하면

$$\begin{cases} \boxed{}x+\boxed{}y=\boxed{} \\ 2x+4y=8 \end{cases}$$

해가 (무수히 많다, 없다).

㉠, ㉡의 계수를 비교하면

$$\dfrac{1}{2}=\dfrac{\boxed{}}{4}=\boxed{}$$

❷ $\begin{cases} x+2y=5 & \cdots\cdots ㉠ \\ 2x+4y=8 & \cdots\cdots ㉡ \end{cases}$

➡ ㉠×2를 하면

$$\begin{cases} \boxed{}x+\boxed{}y=\boxed{} \\ 2x+4y=8 \end{cases}$$

해가 (무수히 많다, 없다).

㉠, ㉡의 계수를 비교하면

$$\dfrac{1}{2}=\dfrac{\boxed{}}{4}\neq\boxed{}$$

좌표평면으로 보자!

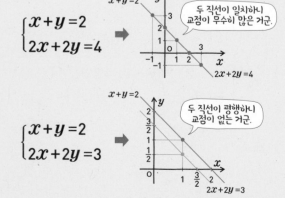

1ˢᵗ — 해가 특수한 연립방정식 풀기

● 다음 연립방정식을 푸시오.

1 $\begin{cases} x+2y=4 \\ 2x+4y=8 \end{cases}$

2 $\begin{cases} x-2y=-5 \\ 2.x-4y=-10 \end{cases}$

3 $\begin{cases} 3x+6y=9 \\ 2x+4y=6 \end{cases}$

4 $\begin{cases} 5x-10y=15 \\ 2x-4y=6 \end{cases}$

5 $\begin{cases} -x+3y=4 \\ 2x-6y=-8 \end{cases}$

6 $\begin{cases} x+2y=6 \\ 2x+4y=3 \end{cases}$

7 $\begin{cases} x-2y=4 \\ 3x-6y=10 \end{cases}$

8 $\begin{cases} 2x-y=3 \\ 6x-3y=6 \end{cases}$

9 $\begin{cases} -3x+5y=4 \\ 9x-15y=12 \end{cases}$

10 $\begin{cases} \dfrac{1}{2}x+\dfrac{1}{3}y=2 \\ 3x+2y=6 \end{cases}$

개념모음문제

11 다음 연립방정식 중 해가 없는 것은?

① $\begin{cases} 6x-12y=18 \\ x-2y=3 \end{cases}$ ② $\begin{cases} 3x+4y=-5 \\ 9x+12y=-10 \end{cases}$

③ $\begin{cases} y=x+4 \\ 3x-3y=-12 \end{cases}$ ④ $\begin{cases} x+3y=10 \\ 3x+y=6 \end{cases}$

⑤ $\begin{cases} 4x-3y=2 \\ 5x-2y=6 \end{cases}$

— 해가 특수한 연립방정식에서 미지수의 값 구하기

● 다음 연립방정식의 해가 무수히 많을 때, 상수 a의 값을 구하시오.

12
$$\begin{cases} -2x+ay=4 \\ -x-3y=2 \end{cases}$$

해가 무수히 많을 때,
$$\frac{-2}{-1}=\frac{a}{-3}=\frac{4}{2}$$

13
$$\begin{cases} 2x-y=-6 \\ ax+3y=18 \end{cases}$$

14
$$\begin{cases} ax+8y=10 \\ 7x+4y=5 \end{cases}$$

15
$$\begin{cases} ax+4y=-12 \\ 2x+y=-3 \end{cases}$$

16
$$\begin{cases} 4x+ay=5 \\ 12x-6y=15 \end{cases}$$

17
$$\begin{cases} x-3y=a \\ -5x+15y=10 \end{cases}$$

● 다음 연립방정식의 해가 없을 때, 상수 a의 값 또는 조건을 구하시오.

18
$$\begin{cases} 6x-y=3 \\ ax-2y=9 \end{cases}$$

해가 없을 때,
$$\frac{6}{a}=\frac{-1}{-2}\neq\frac{3}{9}$$

19
$$\begin{cases} x-5y=2 \\ 4x+ay=10 \end{cases}$$

20
$$\begin{cases} x+2y=a \\ 2x+4y=8 \end{cases}$$

21
$$\begin{cases} -3x+9y=-6 \\ 6x-18y=a \end{cases}$$

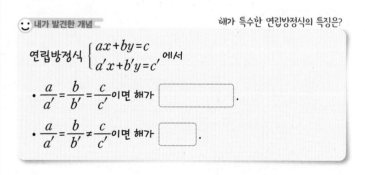

😊 내가 발견한 개념 ━━ 해가 특수한 연립방정식의 특징은?

연립방정식 $\begin{cases} ax+by=c \\ a'x+b'y=c' \end{cases}$ 에서

• $\dfrac{a}{a'}=\dfrac{b}{b'}=\dfrac{c}{c'}$ 이면 해가 □□□.

• $\dfrac{a}{a'}=\dfrac{b}{b'}\neq\dfrac{c}{c'}$ 이면 해가 □□.

개념모음문제
22 연립방정식 $\begin{cases} 3x+ay=5 \\ -12x+8y=b \end{cases}$ 의 해가 없을 때, 두 상수 a, b의 조건은?

① $a=-2$, $b=-20$ ② $a=-2$, $b\neq-20$
③ $a=2$, $b\neq-20$ ④ $a=2$, $b=-20$
⑤ $a=2$, $b\neq20$

TEST 2. 여러 가지 연립방정식의 풀이

1 연립방정식 $\begin{cases} 3x-2y=-16 \\ 3(x-y)+2(y+3)=-8 \end{cases}$ 을 풀면?

① $x=-6, y=1$ ② $x=-6, y=3$

③ $x=-4, y=2$ ④ $x=4, y=-2$

⑤ $x=6, y=-1$

2 연립방정식 $\begin{cases} \dfrac{x+5}{3}=\dfrac{y+2}{2} \\ 0.5x-0.2y=0.1 \end{cases}$ 의 해가 (a, b)일 때, $a+b$의 값을 구하시오.

3 다음 연립방정식을 푸시오.

$$\begin{cases} (x+y):(y+1)=5:2 \\ 4x-9y=7 \end{cases}$$

4 다음 연립방정식을 풀면?

$$\frac{2x+y}{3}=\frac{y-1}{2}=3x-y+1$$

① $x=-2, y=-1$ ② $x=-1, y=-1$

③ $x=1, y=-1$ ④ $x=1, y=1$

⑤ $x=2, y=1$

5 다음 **보기**에서 두 일차방정식을 한 쌍으로 하는 연립방정식을 만들 때, 해가 <u>없는</u> 것만을 있는 대로 고른 것은?

┌ **보기** ┐

ㄱ. $x-5y-3=0$ ㄴ. $x+5y+3=0$

ㄷ. $y=\dfrac{1}{5}x+\dfrac{3}{5}$ ㄹ. $y=-\dfrac{1}{5}x-\dfrac{3}{5}$

① ㄱ, ㄴ ② ㄱ, ㄷ ③ ㄱ, ㄹ

④ ㄴ, ㄷ ⑤ ㄴ, ㄹ

6 연립방정식 $\begin{cases} -2x+ay=1 \\ 8x-12y=b \end{cases}$ 의 해가 무수히 많을 때, 두 상수 a, b에 대하여 ab의 값을 구하시오.

3

생활 속으로!

연립방정식의 활용

우리는 문장속에 숨어있어!

$$\begin{cases} ax+by=c \\ a'x+b'y=c' \end{cases}$$

무엇을 우리로 놓느냐가 중요하지!

모르는 것을 x, y로 두고 등식 두 개를 만들어!

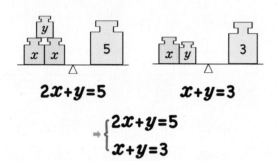

$$2x+y=5 \qquad x+y=3$$

$$\Rightarrow \begin{cases} 2x+y=5 \\ x+y=3 \end{cases}$$

01 연립방정식의 활용

연립방정식의 활용 문제를 푸는 순서는 다음과 같아.

이때 가장 중요한 것은 문제의 뜻을 이해하고 미지수를 이용해서 문제의 뜻에 맞게 연립방정식을 세우는 거야. 문제를 잘 이해해서 식을 세워 가감법이나 대입법을 이용해서 풀면 돼!

현재 나이를 미지수로 놓고 식을 세워!

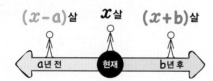

02 나이에 관한 연립방정식의 활용

미지수가 2개인 연립일차방정식을 세우는 활용 문제에서 나이에 관한 문제는 꼭 두 사람이 등장하지. 두 사람의 현재 나이를 각각 x, y로 놓고 식을 세워봐.

자리에 따라 숫자의 크기가 달라!

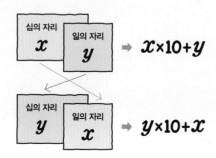

03 자릿수에 관한 연립방정식의 활용

십의 자리의 숫자가 x, 일의 자리 숫자가 y인 두 자리 자연수는 $10x+y$로 나타내. 이때 두 자리수 자연수를 바꾼 수는 $10y+x$야. 처음 수와 바꾼 수를 이용해서 식을 세워 보자!

전체 일의 양을 1로 생각해!

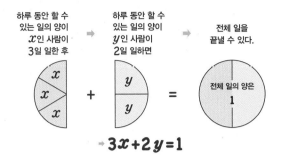

04 일의 양에 관한 연립방정식의 활용

일의 양에 관한 문제는 어렵게 느껴지지만 전체 일의 양을 1로 놓고, 한 사람이 단위 시간(1시간 또는 1일)에 할 수 있는 일의 양을 각각 x, y로 놓고 연립방정식을 세우면 돼!

과거의 양을 x, y로 놓고 식을 세워!

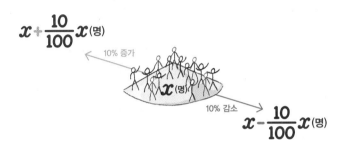

05 증가와 감소에 관한 연립방정식의 활용

x에서 $a\%$ 증가(감소)한 양은 $\dfrac{a}{100}x$야. 따라서 x에서 $a\%$ 증가한 후의 전체 양은 $x+\dfrac{a}{100}x$이고, x에서 $a\%$ 감소한 후의 전체 양은 $x-\dfrac{a}{100}x$이지!

거리, 시간, 속력에 대한 식을 세워!

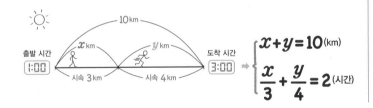

06 속력에 관한 연립방정식의 활용

속력에 관한 연립방정식의 활용 문제는 문제의 뜻을 잘 파악해서 미지수 x, y를 정하고 그에 관한 연립방정식을 세워 풀면 돼. 거리를 구하는 문제는 거리를 x, y로 두고, 시간을 구하는 문제는 시간을 x, y로 두고, 속력을 구하는 문제는 속력을 x, y로 두면 돼!

농도와 양에 관한 연립방정식!

07 농도에 관한 연립방정식의 활용

농도에 관한 연립방정식의 활용 문제는 문제의 뜻을 잘 파악해서 미지수 x, y를 정하고 그에 관한 연립방정식을 세워 풀면 돼. 소금물을 구하는 문제는 소금물의 양을 x, y로 두고, 농도를 구하는 문제는 농도를 x, y로 두면 돼!

01

연립방정식의 활용

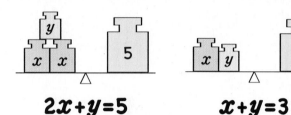

$$2x+y=5 \qquad x+y=3$$

$$\rightarrow \begin{cases} 2x+y=5 \\ x+y=3 \end{cases}$$

• 연립방정식의 활용 문제를 푸는 순서

미지수 정하기	문제의 뜻을 이해하고, 구하려는 것을 미지수 x, y로 놓는다.
↓	
연립방정식 세우기	문제의 뜻에 맞게 x, y에 대한 연립방정식을 세운다.
↓	
연립방정식 풀기	연립방정식을 풀어 x, y의 값을 각각 구한다.
↓	
확인하기	구한 x, y의 값이 문제의 뜻에 맞는지 확인한다.

원리확인 다음은 문장을 미지수가 2개인 연립방정식으로 나타낸 것이다. □ 안에 알맞은 것을 써넣으시오.

❶ 빵과 우유 1개의 가격은 각각 x원, y원이다. 빵 3개와 우유 2개의 값은 5600원이고, 빵 1개와 우유 3개의 값은 4200원이다.

$$\rightarrow \begin{cases} 3x+2y=\boxed{} \\ x+\boxed{}=\boxed{} \end{cases}$$

❷ 가로의 길이와 세로의 길이가 각각 x cm, y cm인 직사각형이 있다. 가로의 길이가 세로의 길이보다 4 cm 더 긴 이 직사각형의 둘레의 길이가 48 cm이다.

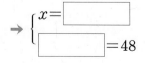

1st — 어떤 수에 관한 연립방정식 풀기

1 두 자연수의 합이 42이고 차가 8일 때, 두 자연수를 구하려고 한다. 다음 물음에 답하시오.

(1) 큰 자연수를 x, 작은 자연수를 y라 할 때, 다음 □ 안에 알맞은 것을 써넣으시오.

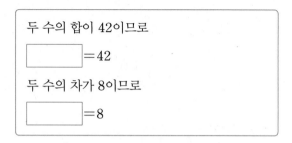

(2) 연립방정식을 세우시오.

$$\begin{cases} \boxed{}=42 \\ \boxed{}=8 \end{cases}$$

(3) 연립방정식을 푸시오.

(4) 두 자연수를 구하시오.

2 두 자연수에 대하여 두 수의 합은 42이고, 큰 수는 작은 수의 2배일 때, 큰 수를 구하시오.

3 합이 50인 두 자연수가 있다. 큰 수를 작은 수로 나누었더니 몫은 3, 나머지는 2이다. 큰 수와 작은 수의 차를 구하시오.

2nd — 개수에 관한 연립방정식 풀기

4 어느 농장에 고양이와 닭이 총 43마리가 있다. 고양이와 닭의 다리의 수의 합이 132일 때, 고양이는 몇 마리인지 구하려고 한다. 다음 물음에 답하시오.

(1) 고양이가 x마리, 닭이 y마리 있다고 할 때, 다음 표를 완성하시오.

	마리당 다리의 수	마리 수	총 다리의 수
고양이	4	x	$4x$
닭			

(2) 연립방정식을 세우시오.

> 고양이와 닭을 합하여 43마리이므로
>
> ☐ $=43$
>
> 고양이와 닭의 다리 수의 합이 132이므로
>
> ☐ $=132$
>
> 이를 연립방정식으로 나타내면
>
> $\begin{cases} ☐=43 \\ ☐=132 \end{cases}$

(3) 연립방정식을 푸시오.

(4) 고양이는 몇 마리인지 구하시오.

5 지우는 강아지와 앵무새를 합하여 9마리를 키우고 있다. 강아지와 앵무새의 다리의 수의 합이 30일 때, 지우가 키우고 있는 강아지와 앵무새는 각각 몇 마리인지 구하시오.

6 35명의 학생이 8개의 모둠을 만들어서 과학 실험을 하려고 한다. 4명 또는 5명이 한 모둠을 이룬다고 할 때, 모둠원이 5명인 모둠의 수를 구하시오.

7 미술반 학생 21명이 공원에 놀러가서 1인용 자전거와 2인용 자전거를 빌려 빈자리 없이 타려고 한다. 빌린 자전거의 수가 13일 때, 그 중 1인용 자전거의 수를 구하시오.

— 가격에 관한 연립방정식 풀기

8 한 자루에 800원짜리 연필과 한 자루에 1200원짜리 볼펜을 합하여 11자루를 사고 12000원을 지불하였을 때, 연필과 볼펜은 각각 몇 자루인지 구하려고 한다. 다음 물음에 답하시오.

(1) 800원짜리 연필을 x자루, 1200원짜리 볼펜을 y자루 샀다고 할 때, 다음 표를 완성하시오.

	연필	볼펜	전체
개수	x	y	
가격			12000

(2) 연립방정식을 세우시오.

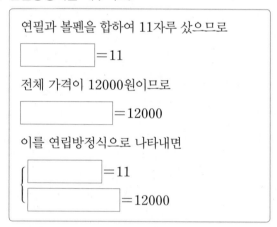

연필과 볼펜을 합하여 11자루 샀으므로

◻ = 11

전체 가격이 12000원이므로

◻ = 12000

이를 연립방정식으로 나타내면

$\begin{cases} ◻ = 11 \\ ◻ = 12000 \end{cases}$

(3) 연립방정식을 푸시오.

(4) 연필과 볼펜은 각각 몇 자루인지 구하시오.

9 민우가 100원짜리 동전과 500원짜리 동전을 합하여 15개 모았더니 3900원이 되었다. 민우가 모은 100원짜리 동전과 500원짜리 동전의 개수를 각각 구하시오.

10 어느 전시관 입장료가 성인은 5000원, 학생은 1000원이다. 성인과 학생을 합하여 13명의 입장료가 29000원일 때, 입장한 학생의 수를 구하시오.

11 장미 6송이와 튤립 3송이의 가격은 13500원이고, 튤립 한 송이의 가격은 장미 한 송이의 가격보다 600원이 더 비싸다고 한다. 장미 3송이와 튤립 2송이의 가격을 구하시오.

4th ― 도형에 관한 연립방정식 풀기

12 둘레의 길이가 16 cm이고, 가로의 길이가 세로의 길이보다 2 cm만큼 긴 직사각형이 있다. 이 직사각형의 가로와 세로의 길이를 각각 구하려고 할 때, 다음 물음에 답하시오.

(1) 가로의 길이를 x cm, 세로의 길이를 y cm라 할 때, ☐ 안에 알맞은 것을 써넣으시오.

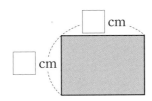

(2) 연립방정식을 세우시오.

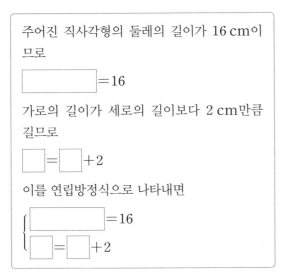

주어진 직사각형의 둘레의 길이가 16 cm이므로

☐ $=16$

가로의 길이가 세로의 길이보다 2 cm만큼 길므로

☐ $=$ ☐ $+2$

이를 연립방정식으로 나타내면

$$\begin{cases} ☐ = 16 \\ ☐ = ☐ + 2 \end{cases}$$

(3) 연립방정식을 푸시오.

(4) 직사각형의 가로와 세로의 길이를 각각 구하시오.

13 둘레의 길이가 58 cm이고, 가로의 길이가 세로의 길이보다 5 cm만큼 짧은 직사각형이 있다. 이 직사각형의 넓이를 구하시오.

14 길이가 249 cm인 줄을 두 개로 나누었더니 짧은 줄의 길이가 긴 줄의 길이의 $\frac{1}{3}$보다 9 cm만큼 길다고 한다. 짧은 줄의 길이를 구하시오.

15 오른쪽 그림의 사다리꼴은 아랫변의 길이가 윗변의 길이보다 3 cm만큼 길다. 이 사다리꼴의 높이가 10 cm이고 넓이가 55 cm²일 때, 아랫변의 길이를 구하시오.

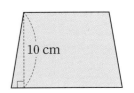

10 cm

현재 나이를 미지수로 놓고 식을 세워!

나이에 관한
연립방정식의 활용

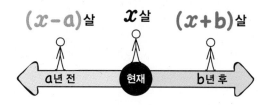

(x−a)살   x살   (x+b)살

a년 전   현재   b년 후

• **나이에 관한 문제**
두 사람의 나이를 각각 x살, y살로 놓고 나이에 관한 연립방정식을 세운다.

(x−a)살 ←$\xrightarrow{a년 전}$ 현재 x살 $\xrightarrow{b년 후}$ (x+b)살

원리확인 다음 □ 안에 알맞은 것을 써넣으시오.

❶ 서우의 나이가 x세일 때, 2살 차이인 서우네 언니의 나이

→ x세 $\xrightarrow{2살 차이}$ ($x+$□)세
　[서우]　　　　　　[서우네 언니]

❷ 현재 아버지의 나이는 50세, 주희의 나이는 14세이다. 아버지와 주희의 x년 전의 나이

→ [아버지] 50세 $\xrightarrow{x년 전}$ (50−□)세

　 [주희] 14세 $\xrightarrow{x년 전}$ (14−□)세

❸ 현재 진호의 나이가 삼촌의 나이보다 20세 적을 때, 5년 후의 삼촌과 진호의 나이

→ [삼촌] 　x세 $\xrightarrow{5년 후}$ (□+5)세

　 [진호] ($x−$□)세 $\xrightarrow{5년 후}$ ($x−$□)세

---

1 현재 아버지와 아들의 나이의 합은 61세이고, 13년 후에 아버지의 나이는 아들의 나이의 2배가 된다고 할 때, 현재 아버지와 아들의 나이를 각각 구하려고 한다. 다음 물음에 답하시오.

(1) 현재 아버지의 나이를 x세, 아들의 나이를 y세라 할 때, 다음 표를 완성하시오.

	아버지	아들
현재 나이(세)	x	y
13년 후 나이(세)		

(2) 연립방정식을 세우시오.

현재 아버지와 아들의 나이의 합은 61세이므로

□ =61

13년 후에 아버지의 나이는 아들의 나이의 2배가 되므로

□ =2(□)

이를 연립방정식으로 나타내면

$\begin{cases} □=61 \\ □=2(□) \end{cases}$

(3) 연립방정식을 푸시오.

(4) 현재 아버지와 아들의 나이를 각각 구하시오.

2 현재 어머니와 딸의 나이의 합은 58세이고, 5년 전에는 어머니의 나이가 딸의 나이의 7배였다고 할 때, 현재 어머니와 딸의 나이를 각각 구하려고 한다. 다음 물음에 답하시오.

(1) 현재 어머니의 나이를 x세, 딸의 나이를 y세라 할 때, 다음 표를 완성하시오.

	어머니	딸
현재 나이(세)	x	y
5년 전 나이(세)		

(2) 연립방정식을 세우시오.

현재 어머니와 딸의 나이의 합은 58세이므로

$\boxed{}=58$

5년 전에 어머니의 나이는 딸의 나이의 7배였으므로

$\boxed{}=7(\boxed{})$

이를 연립방정식으로 나타내면

$\begin{cases} \boxed{}=58 \\ \boxed{}=7(\boxed{}) \end{cases}$

(3) 연립방정식을 푸시오.

(4) 현재 어머니와 딸의 나이를 각각 구하시오.

3 현재 이모의 나이와 조카의 나이의 차는 30세이고, 6년 후에 이모의 나이는 조카의 나이의 2배가 된다. 현재 이모의 나이를 구하시오.

4 찬미보다 6세가 많은 사촌 오빠가 있다. 8년 전에 사촌 오빠의 나이는 찬미의 나이의 3배와 같았다. 현재 사촌 오빠의 나이를 구하시오.

5 지훈이와 동생의 나이의 차는 5세이고, 3년 후에 지훈이의 나이는 동생의 나이의 4배보다 16세가 적게 된다고 한다. 현재 지훈이의 나이를 구하시오.

자리에 따라 숫자의 크기가 달라!

자릿수에 관한 연립방정식의 활용

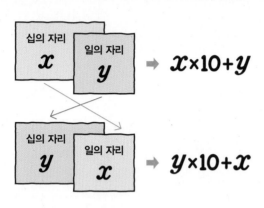

• **자릿수에 관한 문제**

십의 자리의 숫자가 a, 일의 자리의 숫자가 b인 두 자리 자연수는

$10 \times a + b = 10a + b$로 나타내어 푼다.

주의 십의 자리의 숫자가 a, 일의 자리의 숫자가 b인 두 자리 자연수를 ab 로 나타내지 않도록 주의한다.

원리확인 다음은 두 자리 자연수를 x를 사용하여 나타낸 것이다. □ 안 에 알맞은 것을 써넣으시오.

❶ 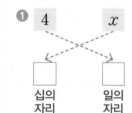   (처음 수) ➡ $4 \times 10 + x$

   (바꾼 수) ➡ □ $\times 10 +$ □

십의 자리   일의 자리

❷ 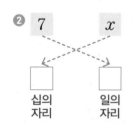   (처음 수) ➡ $7 \times 10 + x$

   (바꾼 수) ➡ □ $\times 10 +$ □

십의 자리   일의 자리

❸ 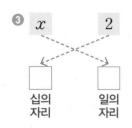   (처음 수) ➡ $x \times 10 + 2$

   (바꾼 수) ➡ □ $\times 10 +$ □

십의 자리   일의 자리

1st ― 자릿수에 관한 연립방정식 풀기

1 두 자리 자연수가 있다. 각 자리의 숫자의 합은 15이고, 십의 자리의 숫자와 일의 자리의 숫자를 바꾼 수는 처음 수보다 27만큼 작을 때, 처음 수 를 구하려고 한다. 다음 물음에 답하시오.

(1) 처음 두 자리 자연수의 십의 자리의 숫자를 x, 일의 자리의 숫자를 y라 할 때, 다음 표를 완성하시오.

	십의 자리의 숫자	일의 자리의 숫자	두 자리 자연수
처음 수	x	y	$10x+y$
각 자리의 숫자를 바꾼 수			

(2) 연립방정식을 세우시오.

각 자리의 숫자의 합은 15이므로

□ $=15$

십의 자리의 숫자와 일의 자리의 숫자를 바꾼 수는 처음 수보다 27만큼 작으므로

□ $=$ □ -27

이를 연립방정식으로 나타내면

$\begin{cases} \square = 15 \\ \square = \square - 27 \end{cases}$

(3) 연립방정식을 푸시오.

(4) 처음 수를 구하시오.

2 두 자리 자연수가 있다. 일의 자리의 숫자는 십의 자리의 숫자보다 2만큼 크고, 십의 자리의 숫자와 일의 자리의 숫자를 바꾼 수는 처음 수의 2배보다 17만큼 작다. 바꾼 수를 구하려고 할 때, 다음 물음에 답하시오.

(1) 두 자리 자연수의 십의 자리의 숫자를 x, 일의 자리의 숫자를 y라 할 때, 다음 표를 완성하시오.

	십의 자리의 숫자	일의 자리의 숫자	두 자리 자연수
처음 수	x	y	$10x+y$
각 자리의 숫자를 비꾼 수			

(2) 연립방정식을 세우시오.

일의 자리의 숫자는 십의 자리의 숫자보다 2만큼 크므로

$\boxed{} = \boxed{} + 2$

십의 자리의 숫자와 일의 자리의 숫자를 바꾼 수는 처음 수의 2배보다 17만큼 작으므로

$\boxed{} = 2(\boxed{}) - 17$

이를 연립방정식으로 나타내면

$\begin{cases} \boxed{} = \boxed{} + 2 \\ \boxed{} = 2(\boxed{}) - 17 \end{cases}$

(3) 연립방정식을 푸시오.

(4) 바꾼 수를 구하시오.

3 두 자리 자연수가 있다. 각 자리의 숫자의 합은 6이고 십의 자리의 숫자와 일의 자리의 숫자를 바꾼 수는 처음 수보다 36만큼 크다고 할 때, 처음 수를 구하시오.

4 각 자리의 숫자의 합은 11이고, 일의 자리의 숫자가 십의 자리의 숫자의 4배보다 1만큼 큰 두 자리 자연수를 구하시오.

5 두 자리 자연수가 있다. 십의 자리의 숫자의 2배는 일의 자리의 숫자보다 2만큼 작고, 일의 자리의 숫자와 십의 자리의 숫자를 바꾼 수는 처음 수보다 45만큼 크다고 한다. 처음 수를 구하시오.

04

전체 일의 양을 1로 생각해!

일의 양에 관한
연립방정식의 활용

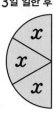

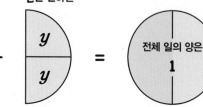

$$\rightarrow 3x + 2y = 1$$

• 일에 관한 문제

(i) 전체 일의 양을 1로 놓는다.

(ii) 한 사람이 단위 시간(1시간, 1일)에 할 수 있는 일의 양을 각각 x, y로 놓고 연립방정식을 세운다.

원리확인 다음 □ 안에 알맞은 수를 써넣으시오.

❶ 어떤 일을 민지가 혼자서 완성하는 데 3일이 걸린다.

→ 전체 일의 양을 1이라 할 때, 민지가 하루 동안 할 수 있는 일의 양은 ☐ 이다.

❷ 어떤 일을 진호가 혼자서 완성하는 데 5시간이 걸린다.

→ 전체 일의 양을 1이라 할 때, 진호가 1시간 동안 할 수 있는 일의 양은 ☐ 이다.

❸ 어떤 물탱크에 A호스로 물을 가득 채우는 데 10분 걸린다.

→ 물탱크를 가득 채우는 물의 양을 1이라 할 때, A호스로 1분 동안 채울 수 있는 물의 양은 ☐ 이다.

1st **— 일의 양에 관한 연립방정식 풀기**

1 영서와 진호가 함께 하면 4일 만에 끝낼 수 있는 일을 영서가 3일 동안 작업한 후 나머지를 진호가 6일 동안 작업하여 모두 끝냈다. 이 일을 진호가 혼자 하면 며칠이 걸리는지 구하려고 할 때, 다음 물음에 답하시오.

(1) 영서가 하루 동안 할 수 있는 일의 양을 x, 진호가 하루 동안 할 수 있는 일의 양을 y라 할 때, 다음 표를 완성하시오.

	영서	진호	전체 일의 양
4일 동안 할 수 있는 일의 양			1
3일 동안 할 수 있는 일의 양			1
6일 동안 할 수 있는 일의 양			

(2) 연립방정식을 세우시오.

> 영서와 진호가 함께 하면 4일 만에 끝낼 수 있으므로
>
> ☐ = 1
>
> 영서가 3일 동안 작업한 후 나머지를 진호가 6일 동안 작업하여 모두 끝냈으므로
>
> ☐ = 1
>
> 이를 연립방정식으로 나타내면
>
> $\begin{cases} \boxed{} = 1 \\ \boxed{} = 1 \end{cases}$

(3) 연립방정식을 푸시오.

(4) 진호가 혼자 하면 며칠이 걸리는지 구하시오.

---

2 어떤 일을 나연이가 3일 한 후에 동우가 8일 하면 마칠 수 있고, 나연이가 2일 한 후에 동우가 12일 하면 마칠 수 있다고 한다. 이 일을 나연이와 동우가 함께 하면 며칠이 걸리는지 구하려고 할 때, 다음 물음에 답하시오.

(1) 나연이가 하루 동인 힐 수 있는 일의 양을 x, 동우가 하루 동안 할 수 있는 일의 양을 y라 할 때, 다음 표를 완성하시오.

	나연	동우	전체 일의 양
3일 동안 할 수 있는 일의 양			1
8일 동안 할 수 있는 일의 양			
2일 동안 할 수 있는 일의 양			1
12일 동안 할 수 있는 일의 양			

(2) 연립방정식을 세우시오.

나연이가 3일 한 후에 동우가 8일 하면 끝낼 수 있으므로

⬜ $=1$

나연이가 2일 한 후에 동우가 12일 하면 끝낼 수 있으므로

⬜ $=1$

이를 연립방정식으로 나타내면

$\begin{cases} \boxed{} = 1 \\ \boxed{} = 1 \end{cases}$

(3) 연립방정식을 푸시오.

(4) 나연이와 동우가 함께 하면 며칠이 걸리는지 구하시오.

3 어떤 일을 언니와 동생이 함께 하면 8일 만에 끝낼 수 있다. 이 일을 언니가 먼저 10일을 한 후 동생이 교대하여 4일 만에 끝냈다. 이 일을 언니가 혼자 하면 며칠이 걸리는지 구하시오.

4 어떤 일을 우찬이가 7시간 한 후에 새미가 3시간 하면 끝낼 수 있고, 우찬이가 4시간 한 후 새미가 12시간 하면 끝낼 수 있다고 한다. 이 일을 우찬이와 새미가 함께 하면 몇 시간이 걸리는지 구하시오.

5 어떤 물탱크에 물을 A 호스로 16분 동안 넣고, B 호스로 6분 동안 넣으면 물탱크가 가득 찬다고 한다. 또, 이 물탱크에 A, B 호스를 동시에 사용하여 8분 동안 물을 넣으면 물탱크가 가득 찬다고 할 때, A 호스만으로 이 물통을 가득 채우는 데에는 몇 분이 걸리는지 구하시오.

05

과거의 양을 x, y로 놓고 식을 세워!

증가와 감소에 관한 연립방정식의 활용

$$x+\frac{10}{100}x\,(명)$$

↑ 10% 증가

$x\,(명)$

↓ 10% 감소

$$x-\frac{10}{100}x\,(명)$$

• 증감에 관한 문제

① x에서 $a\,\%$ 증가할 때, 증가한 후의 양

$$x+\frac{a}{100}x=\left(1+\frac{a}{100}\right)x$$

└── 증가량

② x에서 $b\,\%$ 감소할 때, 감소한 후의 양

$$x-\frac{b}{100}x=\left(1-\frac{b}{100}\right)x$$

└── 감소량

원리확인 다음 □ 안에 알맞은 수를 써넣으시오.

❶ x에서 $3\,\%$ 증가할 때, 증가한 후의 양

➡ $x+\boxed{}\,x=\left(1+\boxed{}\right)x$

❷ x에서 $7\,\%$ 감소할 때, 감소한 후의 양

➡ $x-\boxed{}\,x=\left(1-\boxed{}\right)x$

❸ y에서 $11\,\%$ 증가할 때, 증가한 후의 양

➡ $y+\boxed{}\,y=\left(1+\boxed{}\right)y$

1st ─ 증가와 감소에 관한 연립방정식 풀기

1 어느 학교의 올해 전체 학생 수가 작년에 비해 남학생은 $4\,\%$ 증가하고, 여학생은 $3\,\%$ 감소하여 전체 학생 수는 4명이 증가한 454명이다. 올해의 여학생 수를 구하려고 할 때, 다음 물음에 답하시오.

(1) 작년의 남학생 수를 x명, 여학생 수를 y명이라 할 때, 다음 표를 완성하시오.

	남학생 수	여학생 수	전체 학생 수
작년	x	y	$454-\boxed{}=\boxed{}$
올해 증가·감소	$\boxed{}\times x$	$-\boxed{}\times y$	4

(2) 연립방정식을 세우시오.

> 작년 전체 학생 수는
>
> $x+y=\boxed{}$
>
> 올해 전체적으로 증가한 학생 수는 4이므로
>
> $\boxed{}=4$
>
> 이를 연립방정식으로 나타내면
>
> $\begin{cases} x+y=\boxed{} \\ \boxed{}=4 \end{cases}$

(3) 연립방정식을 푸시오.

(4) 올해의 여학생 수를 구하시오.

2 어느 미술관의 어제 총 입장객 수가 850명이었고, 오늘은 어제보다 남자 입장객은 5 % 감소하고 여자 입장객은 10 % 증가하여 16명이 증가하였다고 한다. 이 미술관에 오늘 입장한 남자 입장객 수와 여자 입장객 수를 각각 구하려고 할 때, 다음 물음에 답하시오.

(1) 어제 남자 입장객 수를 x명, 여자 입장객 수를 y명이라 할 때, 다음 표를 완성하시오.

	남자 입장객 수	여자 입장객 수	전체 입장객 수
어제	☐	☐	850
오늘 증가·감소	$-$☐$\times x$	☐$\times y$	16

(2) 연립방정식을 세우시오.

어제 전체 입장객 수는 850명이므로

$x+y=$ ☐

오늘 전체적으로 증가한 입장객 수는 16명이므로

☐$=16$

이를 연립방정식으로 나타내면

$\begin{cases} x+y=☐ \\ ☐=16 \end{cases}$

(3) 연립방정식을 푸시오.

(4) 오늘 입장한 남자 입장객 수와 여자 입장객 수를 각각 구하시오.

3 어느 중학교의 작년 신입생은 모두 280명이었다. 올해의 신입생 수는 작년에 비해 남학생은 15 % 감소하고, 여학생 수는 10 % 증가하여 모두 263명이 되었다. 작년 신입생의 여학생 수를 구하시오.

4 A, B 두 제품을 생산하는 어느 공장에서 지난달에 A, B 두 제품을 합하여 1700개를 생산하였다. 이번 달에는 A 제품의 생산량은 10 % 증가하고, B 제품의 생산량은 20 % 감소하여 전체적으로 80개를 더 생산하였다고 할 때, 이번 달의 B 제품의 생산량을 구하시오.

5 어느 과수원의 작년 사과와 배의 수확량은 합하여 1200 kg이었다. 올해는 작년에 비해 사과의 수확량은 24 % 증가하고, 배의 수확량은 8 % 감소하여 전체적으로 10 % 증가하였다. 올해 사과와 배의 수확량을 각각 구하시오.

06

거리, 시간, 속력에 대한 식을 세워!

속력에 관한 연립방정식의 활용

10 km인 거리를 x km는 시속 3 km로 걸어가고,
나머지 y km는 시속 4 km로 뛰어가는 데 2시간이 걸리면

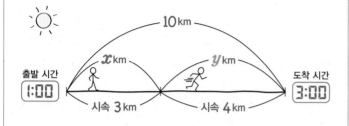

$$\rightarrow \begin{cases} x+y=10 \text{ (km)} \\ \dfrac{x}{3}+\dfrac{y}{4}=2 \text{ (시간)} \end{cases}$$

• 거리, 속력, 시간에 관한 문제

① (거리)=(속력)×(시간)

② (속력)=$\dfrac{(거리)}{(시간)}$

③ (시간)=$\dfrac{(거리)}{(속력)}$

원리확인 다음 □ 안에 알맞은 것을 써넣으시오.

❶ 시속 4 km로 x km를 걸어갈 때 걸리는 시간

$\rightarrow$ (시간)=$\dfrac{(거리)}{(속력)}$ $\rightarrow$ $\boxed{}$ 시간

❷ 시속 x km로 2시간을 이동한 거리

$\rightarrow$ (거리)=(속력)×(시간) $\rightarrow$ $\boxed{}$ km

❸ 3시간 동안 x km를 갈 때의 속력

$\rightarrow$ (속력)=$\dfrac{(거리)}{(시간)}$ $\rightarrow$ 시속 $\boxed{}$ km

---

1st 속력이 바뀌는 경우에 관한 연립방정식 풀기

1 정우네 집에서 도서관까지의 거리는 7 km이다. 정우가 집에서 도서관까지 가는데 시속 3 km로 걷다가 늦을 거 같아서 시속 4 km로 달렸더니 모두 2시간이 걸렸다. 걸어간 거리와 달려간 거리를 각각 구하려고 할 때, 다음 물음에 답하시오.

(1) 걸어간 거리를 x km, 달려간 거리를 y km라 할 때, 빈칸에 알맞은 것을 써넣으시오.

	걸어갈 때	달려갈 때
거리	x km	y km
속력	시속 $\boxed{}$ km	시속 $\boxed{}$ km
시간	$\dfrac{x}{\boxed{}}$ 시간	$\dfrac{y}{\boxed{}}$ 시간

(2) 연립방정식을 세우시오.

정우네 집에서 도서관까지의 거리가 7 km이므로

$\boxed{}=7$

정우네 집에서 도서관까지 걸린 시간은 모두 2시간이므로

$\dfrac{x}{\boxed{}}+\dfrac{y}{\boxed{}}=\boxed{}$

이를 연립방정식으로 나타내면

$$\begin{cases} \boxed{}=7 \\ \dfrac{x}{\boxed{}}+\dfrac{y}{\boxed{}}=\boxed{} \end{cases}$$

> (시간)=$\dfrac{(거리)}{(속력)}$임을 이용하여
> $\begin{cases}(거리에 관한 식) \\ (시간에 관한 식)\end{cases}$과 같이 연립방정식을 세운다.

(3) 연립방정식을 푸시오.

(4) 걸어간 거리와 달려간 거리를 각각 구하시오.

2 등산을 하는데 올라갈 때는 시속 2 km로, 내려올 때는 올라갈 때보다 3 km 더 먼 길을 시속 4 km로 걸었더니 모두 3시간이 걸렸다. 올라간 거리를 구하려고 할 때, 다음 물음에 답하시오.

(1) 올라간 거리를 x km, 내려온 거리를 y km라 할 때, 빈칸에 알맞은 것을 써넣으시오.

	올라갈 때	내려올 때
거리	x km	y km
속력	시속 ☐ km	시속 ☐ km
시간	$\dfrac{x}{\square}$ 시간	$\dfrac{y}{\square}$ 시간

(2) 연립방정식을 세우시오.

> 내려올 때는 올라갈 때보다 3 km 더 먼 길을 걸었으므로
>
> $y = x + \square$
>
> 등산을 하는 데 모두 3시간이 걸렸으므로
>
> $\dfrac{x}{\square} + \dfrac{y}{\square} = \square$
>
> 이를 연립방정식으로 나타내면
>
> $\begin{cases} y = x + \square \\ \dfrac{x}{\square} + \dfrac{y}{\square} = \square \end{cases}$

(3) 연립방정식을 푸시오.

(4) 올라간 거리를 구하시오.

3 시외버스가 A 도시에서 180 km 떨어진 B 도시까지 가는데 처음에 시속 50 km로 달리다가 나중에 버스 전용 차로를 이용하여 시속 80 km로 달렸더니 모두 3시간이 걸렸다. 다음 표를 완성하고, 이 시외버스가 시속 80 km로 달린 거리를 구하시오.

	처음	나중
거리	x km	y km
속력	시속 50 km	시속 80 km
시간		

4 등산을 하는데 올라갈 때는 시속 3 km로, 내려올 때는 다른 길을 시속 4 km로 걸었더니 모두 4시간이 걸렸다. 총 거리가 14 km일 때, 다음 표를 완성하고, 내려온 거리를 구하시오.

	올라갈 때	내려올 때
거리	x km	y km
속력	시속 3 km	시속 4 km
시간		

5 재경이네 집에서 영화관은 11 km 떨어져 있다. 집에서 버스 정류장까지 시속 4 km로 달려간 후 시속 60 km로 버스를 타고 갔더니 모두 30분이 걸렸다. 다음 표를 완성하고, 재경이가 달려간 거리를 구하시오. (단, 버스를 기다리는 데 걸린 시간은 5분이다.)

	달려갈 때	버스
거리	x km	y km
속력	시속 4 km	시속 60 km
시간		

6 진영이와 준수는 학교 정문에서 수영장까지 가려
고 한다. 진영이가 학교 정문에서 분속 400 m로
출발한 지 15분 후에 준수가 학교 정문에서 분속
700 m로 같은 방향으로 출발하였다. 두 사람이
만난 시간은 진영이가 출발한 지 몇 분 후인지 구
하려고 할 때, 다음 물음에 답하시오.

(1) 진영이가 출발한 지 x분 후, 준수가 출발한 지 y분
후에 두 사람이 만난다고 할 때, 빈칸에 알맞은 것
을 써넣으시오.

	진영	준수
속력	분속 400 m	분속 700 m
만날 때까지 걸린 시간	☐ 분	☐ 분
만날 때까지 이동한 거리	☐ m	☐ m

(2) 연립방정식을 세우시오.

> 진영이가 출발한 지 15분 후에 준수가 출발
> 하였으므로
>
> ☐ = ☐ + 15
>
> 두 사람이 만날 때까지 이동한 거리는 같으므로
>
> ☐ = ☐
>
> 이를 연립방정식으로 나타내면
>
> $\begin{cases} ☐ = ☐ + 15 \\ ☐ = ☐ \end{cases}$

(3) 연립방정식을 푸시오.

(4) 두 사람이 만난 시간은 진영이가 출발한 지 몇 분
후인지 구하시오.

---

7 둘레의 길이가 1200 m인 트랙이 있다. 은우와
희원이가 트랙의 둘레를 같은 곳에서 동시에 같
은 방향으로 돌면 20분 후에 처음으로 만나고,
반대 방향으로 돌면 8분 후에 처음으로 만난다고
한다. 은우와 희원이의 속력을 각각 구하려고 할
때, 다음 물음에 답하시오. (단, 은우가 희원이보
다 빠르게 걷는다.)

(1) 은우의 속력을 분속 x m, 희원이의 속력을 분속
y m라 할 때, 빈칸에 알맞은 것을 써넣으시오.

	은우	희원
속력	분속 x m	분속 y m
20분 동안 이동한 거리	☐ m	☐ m
8분 동안 이동한 거리	☐ m	☐ m

(2) 연립방정식을 세우시오.

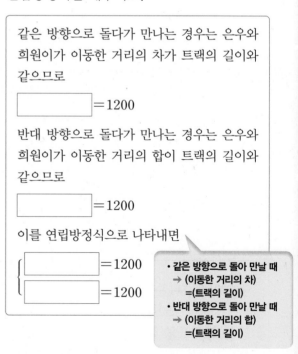

> 같은 방향으로 돌다가 만나는 경우는 은우와
> 희원이가 이동한 거리의 차가 트랙의 길이와
> 같으므로
>
> ☐ = 1200
>
> 반대 방향으로 돌다가 만나는 경우는 은우와
> 희원이가 이동한 거리의 합이 트랙의 길이와
> 같으므로
>
> ☐ = 1200
>
> 이를 연립방정식으로 나타내면
>
> $\begin{cases} ☐ = 1200 \\ ☐ = 1200 \end{cases}$

> • 같은 방향으로 돌아 만날 때
> → (이동한 거리의 차)
> =(트랙의 길이)
> • 반대 방향으로 돌아 만날 때
> → (이동한 거리의 합)
> =(트랙의 길이)

(3) 연립방정식을 푸시오.

(4) 은우와 희원이의 속력을 각각 구하시오.

8 소윤이와 동생은 집에서 서점까지 가려고 한다. 동생이 집에서 분속 300 m로 출발한 지 10분 후에 소윤이가 집에서 분속 500 m로 같은 방향으로 출발하였다. 다음 표를 완성하고, 두 사람이 만난 시간은 소윤이가 출발한 지 몇 분 후인지 구하시오.

	동생	소윤
속력	분속 300 m	분속 500 m
만날 때까지 걸린 시간	x분	y분
만날 때까지 이동한 거리		

9 18 km 떨어진 두 지점에서 민아와 지원이가 동시에 마주 보고 출발하여 도중에 만났다. 민아는 시속 5 km로 걷고, 지원이는 시속 4 km로 걸었다고 할 때, 다음 표를 완성하고, 지원이가 걸은 거리를 구하시오.

	민아	지원
만날 때까지 이동한 거리	x km	y km
속력	시속 5 km	시속 4 km
만날 때까지 걸린 시간		

10 둘레의 길이가 2 km인 연못을 현진이와 규호가 같은 장소에서 동시에 출발하여 서로 반대 방향으로 돌면 10분 후에 처음으로 만나고, 서로 같은 방향으로 돌면 50분 후에 처음으로 만난다고 한다. 규호가 현진이보다 빠르게 걷는다고 할 때, 다음 표를 완성하고, 현진이와 규호의 속력을 각각 구하시오.

	현진	규호
속력	분속 x m	분속 y m
10분 동안 이동한 거리		
50분 동안 이동한 거리		

11 둘레의 길이가 200 m인 트랙을 채원이와 성재가 동시에 같은 곳에서 출발하여 같은 방향으로 달리면 1분 후에 성재가 채원이를 한 바퀴 앞지르고, 반대 방향으로 달리면 20초 후에 처음으로 만난다고 한다. 다음 표를 완성하고, 채원이와 성재의 속력을 각각 구하시오.

	채원	성재
속력	분속 x m	분속 y m
1분 동안 이동한 거리		
20초 동안 이동한 거리		

강물 위의 배의 속력에 관한 연립방정식 풀기

12 배를 타고 길이가 24 km인 강을 왕복하는데, 강을 거슬러 올라갈 때는 4시간이 걸리고 강을 따라 내려올 때는 3시간이 걸린다고 한다. 정지한 물에서의 배의 속력을 구하려고 할 때, 다음 물음에 답하시오. (단, 강물과 배의 속력은 각각 일정하다.)

(1) 정지한 물에서의 배의 속력을 시속 x km, 강물의 속력을 시속 y km라 할 때, 빈칸에 알맞은 것을 써넣으시오.

정지한 물에서의 배의 속력	시속 x km
강물의 속력	시속 y km
강을 거슬러 올라갈 때의 배의 속력	시속 ( ) km
강을 따라 내려올 때의 배의 속력	시속 ( ) km

- **(강을 거슬러 올라갈 때의 배의 속력)** =(정지한 물에서의 배의 속력)−(강물의 속력)
- **(강을 따라 내려올 때의 배의 속력)** =(정지한 물에서의 배의 속력)+(강물의 속력)

(2) 연립방정식을 세우시오.

강을 거슬러 올라가는 데 4시간이 걸리므로

[   ]=24

강을 내려오는 데 3시간이 걸리므로

[   ]=24

이를 연립방정식으로 나타내면

$$\begin{cases} [\quad\quad]=24 \\ [\quad\quad]=24 \end{cases}$$

(3) 연립방정식을 푸시오.

(4) 정지한 물에서의 배의 속력을 구하시오.

13 길이가 16 km인 강을 배를 타고 내려가는 데 30분, 거슬러 올라가는 데 1시간 20분이 걸린다고 한다. 다음 표를 완성하고, 정지한 물에서의 배의 속력을 구하시오. (단, 배와 강물의 속력은 각각 일정하다.)

정지한 물에서의 배의 속력	시속 x km
강물의 속력	시속 y km
강을 따라 내려올 때의 배의 속력	
강을 거슬러 올라갈 때의 배의 속력	

14 길이가 20 km인 강을 유람선을 타고 왕복하는데, 강을 거슬러 올라갈 때는 1시간 40분이 걸리고, 강을 따라 내려올 때는 1시간 15분이 걸린다고 한다. 다음 표를 완성하고, 강물의 속력을 구하시오. (단, 유람선과 강물의 속력은 각각 일정하다.)

정지한 물에서의 유람선의 속력	시속 x km
강물의 속력	시속 y km
강을 거슬러 올라갈 때의 유람선의 속력	
강을 따라 내려올 때의 유람선의 속력	

4th 기차의 속력에 관한 연립방정식 풀기

15 일정한 속력으로 달리는 열차가 길이가 3 km인 터널을 완전히 통과하는 데 37초가 걸리고, 길이가 1.2 km인 터널을 완전히 통과하는 데 19초가 걸린다고 한다. 이 열차의 길이와 속력을 각각 구하려고 할 때, 다음 물음에 답하시오.

(1) 열차의 길이를 x m, 속력을 초속 y m라 할 때, 빈칸에 알맞은 것을 써넣으시오.

열차의 길이	x m
열차의 속력	초속 y m
길이가 3 km인 터널을 완전히 통과하기 위해 열차가 이동한 거리	(　　　　)m
길이가 1.2 km인 터널을 완전히 통과하기 위해 열차가 이동한 거리	(　　　　)m

> **기차가 일정한 속력으로 터널이나 다리를 완전히 통과할 때**
> → (이동한 거리)=(터널 또는 다리의 길이)+(기차의 길이)

(2) 연립방정식을 세우시오.

> 열차가 길이가 3 km인 터널을 완전히 통과하는 데 37초가 걸리므로
>
> [　　　　] $=37y$
>
> 열차가 길이가 1.2 km인 터널을 완전히 통과하는 데 19초가 걸리므로
>
> [　　　　] $=19y$
>
> 이를 연립방정식으로 나타내면
>
> $\begin{cases} [\quad\quad] = 37y \\ [\quad\quad] = 19y \end{cases}$

(3) 연립방정식을 푸시오.

(4) 열차의 길이와 속력을 각각 구하시오.

16 일정한 속력으로 달리는 기차가 길이가 4300 m인 다리를 완전히 통과하는 데 3분이 걸리고, 길이가 2700 m인 다리를 완전히 통과하는 데 2분이 걸린다고 한다. 다음 표를 완성하고, 기차의 길이와 속력을 각각 구하시오.

기차의 길이	x m
기차의 속력	분속 y m
길이가 4300 m인 다리를 완전히 통과하기 위해 기차가 이동한 거리	
길이가 2700 m인 다리를 완전히 통과하기 위해 기차가 이동한 거리	

17 일정한 속력으로 달리는 열차가 길이가 5.7 km인 철교를 완전히 통과하는 데 3분이 걸리고, 길이가 4.6 km인 터널을 완전히 통과하는 데 2분 30초가 걸린다고 한다. 다음 표를 완성하고, 이 열차가 길이가 1.3 km인 다리를 완전히 통과하는 데 걸리는 시간을 구하시오.

열차의 길이	x m
열차의 속력	분속 y m
길이가 5.7 km인 터널을 완전히 통과하기 위해 열차가 이동한 거리	
길이가 4.6 km인 터널을 완전히 통과하기 위해 열차가 이동한 거리	

07

농도와 양에 관한 연립방정식!

농도에 관한
연립방정식의 활용

농도가 다른 두 소금물을 섞어 새로운 소금물을 만들면

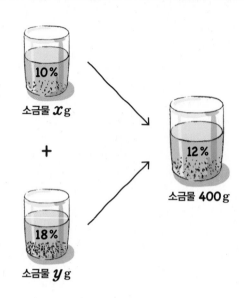

소금물 x g

+

소금물 y g

소금물 **400** g

$$\begin{cases} x + y = 400 \text{ (g)} \\ \dfrac{10}{100}x + \dfrac{18}{100}y = \dfrac{12}{100} \times 400 \text{ (g)} \end{cases}$$

• 농도에 관한 문제

① (소금물의 농도) $= \dfrac{(\text{소금의 양})}{\underset{(\text{소금의 양})+(\text{물의 양})}{(\text{소금물의 양})}} \times 100 \,(\%)$

② (소금의 양) $= \dfrac{(\text{소금물의 농도})}{100} \times (\text{소금물의 양})$

원리확인 주어진 소금물의 농도와 양이 다음과 같을 때, 소금물에 들어 있는 소금의 양을 구하는 과정이다. □ 안에 알맞은 수를 써넣으시오.

❶ 15% 100 g $\rightarrow \dfrac{\boxed{}}{100} \times 100 = \boxed{}$ g

❷ 10% 250 g $\rightarrow \dfrac{\boxed{}}{100} \times 250 = \boxed{}$ g

❸ 8% 400 g $\rightarrow \dfrac{\boxed{}}{100} \times 400 = \boxed{}$ g

---

1st 소금물 또는 설탕물의 양에 관한 연립방정식 풀기

1 10 %의 소금물과 18 %의 소금물을 섞어서 12 %의 소금물 400 g을 만들려고 한다. 10 %의 소금물과 18 %의 소금물을 각각 몇 g씩 섞어야 하는지 구하려고 할 때, 다음 물음에 답하시오.

(1) 10 %의 소금물을 x g, 18 %의 소금물을 y g 섞는다고 할 때, □ 안에 알맞은 수를 써넣으시오.

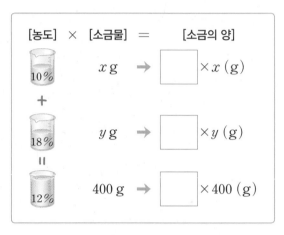

[농도] × [소금물] = [소금의 양]

10% x g → $\boxed{} \times x$ (g)

+

18% y g → $\boxed{} \times y$ (g)

=

12%   400 g → $\boxed{} \times 400$ (g)

(2) 연립방정식을 세우시오.

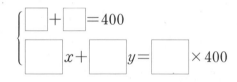

$$\begin{cases} \boxed{} + \boxed{} = 400 \\ \boxed{}\,x + \boxed{}\,y = \boxed{} \times 400 \end{cases}$$

(3) 연립방정식을 푸시오.

(4) 10 %의 소금물과 18 %의 소금물을 각각 몇 g씩 섞어야 하는지 구하시오.

2 6 %의 설탕물과 11 %의 설탕물을 섞어서 10 %의 설탕물 250 g을 만들려고 한다. 섞어야 하는 6 %의 설탕물과 11 %의 설탕물의 양의 차를 구하려고 할 때, 다음 물음에 답하시오.

(1) 6 %의 설탕물을 x g, 11 %의 설탕물을 y g 섞는다고 할 때, □ 안에 알맞은 수를 써넣으시오.

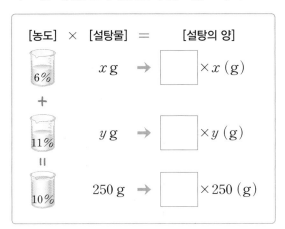

(2) 연립방정식을 세우시오.

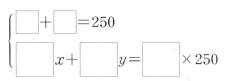

$$\begin{cases} \boxed{} + \boxed{} = 250 \\ \boxed{} x + \boxed{} y = \boxed{} \times 250 \end{cases}$$

(3) 연립방정식을 푸시오.

(4) 섞어야 하는 6 %의 설탕물과 11 %의 설탕물의 양의 차를 구하시오.

3 14 %의 설탕물과 19 %의 설탕물을 섞어서 17 %의 설탕물 500 g을 만들려고 한다. □ 안에 알맞은 수를 써넣고, 14 %의 설탕물과 19 %의 설탕물을 각각 몇 g씩 섞어야 하는지 구하시오.

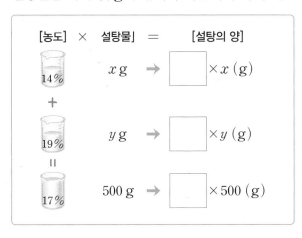

4 20 %의 소금물과 25 %의 소금물을 섞어서 23 %의 소금물 350 g을 만들려고 한다. □ 안에 알맞은 수를 써넣고, 20 %의 소금물을 몇 g 섞어야 하는지 구하시오.

[농도] × [소금물] = [소금의 양]

20% x g → $\boxed{} \times x$ (g)

+

25% y g → $\boxed{} \times y$ (g)

=

23% 350 g → $\boxed{} \times 350$ (g)

5 4 %의 소금물과 10 %의 소금물을 섞어서 8 %의 소금물 300 g을 만들려고 한다. □ 안에 알맞은 수를 써넣고, 섞어야 하는 4 %의 소금물과 10 %의 소금물의 양의 차를 구하시오.

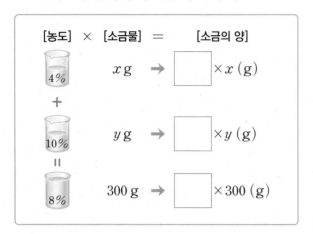

6 15 %의 소금물과 24 %의 소금물을 섞어서 20 %의 소금물 450 g을 만들려고 한다. □ 안에 알맞은 수를 써넣고, 두 소금물 중 몇 %의 소금물을 몇 g 더 많이 섞어야 하는지 구하시오.

7 농도가 다른 두 소금물 A, B가 있다. 소금물 A를 200 g, 소금물 B를 300 g 섞으면 10 %의 소금물이 되고, 소금물 A를 300 g, 소금물 B를 200 g 섞으면 12 %의 소금물이 된다. 두 소금물 A, B의 농도를 각각 구하려고 할 때, 다음 물음에 답하시오.

(1) 소금물 A의 농도를 x %, 소금물 B의 농도를 y %라 할 때, □ 안에 알맞은 것을 써넣으시오.

❷ 소금물 A를 300 g, 소금물 B를 200 g 섞으면 12 %의 소금물이 된다.
같은 방법으로 하면

$$\left(\frac{x}{100} \times 300\right) + \left(\frac{y}{100} \times 200\right) = \frac{12}{100} \times 500$$

이므로 □ + □ = □

(2) 연립방정식을 세우시오.

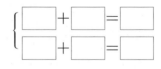

(3) 연립방정식을 푸시오.

(4) 두 소금물 A, B의 농도를 각각 구하시오.

8 9 %의 소금물과 12 %의 소금물을 섞은 후 물을 30 g 더 넣어 10 %의 소금물 240 g을 만들었다. 9 %의 소금물은 몇 g을 섞어야 하는지 구하려고 한다. 다음 물음에 답하시오.

(1) 9 %의 소금물의 양을 x g, 12 %의 소금물의 양을 y g이라 할 때, □ 안에 알맞은 수를 써넣으시오.

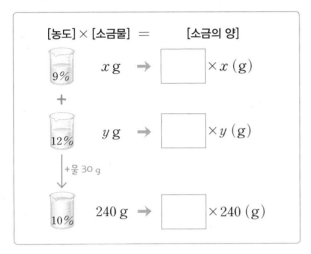

(2) 연립방정식을 세우시오.

$$\begin{cases} \boxed{}+\boxed{}+\boxed{}=240 \\ \boxed{}x+\boxed{}y=\boxed{}\times 240 \end{cases}$$

(3) 연립방정식을 푸시오.

(4) 9 %의 소금물은 몇 g을 섞어야 하는지 구하시오.

9 농도가 다른 두 소금물 A, B가 있다. 소금물 A를 150 g, 소금물 B를 250 g 섞으면 14 %의 소금물이 되고 소금물 A를 250 g, 소금물 B를 150 g 섞으면 16 %의 소금물이 된다. □ 안에 알맞은 것을 써넣고, 소금물 A의 농도를 구하시오.

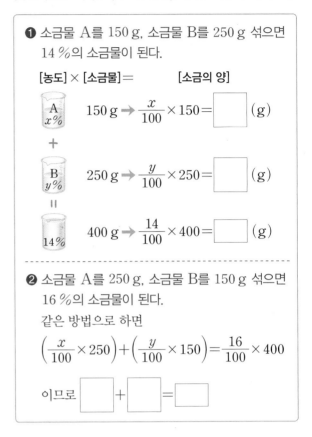

❶ 소금물 A를 150 g, 소금물 B를 250 g 섞으면 14 %의 소금물이 된다.

❷ 소금물 A를 250 g, 소금물 B를 150 g 섞으면 16 %의 소금물이 된다.
같은 방법으로 하면

$$\left(\frac{x}{100}\times 250\right)+\left(\frac{y}{100}\times 150\right)=\frac{16}{100}\times 400$$

이므로 $\boxed{}+\boxed{}=\boxed{}$

10 10 %의 소금물과 15 %의 소금물을 섞은 후 물을 90 g 더 넣어 7 %의 소금물 200 g을 만들었다. □ 안에 알맞은 수를 써넣고, 15 %의 소금물은 몇 g을 섞어야 하는지 구하시오.

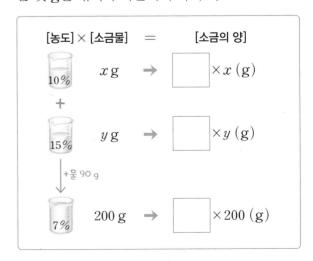

11 합금 A는 구리 10 %, 아연 20 %를 포함하였고 합금 B는 구리 30 %, 아연 10 %를 포함하고 있다. 합금 A와 B를 녹여서 구리는 20 kg, 아연은 15 kg을 얻으려면 합금 A와 합금 B는 각각 몇 kg이 필요한지 구하려고 한다. 다음 물음에 답하시오.

(1) 구하려는 합금 A의 양을 x kg, 합금 B의 양을 y kg이라 할 때, □ 안에 알맞은 것을 써넣으시오.

	구리의 양	아연의 양
합금 A	$\dfrac{10}{100} \times \square$ (kg)	$\dfrac{20}{100} \times \square$ (kg)
합금 B	$\dfrac{30}{100} \times \square$ (kg)	$\dfrac{10}{100} \times \square$ (kg)

(2) 연립방정식을 세우시오.

합금 A와 B를 녹여서 얻은 구리의 양은 20 kg이므로

$\square\,x + \square\,y = 20$

합금 A와 B를 녹여서 얻은 아연의 양은 15 kg이므로

$\square\,x + \square\,y = 15$

이를 연립방정식으로 나타내면

$$\begin{cases} \square = 200 \\ \square = 150 \end{cases}$$

(3) 연립방정식을 푸시오.

(4) 합금 A와 합금 B는 각각 몇 kg이 필요한지 구하시오.

12 합금 A는 구리 25 %, 아연 25 %를 포함하였고 합금 B는 구리 20 %, 아연 30 %를 포함하고 있다. 합금 A와 B를 녹여서 구리는 45 g, 아연은 50 g을 얻으려고 한다. 합금 A의 양을 x g, 합금 B의 양을 y g이라 할 때, □ 안에 알맞은 것을 써넣고 합금 A는 몇 g이 필요한지 구하시오.

	구리의 양	아연의 양
합금 A	$\dfrac{25}{100} \times \square$ (g)	$\dfrac{25}{100} \times \square$ (g)
합금 B	$\dfrac{20}{100} \times \square$ (g)	$\dfrac{30}{100} \times \square$ (g)

13 두 식품 A, B가 있다. 식품 A에는 단백질이 40 %, 탄수화물이 10 % 들어 있고, 식품 B에는 단백질이 20 %, 탄수화물이 30 % 들어 있다. 두 식품에서 단백질 40 g, 탄수화물 25 g을 섭취하려고 한다. 식품 A의 양을 x g, 식품 B의 양을 y g이라 할 때, □ 안에 알맞은 것을 써넣고 식품 A, B를 합하여 몇 g을 섭취해야 하는지 구하시오.

	단백질의 양	탄수화물의 양
식품 A	$\dfrac{40}{100} \times \square$ (g)	$\dfrac{10}{100} \times \square$ (g)
식품 B	$\dfrac{20}{100} \times \square$ (g)	$\dfrac{30}{100} \times \square$ (g)

TEST 3. 연립방정식의 활용

1 농장에 소와 오리가 모두 24마리가 있다. 다리를 세어 보니 모두 64개일 때, 오리는 모두 몇 마리인지 구하시오.

2 현재 아버지와 딸의 나이의 합은 61세이고, 10년 후에는 아버지의 나이가 딸의 나이의 2배가 된다. 현재 아버지의 나이는?

① 40세   ② 42세   ③ 44세
④ 46세   ⑤ 48세

3 각 자리의 숫자의 합이 10인 두 자리 자연수가 있다. 십의 자리의 숫자와 일의 자리의 숫자를 바꾼 수는 처음 수의 3배보다 2만큼 작을 때, 처음 수를 구하시오.

4 찬희와 현아가 함께 하면 20분 만에 끝낼 수 있는 일을 찬희가 10분 동안 한 후 나머지를 현아가 40분 동안 하여 끝냈다고 한다. 이 일을 현아가 혼자 하면 몇 분이 걸리는가?

① 20분   ② 30분   ③ 40분
④ 50분   ⑤ 60분

5 등산을 하는데 올라갈 때는 시속 4 km로, 내려올 때는 올라갈 때보다 1 km 더 먼 길을 시속 3 km로 걸었더니 모두 5시간이 걸렸다면 내려온 거리는 몇 km인지 구하시오.

6 농도가 다른 두 소금물 A, B가 있다. 소금물 A를 300 g, 소금물 B를 200 g 섞으면 5 %의 소금물이 되고 소금물 A를 100 g, 소금물 B를 400 g 섞으면 7 %의 소금물이 된다. 두 소금물 A, B의 농도의 차를 구하시오.

1 다음 중 일차방정식 $x+2y=10$의 해가 <u>아닌</u> 것은?

① $(8, 1)$ 　　② $(6, 2)$ 　　③ $(5, 1)$

④ $(4, 3)$ 　　⑤ $(2, 4)$

2 x, y가 자연수일 때, 일차방정식 $2x+y=7$을 만족시키는 순서쌍 (x, y)의 개수는?

① 1 　　② 2 　　③ 3

④ 4 　　⑤ 무수히 많다.

3 일차방정식 $2x+ay=7$의 한 해가 $x=5$, $y=3$이다. $x=4$일 때, y의 값은? (단, a는 상수이다.)

① 1 　　② 2 　　③ 3

④ 4 　　⑤ 5

4 다음 중 연립방정식의 해가 나머지 넷과 <u>다른</u> 하나는?

① $\begin{cases} x+2y=12 \\ x-y=-3 \end{cases}$ 　　② $\begin{cases} 4x-y=3 \\ x+y=7 \end{cases}$

③ $\begin{cases} x-2y=-8 \\ 3x+y=11 \end{cases}$ 　　④ $\begin{cases} 5x-3y=-5 \\ y=x+3 \end{cases}$

⑤ $\begin{cases} 2x+3y=16 \\ y=-x+6 \end{cases}$

5 연립방정식 $\begin{cases} 2x-y=-1 \\ 3x+ay=2 \end{cases}$의 해가 $x=b$, $y=7$일 때, a, b의 값을 각각 구하시오.

(단, a는 상수이다.)

6 두 연립방정식 $\begin{cases} x-y=8 \\ 2x+y=a \end{cases}$, $\begin{cases} 2x-y=10 \\ x+by=-4 \end{cases}$의 해가 서로 같을 때, 상수 a, b에 대하여 $a+b$의 값은?

① -2 　　② -1 　　③ 0

④ 1 　　⑤ 2

7 다음 연립방정식 중 해가 무수히 많은 것은?

① $\begin{cases} x+y=5 \\ x+y=2 \end{cases}$ 　　② $\begin{cases} x+2y=10 \\ x-y=-2 \end{cases}$

③ $\begin{cases} 4x-y=3 \\ x+y=7 \end{cases}$ 　　④ $\begin{cases} 4x-2y=-6 \\ y=2x+3 \end{cases}$

⑤ $\begin{cases} -4x+2y=4 \\ y=2x-3 \end{cases}$

8 강아지와 닭을 합하여 30마리가 있다. 발이 모두 80개일 때, 강아지와 닭은 각각 몇 마리인가?

① 강아지 10마리, 닭 20마리

② 강아지 12마리, 닭 18마리

③ 강아지 15마리, 닭 15마리

④ 강아지 18마리, 닭 12마리

⑤ 강아지 20마리, 닭 10마리

9 둘레의 길이가 34 cm인 직사각형에서 가로의 길이는 세로의 길이의 2배보다 2 cm가 길다고 한다. 이 직사각형의 넓이를 구하시오.

10 작년의 우리 학교 학생 수는 420명이었다. 올해는 작년에 비해 남학생 수는 4 % 증가하고 여학생 수는 5 % 증가하여 전체적으로 19명이 증가하였다. 올해의 여학생 수는?

① 228명   ② 229명   ③ 230명
④ 231명   ⑤ 232명

11 등산을 하는데 올라갈 때는 시속 3 km로 걷고, 내려올 때는 올라갈 때보다 3 km 더 긴 길을 시속 4 km로 걸었더니 모두 6시간이 걸렸다. 이때 내려온 거리는?

① 8 km   ② 9 km   ③ 10 km
④ 11 km   ⑤ 12 km

12 6 %의 소금물과 3 %의 소금물을 섞어서 4 %의 소금물 900 g을 만들었다. 이때 3 %의 소금물의 양은?

① 450 g   ② 500 g   ③ 550 g
④ 600 g   ⑤ 650 g

13 연립방정식 $\begin{cases} 0.3x - 0.1y = 0.3 \\ \dfrac{x+1}{3} + \dfrac{y-1}{2} = k \end{cases}$ 를 만족시키는 x의 값이 y의 값보다 1만큼 작을 때, 상수 k의 값은?

① 1   ② 2   ③ 3
④ 4   ⑤ 5

14 연립방정식 $\dfrac{2x+ay}{3} = \dfrac{3x-2y}{2} = \dfrac{bx+2y}{4}$ 의 해가 $x=2$, $y=1$일 때, 상수 a, b에 대하여 $a+b$의 값은?

① 1   ② 2   ③ 3
④ 4   ⑤ 5

15 어떤 양동이에 물을 가득 채우려고 한다. A 수도꼭지로 3분 동안 채우고 나머지를 B 수도꼭지로 6분 동안 채우거나 A 수도꼭지로 2분 동안 채우고 나머지를 B 수도꼭지로 8분 동안 채우면 가득 채울 수 있다. A 수도꼭지로만 양동이에 물을 가득 채우려면 몇 분이 걸리는지 구하시오.

대수의 관계!

일차함수

4

하나의 값은 하나의 결과!
일차함수와 그 그래프(1)

안녕? 난 함수라 해. 꽤 오랫동안 만나게 될 거야!

하나의 값은 하나의 결과!

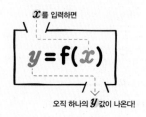

x를 입력하면

$$y = f(x)$$

오직 하나의 y값이 나온다!

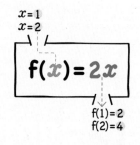

$x = 1$
$x = 2$

$$f(x) = 2x$$

$f(1) = 2$
$f(2) = 4$

결과값으로 함수식을 완성!

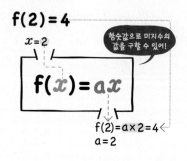

$f(2) = 4$

$x = 2$

함숫값으로 미지수의 값을 구할 수 있어!

$$f(x) = ax$$

$f(2) = a \times 2 = 4$
$a = 2$

$y =$ (일차식)!

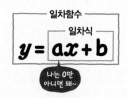

일차함수

일차식

$$y = ax + b$$

나는 0만 아니면 돼~

01~03 함수의 뜻과 함숫값

두 변수 x, y에 대하여 x의 값이 변함에 따라 y의 값이 하나씩 정해지는 대응 관계가 있을 때, y를 x의 함수라 하고 기호로 $y = f(x)$로 나타내! 이때 $y = f(x)$에서 x의 값이 정해지면 그에 따라 정해지는 y의 값, 즉 $f(x)$를 x의 함숫값이라 하지! 함숫값을 이용하면 함수식의 미지수의 값도 찾을 수 있어!

04 일차함수의 뜻

함수 $y = f(x)$에서 y가 x에 대한 일차식 $y = ax + b$(단, a, b는 상수, $a \neq 0$)로 나타낼 때, 이 함수를 x에 대한 일차함수라 해! 이때 $b = 0$이어도 되지만 반드시 $a \neq 0$이어야 해!

05 일차함수 $y=ax$의 그래프

중1 때 배운 정비례 기억하지? 그때 배웠던 정비례 관계가 사실은 일차함수였어.

정비례 관계는 $y=ax+b$ (단, a, b는 상수, $a\neq0$) 인 함수 중 $b=0$인 경우의 함수지. 일차함수 $y=ax$ 의 그래프의 특징은 원점을 지나는 직선이고, a의 값에 따라 그래프의 모양이 달라져! 배웠던 것을 잘 기억해 보자.

원점을 지나 올라가거나 내려가는 직선이야!

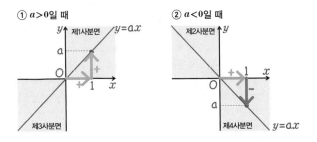

06 일차함수 $y=ax+b$의 그래프

일차함수 $y=ax$의 그래프를 y축의 방향으로 b만큼 평행이동하면 일차함수 $y=ax+b$의 그래프가 돼. $b>0$이면 $y=ax+b$의 그래프를 y축의 양의 방향으로 b만큼 평행이동한 직선이고, $b<0$이면 $y=ax+b$의 그래프를 y축의 음의 방향으로 절댓값 b만큼 평행이동한 직선이야!

원점을 지나는 직선을 평행이동 시켜!

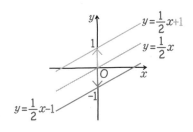

07 일차함수 $y=ax+b$의 그래프 위의 점

점 (p, q)가 $y=ax+b$의 그래프 위에 있다는 뜻은 일차함수 $y=ax+b$의 그래프가 점 (p, q)를 지난 다는 뜻이야. 즉 $y=ax+b$에 $x=p$, $y=q$를 대입 하면 성립하지. 따라서 $q=ap+b$야.

(그래프 위의 점)=(그래프가 지나가는 점)

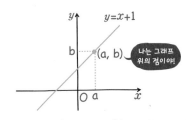

08 평행이동한 그래프 위의 점

점 (p, q)가 일차함수 $y=ax+b$의 그래프를 y축의 방향으로 k만큼 평행이동한 그래프 위에 있다는 뜻 은 일차함수 $y=ax+b$의 그래프를 y축의 방향으로 k만큼 평행이동한 그래프가 점 (p, q)를 지난다는 뜻이야. 즉 $y=ax+b+k$에 $x=p$, $y=q$를 대입 하면 성립하지. 따라서 $q=ap+b+k$야.

(평행이동한 그래프 위의 점)=(평행이동한 그래프가 지나가는 점)

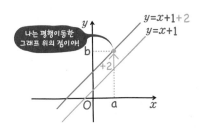

하나의 값은 하나의 결과!

함수의 뜻

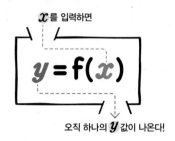

x를 입력하면

$$y = f(x)$$

오직 하나의 y값이 나온다!

• **변수**: x, y와 같이 여러 가지로 변하는 값을 나타내는 문자

  ㉠ $y = 3x$에서 x의 값이 1, 2, 3, …으로 변할 때, y의 값은 각각 3, 6, 9, …로 변한다. 이 때 x, y는 여러 가지로 변하는 값을 나타내는 변수이다.

  > 변수
  > $y = 3x$
  > 상수

• **함수**: 두 변수 x, y에 대하여 x의 값이 정해짐에 따라 y의 값이 오직 하나로 정해지는 관계가 있을 때, y를 x의 함수라 하고, 이것을 기호로 $y = f(x)$와 같이 나타낸다.

  ㉠ $y = 2x$

x	1	2	3	…
y	2	4	6	…

  x의 값이 정해짐에 따라 y의 값이 오직 하나로 정해지므로 y는 x의 함수이다.

원리확인 다음 표를 완성하고, 옳은 것에 ○를 하시오.

❶ 한 개에 1000원인 과자를 x개 살 때, 지불한 금액 y원

(1)

x	1	2	3	4	…
y	1000	2000			…

(2) x의 값이 하나 정해지면 y의 값은 하나로 (정해지므로, 정해지지 않으므로) y는 x의 (함수이다, 함수가 아니다).

---

❷ 자연수 x보다 작은 소수

(1)

x	1	2	3	4	…
y	없다.				…

(2) x의 값이 하나 정해지면 y의 값은 하나로 (정해지므로, 정해지지 않으므로) y는 x의 (함수이다, 함수가 아니다).

---

❸ 한 변의 길이가 x cm인 정사각형의 둘레의 길이 y cm

(1)

x	1	2	3	4	…
y					…

(2) x의 값이 하나 정해지면 y의 값은 하나로 (정해지므로, 정해지지 않으므로) y는 x의 (함수이다, 함수가 아니다).

---

❹ 자연수 x의 절댓값 y

(1)

x	1	2	3	4	…
y					…

(2) x의 값이 하나 정해지면 y의 값은 하나로 (정해지므로, 정해지지 않으므로) y는 x의 (함수이다, 함수가 아니다).

1st — 함수 판별하기

● 다음 표를 완성하고, y가 x의 함수인 것은 ○를, 함수가 아닌 것은 ×를 (   ) 안에 써넣으시오.

1 한 개에 8 g인 물건 x개의 무게 y g　　(　　)

x	1	2	3	4	⋯
y					⋯

2 자연수 x의 약수 y　　(　　)

x	1	2	3	4	⋯
y					⋯

3 매달 5000원씩 저축할 때, x달 동안 저축한 금액 y원　　(　　)

x	1	2	3	4	⋯
y					⋯

4 절댓값이 x인 수 y　　(　　)

x	1	2	3	4	⋯
y					⋯

5 반지름의 길이가 x cm인 원의 넓이 y cm^2　　(　　)

x	1	2	3	4	⋯
y					⋯

6 형이 동생보다 4살 많을 때, 형의 나이 x살과 동생의 나이 y살　　(　　)

x	10	11	12	13	⋯
y					⋯

7 자연수 x의 약수의 개수 y　　(　　)

x	1	2	3	4	⋯
y					⋯

8 자연수 x와 서로소인 자연수 y　　(　　)

x	1	2	3	⋯
y				⋯

9 하루 30개씩 x일 동안 푼 문제의 개수 y에 대하여 다음 물음에 답하시오.

(1) 아래 표의 빈칸을 채우시오.

x	1	2	3	4	⋯
y	30		90		⋯

(2) y는 x의 함수인가? <u>함수이다.</u>

(3) x와 y 사이의 관계식을 구하시오.

➡ $y = \boxed{} \times x$

10 하루에 5개씩 x일 동안 먹은 사탕의 개수 y에 대하여 다음 물음에 답하시오.

(1) 아래 표의 빈칸을 채우시오.

x	1	2	3	4	⋯
y	5				⋯

(2) y는 x의 함수인가?

(3) x와 y 사이의 관계식을 구하시오.

11 반지름의 길이가 x cm인 원의 둘레의 길이 y cm에 대하여 다음 물음에 답하시오.

(1) 아래 표의 빈칸을 채우시오.

x	1	2	3	4	⋯
y	2π				⋯

(2) y는 x의 함수인가?

(3) x와 y 사이의 관계식을 구하시오.

12 한 개에 400원인 초콜릿 x개를 사서 1000원짜리 선물 상자에 담아 선물할 때, 필요한 총 금액 y원에 대하여 다음 물음에 답하시오.

(1) 아래 표의 빈칸을 채우시오.

x	1	2	3	4	⋯
y	1400				⋯

(2) y는 x의 함수인가?

(3) x와 y 사이의 관계식을 구하시오.

13 50 L의 물이 들어 있는 물통에서 1분에 7 L의 물이 빠져나갈 때, x분 후에 남아 있는 물의 양 y L에 대하여 다음 물음에 답하시오.

(1) 아래 표의 빈칸을 채우시오.

x	1	2	3	4	⋯
y	43				⋯

(2) y는 x의 함수인가?

(3) x와 y 사이의 관계식을 구하시오.

14 300 km의 거리를 시속 x km로 y시간 달릴 때, 다음 물음에 답하시오.

(1) 아래 표의 빈칸을 채우시오.

x	30	50	60	100	⋯
y	10				⋯

(2) y는 x의 함수인가?

(3) x와 y 사이의 관계식을 구하시오.

15 6000원이 예금된 통장에서 매달 1000원씩 x개월 저축할 때, 총 금액 y원에 대하여 다음 물음에 답하시오.

(1) 아래 표의 빈칸을 채우시오.

x	1	2	3	4	$\cdots$
y	7000				$\cdots$

(2) y는 x의 함수인가? _____

(3) x와 y 사이의 관계식을 구하시오.

16 한 변의 길이가 $x\,\mathrm{cm}$인 정사각형의 넓이 $y\,\mathrm{cm}^2$에 대하여 다음 물음에 답하시오.

(1) 아래 표의 빈칸을 채우시오.

x	1	2	3	4	$\cdots$
y	1				$\cdots$

(2) y는 x의 함수인가? _____

(3) x와 y 사이의 관계식을 구하시오.

17 다음 중 y가 x의 함수인 것은 ○를, 함수가 아닌 것은 ×를 ( ) 안에 써넣으시오.

(1) 자연수 x보다 작은 자연수 y ( )

(2) 시속 30 km로 x시간 동안 자동차가 달린 거리 $y\,\mathrm{km}$ ( )

(3) 자연수 x에 가장 가까운 정수 y ( )

(4) $x\,\%$의 소금물 100 g에 들어 있는 소금의 양 $y\,\mathrm{g}$ ( )

개념모음문제
18 다음 중 y가 x의 함수가 아닌 것을 모두 고르면? (정답 2개)

① 한 개에 45 g인 물건 x개의 무게 $y\,\mathrm{g}$
② 자연수 x의 2배보다 큰 자연수 y
③ 키가 $x\,\mathrm{cm}$인 사람의 몸무게 $y\,\mathrm{kg}$
④ 소 x마리의 다리의 개수 y
⑤ 한 변의 길이가 $x\,\mathrm{cm}$인 정삼각형의 둘레의 길이 $y\,\mathrm{cm}$

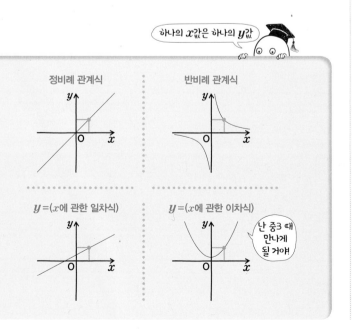

하나의 x값은 하나의 y값

정비례 관계식

반비례 관계식

$y = (x$에 관한 일차식$)$

$y = (x$에 관한 이차식$)$

난 중3 때 만나게 될 거야!

02

하나의 x는 하나의 y!

함숫값

V. 일차함수

$$f(x) = 2x$$

$x=1$
$x=2$

$f(1) = 2$
$f(2) = 4$

- **함수의 표현**: y가 x의 함수일 때, 기호로 $y=f(x)$와 같이 나타낸다.
- **함숫값**: 함수 $y=f(x)$에서 x의 값에 따라 하나씩 정해지는 y의 값, 즉 $f(x)$를 x의 함숫값이라 한다.

1st ― 함숫값 구하기

● 주어진 함수에 대하여 다음을 구하시오.

1 $f(x) = 2x$

(1) $f(-2) = 2 \times \boxed{} = \boxed{}$

(2) $f(0)$

(3) $f(1)$

(4) $f\left(\dfrac{5}{2}\right)$

(5) $f\left(-\dfrac{1}{4}\right)$

2 $f(x) = \dfrac{6}{x}$

(1) $f(6)$

(2) $f(3)$

(3) $f(-4)$

(4) $f(-1)$

(5) $f(-2)$

3 $f(x) = -x + 1$

(1) $f(-2)$

(2) $f(-1)$

(3) $f(1)$

(4) $f(2)$

(5) $f\left(\dfrac{1}{3}\right)$

● 함수 $f(x)$가 다음과 같을 때, 아래표의 빈칸을 채우시오.

4

	$x=2$일 때의 함숫값	$f(2)$의 값
$f(x)=7x$		
$f(x)=-2x$		
$f(x)=\dfrac{5}{x}$		
$f(x)=-2x+1$		

5

	$x=-3$일 때의 함숫값	$f(-3)$의 값
$f(x)=5x$		
$f(x)=-3x$		
$f(x)=\dfrac{7}{x}$		
$f(x)=-3x+5$		

6

	$x=-4$일 때의 함숫값	$f(-4)$의 값
$f(x)=2x-5$		
$f(x)=-x+6$		
$f(x)=\dfrac{4}{x}+2$		

☺ **내가 발견한 개념** $f(a)$의 의미는?

함수 $y=f(x)$에 대하여 $f(a)$는

• $x=$ ☐ 일 때의 함숫값

• $f(x)$에 x 대신 ☐ 를 대입하여 얻은 식의 값

7 한 개의 무게가 $230\,$g인 포도 x송이의 무게를 $y\,$g이라 하면 y는 x의 함수이다. 이 함수를 $y=f(x)$라 할 때, 다음을 구하시오.

(1) $f(x)$

(2) $x=4$일 때의 함숫값

8 무게가 $800\,$g인 케이크를 x조각으로 똑같이 자를 때, 한 조각의 무게를 $y\,$g이라 하면 y는 x의 함수이다. 이 함수를 $y=f(x)$라 할 때, 다음을 구하시오.

(1) $f(x)$

(2) $f(5)$

9 한 개에 1000원인 사과 x개를 50원짜리 봉투에 담고 y원을 지불한다고 하면 y는 x의 함수이다. 이 함수를 $y=f(x)$라 할 때, 다음을 구하시오.

(1) $f(x)$

(2) $f(6)$

개념모음문제

10 함수 $f(x)=$(자연수 x를 4로 나눈 나머지)에 대하여 $f(7)+f(18)$의 값은?

① 1   ② 2   ③ 3

④ 4   ⑤ 5

결과값으로 함수식을 완성!

함숫값을 이용한 미지수의 값

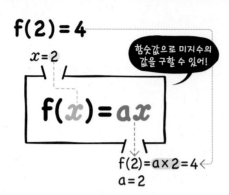

함수 $y=f(x)$에 대하여 $f(\square)=\triangle$

→ 함수 $y=f(x)$에서 x의 값이 $\square$일 때, y의 값은 $\triangle$이다.

원리확인 다음 $\square$ 안에 알맞은 것을 써넣으시오.

함수 $f(x)=2x$에 대하여

❶ $f(a)=6$

→ x의 값이 $\square$일 때, y의 값은 $\square$이다.

$f(a)=2\times\square=\square$에서 $a=\square$

❷ $f(a)=-8$

→ x의 값이 $\square$일 때, y의 값은 $\square$이다.

$f(a)=2\times\square=\square$에서 $a=\square$

❸ $f(a)=14$

→ x의 값이 $\square$일 때, y의 값은 $\square$이다.

$f(a)=2\times\square=\square$에서 $a=\square$

1st — 함숫값을 이용하여 미지수의 값 구하기

1 함수 $f(x)=-3x$에 대하여 다음을 만족시키는 상수 a의 값을 구하시오.

(1) $f(a)=15$

(2) $f(a)=-6$

(3) $f(a)=\dfrac{1}{5}$

(4) $f(a)=-\dfrac{1}{2}$

2 함수 $f(x)=2x-1$에 대하여 다음을 만족시키는 상수 a의 값을 구하시오.

(1) $f(a)=13$

(2) $f(a)=-6$

(3) $f(a)=0$

(4) $f(a)=\dfrac{1}{2}$

3 함수 $f(x)=\dfrac{a}{x}$에 대하여 다음을 만족시키는 상수 a의 값을 구하시오.

(1) $f(2)=8$

(2) $f(-2)=1$

(3) $f(6)=-2$

(4) $f(-6)=3$

4 함수 $f(x)=ax+1$에 대하여 다음을 만족시키는 상수 a의 값을 구하시오.

(1) $f(3)=16$

(2) $f(-3)=22$

(3) $f(5)=-19$

(4) $f(-5)=-34$

5 함수 $f(x)=ax$에 대하여 다음을 구하시오.

(단, a는 상수)

(1) $f(-2)=10$일 때, $f(4)$의 값

(2) $f(6)=-2$일 때, $f(-9)$의 값

6 함수 $f(x)=-\dfrac{a}{x}$에 대하여 다음을 구하시오.

(단, a는 상수)

(1) $f(2)=5$일 때, $f(15)$의 값

(2) $f(-6)=-1$일 때, $f(3)$의 값

개념모음문제
7 함수 $f(x)=\dfrac{a}{x}-1$에 대하여 $f(-1)=3$, $f(b)=7$일 때, 상수 a, b에 대하여 ab의 값은?

① -2 ② -1 ③ $-\dfrac{1}{2}$

④ 1 ⑤ 2

$y=$ (일차식)!

일차함수의 뜻

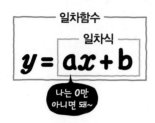

일차함수

일차식

$$y = ax + b$$

나는 0만
아니면 돼~

- **일차함수:** 함수 $y=f(x)$에서 y가 x에 대한 일차식으로 나타내어
  질 때, 즉
  $$y=ax+b \ (a, b\text{는 상수}, a \neq 0)$$
  일 때, 이 함수 f를 x에 대한 일차함수라 한다.

1st — 일차함수 판별하기

1 다음 중 일차함수인 것은 ◯를, 일차함수가 아닌
것은 ×를 (   ) 안에 써넣으시오.

(1) $y=-3x$ (   )

(2) $y=\dfrac{1}{x}+2$ (   )

분모에 미지수가 있으면 일차식이 아니야!

(3) $y=x^2-7$ (   )

이차식이야!

(4) $y=\dfrac{1}{5}x$ (   )

(5) $y=-8$ (   )

x의 계수가 0이야!

(6) $y=0.1x+5$ (   )

(7) $x+y=3x-9$ (   )

y항은 좌변으로, 나머지 항은 우변으로 이항해 봐!

(8) $2x-y=x+6$ (   )

(9) $x+2y=y+x-3$ (   )

개념모음문제

2 다음 **보기** 에서 일차함수인 것만을 있는 대로 고
른 것은?

보기
ㄱ. $\dfrac{x}{2}+\dfrac{y}{3}=1$
ㄴ. $y=x(x+2)$
ㄷ. $y=5x+5(1-x)$
ㄹ. $y=x-y+3$
ㅁ. $y^2+2y=4x+y^2+8$
ㅂ. $x^2=y-6$

① ㄱ, ㄷ, ㄹ   ② ㄱ, ㄹ, ㅁ   ③ ㄴ, ㄷ, ㅁ
④ ㄴ, ㄹ, ㅂ   ⑤ ㄷ, ㅁ, ㅂ

2nd — 문장을 관계식으로 나타내고 일차함수 판별하기

3 다음 문장에서 y를 x에 대한 식으로 나타내고, 일차함수인 것은 ○를, 일차함수가 아닌 것은 ×를 ( ) 안에 써넣으시오.

(1) 한 개에 850원인 음료수 x개의 가격은 y원이다.

관계식: $y = 850 \times x$ (○)

(2) 한 개에 1000원인 빵 x개를 100원짜리 봉투에 담고 y원을 지불하였다.

관계식: _____ ( )

(3) 반지름의 길이가 $2x$ cm인 원의 넓이는 y cm²이다.

관계식: _____ ( )

(4) 시속 x km로 y시간 달린 거리는 10 km이다.

관계식: _____ ( )

(5) 가로의 길이가 20 cm이고, 세로의 길이가 x cm인 직사각형의 넓이는 y cm²이다.

관계식: _____ ( )

(6) 길이가 50 cm인 끈을 x cm 사용하고 남은 끈의 길이는 y cm이다.

관계식: _____ ( )

(7) 둘레의 길이가 x cm인 정사각형의 넓이는 y cm²이다.

관계식: _____ ( )

(8) x각형의 외각의 크기의 합은 y°이다.

관계식: _____ ( )
다각형의 외각의 크기의 합은 항상 360°야!

(9) 500원짜리 동전 x개와 100원짜리 동전 3개를 합친 금액은 y원이다.

관계식: _____ ( )

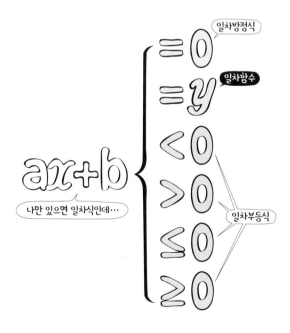

05

원점을 지나 올라가거나 내려가는 직선이야!

일차함수 $y=ax$의 그래프

① $a>0$일 때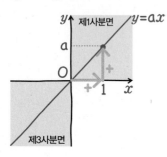

② $a<0$일 때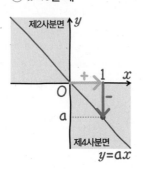

• **일차함수 $y=ax(a\neq0)$의 그래프**

① 원점 $(0, 0)$을 지나는 직선이다.

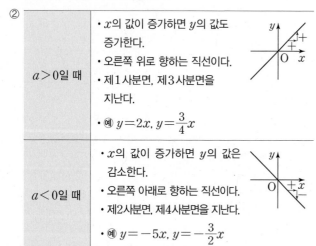

②	
$a>0$일 때	• x의 값이 증가하면 y의 값도 증가한다. • 오른쪽 위로 향하는 직선이다. • 제1사분면, 제3사분면을 지난다. • 예 $y=2x$, $y=\dfrac{3}{4}x$
$a<0$일 때	• x의 값이 증가하면 y의 값은 감소한다. • 오른쪽 아래로 향하는 직선이다. • 제2사분면, 제4사분면을 지난다. • 예 $y=-5x$, $y=-\dfrac{3}{2}x$

③ a의 절댓값이 클수록 y축에 가까워진다.

참고 x의 값의 범위가 수 전체일 때 일차함수 $y=ax+b(a\neq0)$의 그래프는 직선으로 나타난다. x의 값이 정해져 있지 않을 때에만 x의 값의 범위를 수 전체로 생각한다.

1st — 표를 이용하여 일차함수의 그래프 그리기

1 일차함수 $y=2x$에 대하여 다음 물음에 답하시오.

(1) 아래 표를 완성하시오.

x	$\cdots$	-2	-1	0	1	2	$\cdots$
y	$\cdots$			0			$\cdots$

(2) (1)의 표를 이용하여 x의 값이 모든 수일 때, $y=2x$의 그래프를 그리시오.

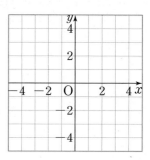

2 일차함수 $y=-2x$에 대하여 다음 물음에 답하시오.

(1) 아래 표를 완성하시오.

x	$\cdots$	-2	-1	0	1	2	$\cdots$
y	$\cdots$			0			$\cdots$

(2) (1)의 표를 이용하여 x의 값이 모든 수일 때, $y=-2x$의 그래프를 그리시오.

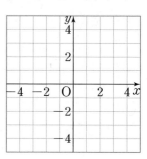

:) **내가 발견한 개념**　　　　　　일차함수 $y=ax\,(a\neq0)$의 그래프의 특징은?

• 원점 (▢ , ▢)을 지나는 직선이다.

• $a>0$ 일 때, 오른쪽 ▢ 로 향하는 직선이다.

• $a<0$ 일 때, 오른쪽 ▢ 로 향하는 직선이다.

2nd ─ 두 점을 이용하여 그래프 그리기

● 일차함수의 그래프가 지나는 두 점의 좌표를 나타낸 것이다. □ 안에 알맞은 수를 써넣고, 이를 이용하여 좌표평면 위에 그래프를 그리시오.

3 (1) $y=x$

→ 두 점 $(0, \square)$, $(1, \square)$을 지난다.

(2) $y=2x$

→ 두 점 $(0, \square)$, $(1, \square)$를 지난다.

(3) $y=4x$

→ 두 점 $(0, \square)$, $(1, \square)$를 지난다.

(4)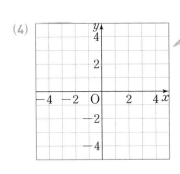

서로 다른 두 점을 지나는 직선은 오직 하나뿐이야.

4 (1) $y=-x$

→ 두 점 $(0, \square)$, $(1, \square)$을 지난다.

(2) $y=-2x$

→ 두 점 $(0, \square)$, $(1, \square)$를 지난다.

(3) $y=-4x$

→ 두 점 $(0, \square)$, $(1, \square)$를 지난다.

(4)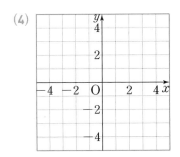

3rd ─ 그래프를 이용하여 미지수의 값 구하기

● 일차함수 $y=ax$의 그래프가 다음과 같을 때, 상수 a의 값을 구하시오.

5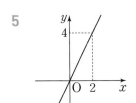

6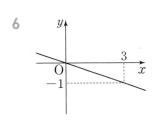

7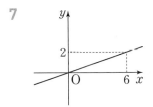

개념모음문제

8 다음 중 일차함수 $y=ax\,(a\neq0)$의 그래프에 대한 설명으로 옳지 <u>않은</u> 것은?

① 원점을 지나는 직선이다.

② 점 $(1, a)$를 지난다.

③ $a>0$이면 제1사분면과 제3사분면을 지난다.

④ $a<0$이면 오른쪽 아래로 향하는 직선이다.

⑤ 일차함수 $y=-x$의 그래프가 $y=2x$의 그래프보다 y축에 가깝다.

:) 내가 발견한 개념 $y=ax\,(a\neq0)$의 그래프에서 a의 값의 의미는?

● a의 절댓값이 클수록 그래프는 □ 축에 가깝다.

06

원점을 지나는 직선을 평행이동 시켜!

일차함수 $y=ax+b$의 그래프

$$y=\frac{1}{2}x \xrightarrow[\text{1만큼 평행이동}]{y\text{축의 방향으로}} y=\frac{1}{2}x+1$$

$$y=\frac{1}{2}x \xrightarrow[-1\text{만큼 평행이동}]{y\text{축의 방향으로}} y=\frac{1}{2}x-1$$

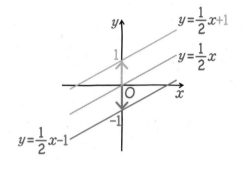

- **평행이동**: 한 도형을 일정한 방향으로 일정한 거리만큼 이동하는 것
- **일차함수 $y=ax+b$ $(a\neq0)$의 그래프**: 일차함수 $y=ax$의 그래프를 y축의 방향으로 b만큼 평행이동한 것이다.

$$y=ax \xrightarrow[b\text{만큼 평행이동}]{y\text{축의 방향으로}} y=ax+b$$

원리확인 다음 일차함수의 그래프에 대하여 □ 안에 알맞은 수를 써넣으시오.

❶ $y=x \xrightarrow[\boxed{}\text{만큼 평행이동}]{y\text{축의 방향으로}} y=x+5$

❷ $y=x \xrightarrow[\boxed{}\text{만큼 평행이동}]{y\text{축의 방향으로}} y=x-3$

❸ $y=-x \xrightarrow[\boxed{}\text{만큼 평행이동}]{y\text{축의 방향으로}} y=-x-4$

1st 표를 이용하여 평행이동한 그래프 그리기

1 두 일차함수 $y=x$와 $y=x+2$에 대하여 다음 물음에 답하고, □ 안에 알맞은 수를 써넣으시오.

(1) 두 일차함수의 x와 y 사이의 관계를 표로 나타낸 것이다. 표를 완성하시오.

x	$\cdots$	-2	-1	0	1	2	$\cdots$
$y=x$	$\cdots$			0			$\cdots$
$y=x+2$	$\cdots$			2			$\cdots$

(2) (1)의 표를 이용하여 x의 값이 모든 수일 때, $y=x$와 $y=x+2$의 그래프를 그리시오.

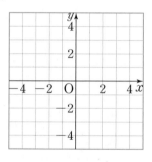

(3) $y=x+2$의 그래프는 $y=x$의 그래프를 y축의 방향으로 $\boxed{}$만큼 평행이동한 것이다.

(4) $y=x+2$의 그래프는 $y=x$의 그래프를 y축의 양의 방향으로 $\boxed{}$만큼 평행이동한 것이다.

2 두 일차함수 $y=x$와 $y=x-2$에 대하여 다음 물음에 답하고, □ 안에 알맞은 수를 써넣으시오.

(1) 두 일차함수의 x와 y 사이의 관계를 표로 나타낸 것이다. 표를 완성하시오.

x	$\cdots$	-2	-1	0	1	2	$\cdots$
$y=x$	$\cdots$						$\cdots$
$y=x-2$	$\cdots$						$\cdots$

(2) (1)의 표를 이용하여 x의 값이 모든 수일 때, $y=x$와 $y=x-2$의 그래프를 그리시오.

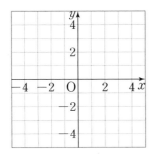

(3) $y=x-2$의 그래프는 $y=x$의 그래프를 y축의 방향으로 □ 만큼 평행이동한 것이다.

(4) $y=x-2$의 그래프는 $y=x$의 그래프를 y축의 음의 방향으로 □ 만큼 평행이동한 것이다.

😊 내가 발견한 개념 일차함수의 평행이동의 방향을 구분해 봐!

일차함수 $y=ax+b$의 그래프
• $b>0$이면 $y=ax$의 그래프를 y축의 □ 의 방향으로 $|b|$만큼 평행이동한 것이다.
• $b<0$이면 $y=ax$의 그래프를 y축의 □ 의 방향으로 $|b|$만큼 평행이동한 것이다.

2nd 그래프를 보고 평행이동 이해하기

● 일차함수의 그래프를 보고, □ 안에 알맞은 것을 써넣으시오.

3

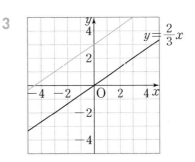

→ $y=\dfrac{2}{3}x$ $\xrightarrow[\square\text{만큼 평행이동}]{y\text{축의 방향으로}}$ $y=\dfrac{2}{3}x+\square$

4

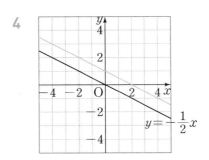

→ $y=-\dfrac{1}{2}x$ $\xrightarrow[\square\text{만큼 평행이동}]{y\text{축의 방향으로}}$ $y=\boxed{}$

5

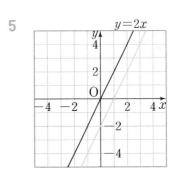

→ $y=2x$ $\xrightarrow[\square\text{만큼 평행이동}]{y\text{축의 방향으로}}$ $y=\boxed{}$

— 평행이동한 일차함수의 식 구하기

• 다음 일차함수의 그래프를 y축의 방향으로 [　] 안의 수만큼 평행이동한 그래프가 나타내는 일차함수의 식을 구하시오.

6   $y=5x$ $[-3]$

   ➡ $y=5x+($ ☐ $)=5x-$ ☐

7   $y=4x$ $[2]$

8   $y=-7x$ $[-5]$

9   $y=-3x$ $[1]$

10   $y=\dfrac{1}{2}x$ $[-2]$

11   $y=\dfrac{3}{4}x$ $[4]$

12   $y=-\dfrac{1}{3}x$ $\left[\dfrac{2}{3}\right]$

13   $y=-\dfrac{7}{5}x$ $\left[-\dfrac{4}{5}\right]$

14   $y=-x+3$ $[2]$

15   $y=3x-5$ $[-2]$

16   $y=\dfrac{3}{4}x+1$ $[-5]$

17   $y=-\dfrac{2}{5}x-4$ $[9]$

😊 **내가 발견한 개념** $y=ax+b$의 그래프를 평행이동한 식은?

• $y=ax+b$ $\xrightarrow[c\text{만큼 평행이동}]{y\text{축의 방향으로}}$ $y=ax+b+$ ☐

개념모음문제

18 일차함수 $y=-2x+3$의 그래프를 y축의 방향으로 -5만큼 평행이동하였더니 일차함수 $y=ax+b$의 그래프가 되었다. 상수 a, b에 대하여 $a+b$의 값은?

   ① -10 ② -6 ③ -4
   ④ 0 ⑤ 6

4th — 두 점을 이용하여 그래프 그리기

● 다음 일차함수의 그래프가 지나는 두 점의 좌표를 나타낸 것이다. □ 안에 알맞은 수를 써넣고, 이를 이용하여 좌표평면 위에 그래프를 그리시오.

19 $y = 3x - 2$

→ 두 점 $(0, \boxed{})$, $(2, \boxed{})$를 지난다.

어떤 두 점을 선택해도 그래프는 같게 그려져!

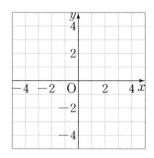

20 $y = 2x + 2$

→ 두 점 $(-2, \boxed{})$, $(1, \boxed{})$를 지난다.

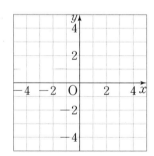

21 $y = -4x - 1$

→ 두 점 $(-1, \boxed{})$, $(0, \boxed{})$을 지난다.

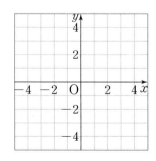

22 $y = \dfrac{1}{2}x + 1$

→ 두 점 $(-2, \boxed{})$, $(4, \boxed{})$을 지난다.

x, y의 값이 정수가 되는 점을 찾으면 편리해!

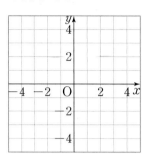

23 $y = -\dfrac{2}{3}x - 1$

→ 두 점 $(-3, \boxed{})$, $(3, \boxed{})$을 지난다.

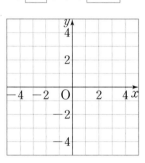

24 $y = \dfrac{3}{4}x + 2$

→ 두 점 $(-4, \boxed{})$, $(0, \boxed{})$를 지난다.

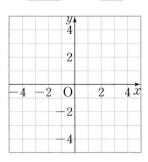

07
일차함수 $y=ax+b$의 그래프 위의 점

(그래프 위의 점)=(그래프가 지나가는 점)

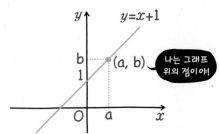

$y=x+1$에 $(x=a, y=b)$를 대입!

$$b=a+1$$

일차함수 $y=ax+b$의 그래프가 점 (p, q)를 지난다.
→ $y=ax+b$에 $x=p, y=q$를 대입하면 성립한다.
→ $q=ap+b$

원리확인 다음 중 일차함수 $y=2x-3$의 그래프 위의 점인 것은 ○를, 아닌 것은 ×를 (   ) 안에 써넣고 빈칸에 알맞은 것을 써넣으시오.

❶ $(2, 1)$　　　　　　　　　　(　)
　→ $y=2x-3$에 $x=\boxed{}$, $y=\boxed{}$을 대입하면
　　$1 \bigcirc 2\times2-3$

❷ $(-1, -1)$　　　　　　　　(　)
　→ $y=2x-3$에 $x=\boxed{}$, $y=\boxed{}$을 대입하면
　　$-1 \bigcirc 2\times(-1)-3$

❸ $(3, 3)$　　　　　　　　　　(　)
　→ $y=2x-3$에 $x=\boxed{}$, $y=\boxed{}$을 대입하면
　　$3 \bigcirc 2\times3-3$

❹ $\left(\dfrac{1}{2}, -3\right)$　　　　　　　　(　)
　→ $y=2x-3$에 $x=\boxed{}$, $y=\boxed{}$을 대입하면
　　$-3 \bigcirc 2\times\dfrac{1}{2}-3$

1st 일차함수의 그래프가 주어진 한 점을 지날 때 미지수의 값 구하기

● 다음 일차함수의 그래프가 주어진 점을 지날 때, 상수 a의 값을 구하시오.

1　$y=4x+3$　　　$(a, -5)$
　→ $y=4x+3$에 $x=\boxed{}$, $y=\boxed{}$를 대입하면
　　$\boxed{}=4\times\boxed{}+3$
　　따라서 $a=\boxed{}$

2　$y=-\dfrac{2}{3}x+2$　　$(9, a)$

3　$y=-5x-1$　　　$(-1, a)$

4　$y=\dfrac{4}{5}x-2$　　　$(a, -10)$

5　$y=-2x+6$　　　$(a, 0)$

정답과 풀이 42쪽

• 일차함수 $y=ax$의 그래프가 다음과 같은 점을 지날 때, 상수 a의 값을 구하시오.

6 $(1, -5)$

→ $y=ax$에 $x=$ ⬜, $y=$ ⬜ 를 대입하면

⬜ $=$ ⬜ $\times$ 이므로 $a=$ ⬜

7 $(-3, 8)$

8 $\left(\dfrac{1}{2}, 3\right)$

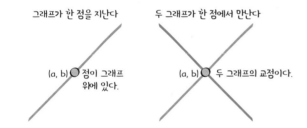

그래프가 한 점을 지난다   두 그래프가 한 점에서 만난다

(a, b) 점이 그래프 위에 있다. (a, b) 두 그래프의 교점이다.

그래프의 식에 $x=a$, $y=b$를 대입하면 등식이 성립!

9 $\left(-\dfrac{1}{5}, 10\right)$

10 $\left(-6, \dfrac{1}{2}\right)$

• 다음 일차함수의 그래프가 주어진 점을 지날 때, 상수 a의 값을 구하시오.

11 $y=-4x+a$ $(3, -2)$

→ $y=-4x+a$에 $x=$ ⬜, $y=$ ⬜ 를 대입하면

⬜ $=-4\times$ ⬜ $+a$이므로 $a=$ ⬜

12 $y=ax+3$ $(2, -11)$

13 $y=6x+a$ $(-2, 8)$

14 $y=ax-7$ $(-1, 5)$

개념모음문제

15 일차함수 $y=-3x+a$의 그래프가 두 점 $(-1, 8)$, $(4, k)$를 지날 때, k의 값은?

① -9 ② -7 ③ -5

④ -3 ⑤ -1

08 (평행이동한 그래프 위의 점)=(평행이동한 그래프가 지나가는 점)

평행이동한 그래프 위의 점

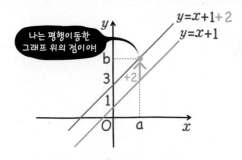

$y=x+1+2$에 $(x=a, y=b)$를 대입!

$$b=a+1+2$$
$$=a+3$$

일차함수 $y=ax+b$의 그래프를 y축의 방향으로 k만큼 평행이동한 그래프가 점 (p, q)를 지난다.

→ 점 (p, q)가 $y=ax+b+k$의 그래프 위에 있다.

→ $y=ax+b+k$에 $x=p, y=q$를 대입하면 성립한다.

1ˢᵗ ─ 평행이동한 그래프 위의 점 판별하기

● 다음 중 일차함수 $y=-\dfrac{2}{3}x$의 그래프를 y축의 방향으로 -5만큼 평행이동한 그래프 위에 있는 점인 것은 ○를, 아닌 것은 ×를 (   ) 안에 써넣으시오.

1 $(-9, 1)$ (   )

→ 평행이동한 그래프의 식은 $y=-\dfrac{2}{3}x-\boxed{}$

$y=-\dfrac{2}{3}x-5$에서 $x=-9$일 때, y의 값은

$y=-\dfrac{2}{3}\times(-9)-\boxed{}=\boxed{}$

따라서 $(-9, 1)$은 이 그래프 위의 점이다.

2 $(12, -8)$ (   )

3 $\left(-1, -\dfrac{13}{3}\right)$ (   )

4 $\left(7, -\dfrac{1}{3}\right)$ (   )

5 $(6, -9)$ (   )

6 $\left(-4, -\dfrac{8}{3}\right)$ (   )

7 $\left(\dfrac{3}{2}, -6\right)$ (   )

2nd — 평행이동한 그래프 위의 점을 이용하여 미지수의 값 구하기

8 일차함수 $y=x+4$의 그래프를 y축의 방향으로 -2만큼 평행이동한 그래프가 점 $(-2, a)$를 지난다. 다음 물음에 답하시오.

(1) 평행이동한 그래프가 나타내는 함수식을 구하시오.

(2) 상수 a의 값을 구하시오.

9 일차함수 $y=-\dfrac{1}{2}x+6$의 그래프를 y축의 방향으로 -4만큼 평행이동한 그래프가 점 $(a, -3)$을 지난다. 다음 물음에 답하시오.

(1) 평행이동한 그래프가 나타내는 함수식을 구하시오.

(2) 상수 a의 값을 구하시오.

10 일차함수 $y=3x-12$의 그래프를 y축의 방향으로 6만큼 평행이동한 그래프가 점 $(a, -9)$를 지난다. 다음 물음에 답하시오.

(1) 평행이동한 그래프가 나타내는 함수식을 구하시오.

(2) 상수 a의 값을 구하시오.

11 일차함수 $y=\dfrac{2}{3}x-1$의 그래프를 y축의 방향으로 7만큼 평행이동한 그래프가 점 $(-3, a)$를 지난다. 다음 물음에 답하시오.

(1) 평행이동한 그래프가 나타내는 함수식을 구하시오.

(2) 상수 a의 값을 구하시오.

12 일차함수 $y=-5x-2$의 그래프를 y축의 방향으로 -3만큼 평행이동한 그래프가 점 $(-1, a)$를 지난다. 다음 물음에 답하시오.

(1) 평행이동한 그래프가 나타내는 함수식을 구하시오.

(2) 상수 a의 값을 구하시오.

개념모음문제
13 일차함수 $y=-3x+2$의 그래프를 y축의 방향으로 k만큼 평행이동한 그래프가 점 $(2, 8)$을 지날 때, k의 값은?

① -12 ② -4 ③ 0
④ 4 ⑤ 12

14 일차함수 $y=-6x+a$의 그래프를 y축의 방향으로 -4만큼 평행이동한 그래프가 점 $(-2, 4)$를 지난다. 다음 물음에 답하시오.

(1) 평행이동한 그래프가 나타내는 함수식을 구하시오.

(2) 상수 a의 값을 구하시오.

15 일차함수 $y=\dfrac{2}{3}x+a$의 그래프를 y축의 방향으로 6만큼 평행이동한 그래프가 점 $(-6, 10)$을 지난다. 다음 물음에 답하시오.

(1) 평행이동한 그래프가 나타내는 함수식을 구하시오.

(2) 상수 a의 값을 구하시오.

16 일차함수 $y=ax+3$의 그래프를 y축의 방향으로 -8만큼 평행이동한 그래프가 점 $(3, -23)$을 지난다. 다음 물음에 답하시오.

(1) 평행이동한 그래프가 나타내는 함수식을 구하시오.

(2) 상수 a의 값을 구하시오.

17 일차함수 $y=ax-5$의 그래프를 y축의 방향으로 3만큼 평행이동한 그래프가 점 $(1, 3)$을 지난다. 다음 물음에 답하시오.

(1) 평행이동한 그래프가 나타내는 함수식을 구하시오.

(2) 상수 a의 값을 구하시오.

18 일차함수 $y=ax+2$의 그래프를 y축의 방향으로 5만큼 평행이동한 그래프가 점 $(6, 19)$를 지난다. 다음 물음에 답하시오.

(1) 평행이동한 그래프가 나타내는 함수식을 구하시오.

(2) 상수 a의 값을 구하시오.

개념모음문제
19 일차함수 $y=ax+4$의 그래프가 점 $(-2, 8)$을 지나고, 이 그래프를 y축의 방향으로 b만큼 평행이동하면 점 $(4, 1)$을 지날 때, $a+b$의 값은?
(단, a, b는 상수)

① -7　　　② -3　　　③ 1
④ 3　　　⑤ 7

TEST 4. 일차함수와 그 그래프 (1)

1 다음 중 y가 x의 함수가 <u>아닌</u> 것은?

① 자연수 x를 7로 나눈 나머지 y

② 사연수 x보다 1만큼 큰 수 y

③ 자연수 x 이하의 소수 y

④ 1분에 12장을 인쇄하는 프린터가 x분 동안 인쇄한 종이 y장

⑤ 넓이가 25 cm^2인 직사각형의 가로의 길이가 $x \text{ cm}$일 때, 세로의 길이 $y \text{ cm}$

2 함수 $f(x) = \dfrac{a}{x}$에 대하여 $f(-3) = 6$일 때, $f(1) + 2f(-6)$의 값은? (단, a는 상수)

① -15　　② -12　　③ -3

④ 12　　⑤ 15

3 다음 중 y가 x의 일차함수인 것을 모두 고르면?

(정답 2개)

① $-2x + y + 12$　　② $y = x(x+3)$

③ $y = -\dfrac{3}{5}x$　　④ $y = \dfrac{4}{x}$

⑤ $y = 2 - \dfrac{1}{2}x$

4 다음 중 일차함수 $y = -\dfrac{5}{6}x$의 그래프를 이용하여 일차함수 $y = -\dfrac{5}{6}x + 3$의 그래프를 바르게 그린 것은?

①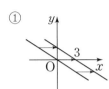

②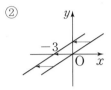

③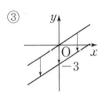

④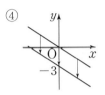

⑤

5 일차함수 $y = \dfrac{1}{3}x + 5$의 그래프가 점 $(a, -1)$을 지날 때, a의 값을 구하시오.

6 일차함수 $y = -4x - 3$의 그래프를 y축의 방향으로 b만큼 평행이동하면 $y = ax + 6$의 그래프가 된다고 한다. $a + b$의 값을 구하시오. (단, a는 상수)

5

하나의 값은 하나의 결과!
일차함수와
그 그래프(2)

난 y절편!

난 기울기!

축과 만나는 점의 좌표!

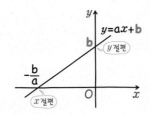

01 일차함수의 그래프의 x절편과 y절편

일차함수의 그래프가 x축과 만나는 점의 x좌표를 이 그래프의 x절편이라 하고, y축과 만나는 점의 y좌표를 이 그래프의 y절편이라 해. 절편이라는 말을 처음 듣지? 그래프가 축과 만나는 점의 좌표의 값이 절편이야.

좌표축 위의 두 점을 연결해!

일차함수 $y = x + 1$에서 $(x$절편$) = -1$, $(y$절편$) = 1$

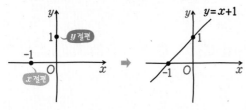

02 절편을 이용하여 그래프 그리기

일차함수의 그래프는 직선이므로 그래프 위의 서로 다른 두 점을 알면 그 그래프를 그릴 수 있어. 따라서 일차함수의 그래프가 원점을 지나지 않을 때, x절편과 y절편을 알면 그래프 위의 서로 다른 두 점을 알 수 있으니깐 두 점을 이어 그래프를 그리면 돼!

직선과 좌표축이 만나서 생기는 삼각형!

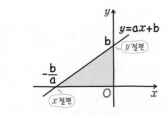

(그래프와 x축, y축으로 둘러싸인 도형의 넓이)
$$= \frac{1}{2} \times |x\text{절편}| \times |y\text{절편}|$$
$$= \frac{1}{2} \times \left|-\frac{b}{a}\right| \times |b|$$

03 절편을 이용한 미지수의 값과 넓이

일차함수 $y = ax + b$에서 $y = 0$을 대입하면 x절편은 $-\dfrac{b}{a}$이고, $x = 0$을 대입하면 y절편은 b야. 이 방법을 이용해서 일차함수의 식의 미지수의 값을 구하고, 일차함수의 그래프와 x축, y축으로 둘러싸인 도형의 넓이도 구할 수 있어.

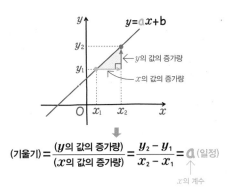

$$(\text{기울기}) = \frac{(y\text{의 값의 증가량})}{(x\text{의 값의 증가량})} = \frac{y_2 - y_1}{x_2 - x_1} = a \,(\text{일정})$$

x의 계수

04 일차함수의 그래프의 기울기(1)

일차함수 $y = ax + b$에서 x값의 증가량에 대한 y값의 증가량의 비율은 항상 일정하고, 그 비율은 x의 계수인 a야. 이 증가량의 비율 a를 일차함수 $y = ax + b$의 그래프의 기울기라 해.

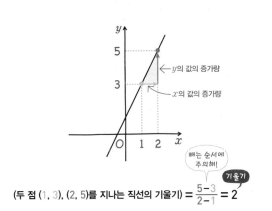

뺴는 순서에 주의해!

기울기

$$(\text{두 점 } (1,\,3),\,(2,\,5)\text{를 지나는 직선의 기울기}) = \frac{5-3}{2-1} = 2$$

05 일차함수의 그래프의 기울기(2)

일차함수에서 $(\text{기울기}) = \dfrac{(y\text{의 값의 증가량})}{(x\text{의 값의 증가량})}$임을 이용해서 기울기와 x의 값의 증가량을 알 때 y의 값의 증가량을 구하는 연습과 두 점이 주어졌을 때 기울기를 구하는 연습을 할 거야.

일차함수 $y = \dfrac{1}{2}x + 1$의 그래프

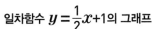

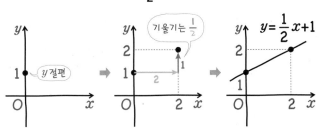

y절편과 기울기를 이용하여 다른 한 점을 구하고 두 점을 연결해!

06 y절편과 기울기를 이용하여 그래프 그리기

일차함수에서 y절편과 기울기를 알면 그래프를 그릴 수 있어. y절편을 이용해서 y축과 만나는 한 점을 나타내고, 기울기를 이용해서 그래프가 지나는 다른 한 점을 찾은 후 두 점을 직선으로 연결하면 돼!

축과 만나는 점의 좌표!

일차함수의 그래프의 x절편과 y절편

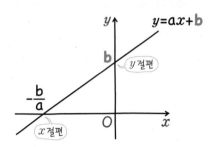

- **x절편**: 일차함수의 그래프가 x축과 만나는 점의 x좌표
  → $y=ax+b$에서 $y=0$일 때, x의 값
- **y절편**: 일차함수의 그래프가 y축과 만나는 점의 y좌표
  → $y=ax+b$에서 $x=0$일 때, y의 값

일차함수 $y=ax+b$의 그래프에서 $\begin{cases} x \text{ 절편}: -\dfrac{b}{a} \\ y \text{ 절편}: b \end{cases}$

원리확인 다음 주어진 일차함수의 그래프를 이용하여 □ 안에 알맞은 수를 써넣으시오.

❶ $y=-2x+2$

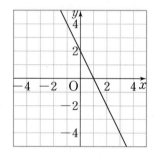

(1) 이 그래프가 x축과 만나는 점의 좌표는
(□ , 0)이고, 이 점의 x좌표는 □ 이다.

(2) 이 그래프가 y축과 만나는 점의 좌표는
(0, □)이고, 이 점의 y좌표는 □ 이다.

(3) 일차함수 $y=-2x+2$의 그래프의 x절편은
□ 이고, y절편은 □ 이다.

❷ $y=4x+4$

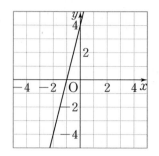

(1) 이 그래프가 x축과 만나는 점의 좌표는
(□ , 0)이고, 이 점의 x좌표는 □ 이다.

(2) 이 그래프가 y축과 만나는 점의 좌표는
(0, □)이고, 이 점의 y좌표는 □ 이다.

(3) 일차함수 $y=4x+4$의 그래프의 x절편은
□ 이고, y절편은 □ 이다.

❸ $y=\dfrac{1}{3}x+1$

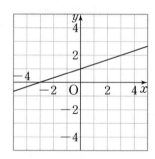

(1) 이 그래프가 x축과 만나는 점의 좌표는
(□ , 0)이고, 이 점의 x좌표는 □ 이다.

(2) 이 그래프가 y축과 만나는 점의 좌표는
(0, □)이고, 이 점의 y좌표는 □ 이다.

(3) 일차함수 $y=\dfrac{1}{3}x+1$의 그래프의 x절편은
□ 이고, y절편은 □ 이다.

1st — 일차함수의 그래프의 x절편과 y절편 구하기

● 주어진 일차함수의 그래프를 보고 다음을 구하시오.

1 $y=-x+3$

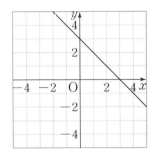

(1) x축과의 교점의 좌표

(2) x절편

(3) y축과의 교점의 좌표

(4) y절편

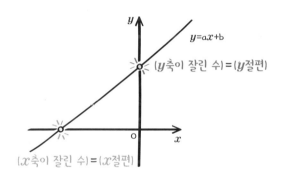

2 $y=\dfrac{1}{2}x+2$

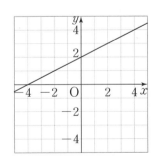

(1) x축과의 교점의 좌표

(2) x절편

(3) y축과의 교점의 좌표

(4) y절편

3 $y=-3x+3$

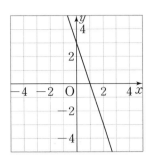

(1) x축과의 교점의 좌표

(2) x절편

(3) y축과의 교점의 좌표

(4) y절편

4 $y=-x+2$

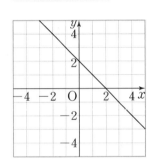

(1) x축과의 교점의 좌표

(2) x절편

(3) y축과의 교점의 좌표

(4) y절편

😊 내가 발견한 개념 x절편과 y절편의 특징은?

일차함수의 그래프의

• x절편이 m이면 x축과의 교점의 좌표는 $(m, \boxed{})$

• y절편이 n이면 y축과의 교점의 좌표는 $(\boxed{}, n)$

● 주어진 일차함수의 그래프를 보고, x절편과 y절편을 각각 구하시오.

5 $y = -\dfrac{1}{2}x + 1$

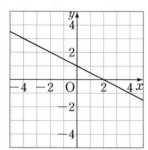

x절편: ....

y절편: ....

6 $y = x - 3$

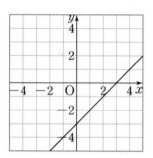

x절편: ....

y절편: ....

7 $y = 4x - 4$

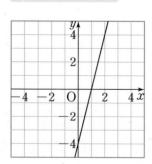

x절편: ....

y절편: ....

8 $y = -\dfrac{2}{3}x - 2$

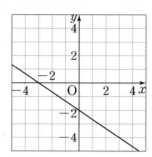

x절편: ....

y절편: ....

9 $y = -x - 1$

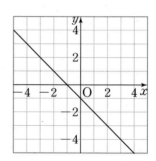

x절편: ....

y절편: ....

10 $y = -2x + 4$

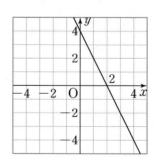

x절편: ....

y절편: ....

● 다음 일차함수의 그래프의 x절편과 y절편을 각각 구하시오.

11 $y = x + 5$

→ x절편: _____ y절편: _____

x절편은 $y = 0$을 대입, y절편은 $x = 0$을 대입해!

12 $y = \dfrac{1}{4}x - 1$

→ x절편: _____ y절편: _____

13 $y = -3x - 2$

→ x절편: _____ y절편: _____

14 $y = -\dfrac{1}{2}x + 2$

→ x절편: _____ y절편: _____

내가 y절편이라는 것을 알겠지?

내 정체는 잠시 후에!

15 $y = \dfrac{3}{2}x - 3$

→ x절편: _____ y절편: _____

16 $y = 2x - 4$

→ x절편: _____ y절편: _____

17 $y = 3x + 1$

→ x절편: _____ y절편: _____

18 $y = \dfrac{1}{5}x + 1$

→ x절편: _____ y절편: _____

19 $y = -\dfrac{1}{4}x - 1$

→ x절편: _____ y절편: _____

🙂 내가 발견한 개념   일차함수의 식에서 그래프의 y절편은 바로 알 수 있어!

$a \neq 0, b \neq 0$

• 일차함수 $y = ax$의 그래프의 y절편은 → ☐

• 일차함수 $y = ax + b$의 그래프의 y절편은 → ☐

개념모음문제
20 일차함수 $y = ax + 6$의 그래프가 점 $(-1, 3)$을 지날 때, 이 그래프의 x절편은? (단, a는 상수)

① -3 ② -2 ③ -1

④ 2 ⑤ 3

02 절편을 이용하여 그래프 그리기

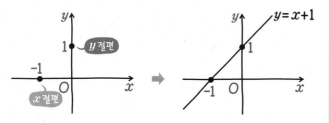

일차함수 $y = x+1$에서
(x절편) $= -1$, (y절편) $= 1$

• 절편을 이용하여 그래프 그리기

(ⅰ) x절편과 y절편을 각각 x축과 y축 위에 나타낸다.

(ⅱ) 위의 두 점을 직선으로 연결한다.
　　(x절편, 0)과 (0, y절편)

1st — x절편과 y절편을 이용하여 일차함수의 그래프 그리기

● x절편과 y절편이 각각 다음과 같은 일차함수의 그래프를 그리시오.

1 x절편: 2, y절편: 3

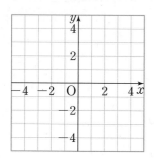

2 x절편: -1, y절편: 4

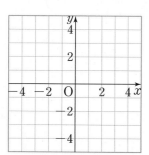

3 x절편: -3, y절편: -1

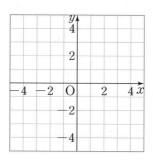

4 x절편: 4, y절편: -3

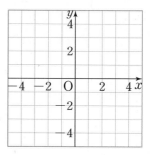

5 x절편: -4, y절편: 2

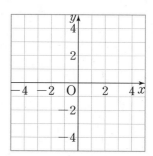

6 x절편: 1, y절편: -3

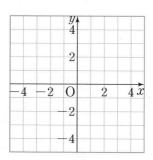

● 다음 일차함수의 그래프의 x절편과 y절편을 각각 구하고,
이를 이용하여 그래프를 그리시오.

7 $y=-x+4$

→ x절편: _____, y절편: _____

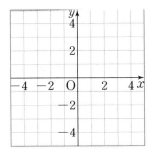

8 $y=\dfrac{1}{3}x-1$

→ x절편: _____, y절편: _____

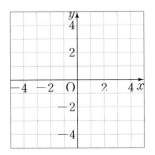

9 $y=x-2$

→ x절편: _____, y절편: _____

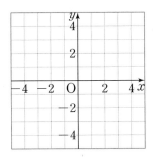

10 $y=\dfrac{1}{4}x+1$

→ x절편: _____, y절편: _____

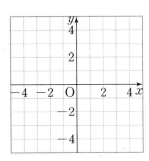

11 $y=3x-3$

→ x절편: _____, y절편: _____

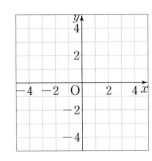

😊 내가 발견한 개념   좌표축에서 만나는 두 직선의 특징은?

● 두 일차함수의 그래프가

x축 위에서 만난다.	y축 위에서 만난다.
두 일차함수의 그래프의 ▢절편이 같다.	두 일차함수의 그래프의 ▢절편이 같다.

개념모음문제

12 다음 중 일차함수 $y=-\dfrac{2}{3}x+2$의 그래프는?

① 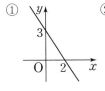 ②   ③

④   ⑤

03

직선과 좌표축이 만나서 생기는 삼각형!

절편을 이용한 미지수의 값과 넓이

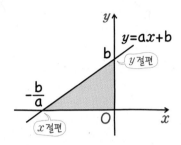

(그래프와 x축, y축으로 둘러싸인 도형의 넓이)

$$= \frac{1}{2} \times |x절편| \times |y절편|$$

$$= \frac{1}{2} \times \left| -\frac{b}{a} \right| \times |b|$$

- x절편과 y절편을 이용하여 일차함수의 미지수의 값 구하기
  일차함수 $y=ax+b$의 그래프에서

  x절편 ➡ $y=0$일 때의 x의 값: $-\dfrac{b}{a}$

  y절편 ➡ $x=0$일 때의 y의 값: b

- x절편과 y절편을 이용하여 삼각형의 넓이 구하기
  일차함수 $y=ax+b$의 그래프와 x축 및 y축으로 둘러싸인 도형의
  넓이는 $\dfrac{1}{2} \times |x절편| \times |y절편|$

1ˢᵗ — x절편과 y절편을 이용하여 미지수의 값 구하기

● 다음 일차함수의 그래프의 x절편이 2일 때, 상수 a의 값을
  구하시오.

> 일차함수의 그래프는
> 점 (2, 0)을 지난다.

1 $y=3x+a$

   ➡ ☐ $=3\times$ ☐ $+a$, $a=$ ☐

2 $y=-5x+a$

3 $y=ax+2$

4 $y=ax-4$

5 $y=ax+6$

● 다음 일차함수의 그래프의 x절편이 -1일 때, y절편을 구하
  시오. (단, a는 상수)

> ・x절편이 -1 ➡ $x=-1$, $y=0$을 대입해!
> ・y절편 ➡ $x=0$을 대입해!

6 $y=6x-a$

   ➡ ☐ $=6\times($ ☐ $)-a$, $a=$ ☐

   $y=6x+$ ☐ 의 그래프의 y절편을 구하면

   $y=6\times$ ☐ $+6$, $y=$ ☐

7 $y=-4x+a$

8 $y=x-a$

9 $y=4x+a$

10 $y=-3x+a$

2nd x절편과 y절편을 이용하여 삼각형의 넓이 구하기

● 다음 그림과 같은 일차함수의 그래프의 x절편과 y절편을 각각 구하고, 그래프와 x축, y축으로 둘러싸인 도형의 넓이를 구하시오.

11
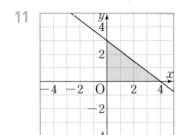

→ x절편: ....

y절편: ....

삼각형의 넓이: ....

12
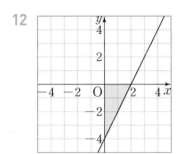

→ x절편: ....

y절편: ....

삼각형의 넓이: ....

13
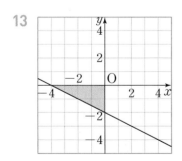

→ x절편: ....

y절편: ....

삼각형의 넓이: ....

● 다음 일차함수의 그래프와 x축, y축으로 둘러싸인 도형의 넓이를 구하시오.

14 $y=-x+8$

15 $y=2x+4$

16 $y=-3x+6$

17 $y=\dfrac{1}{2}x+3$

18 $y=-\dfrac{2}{3}x+8$

19 $y=-\dfrac{3}{2}x+6$

개념모음문제

20 일차함수 $y=-2x+2$의 그래프가 오른쪽 그림과 같을 때, 색칠한 부분의 넓이는?

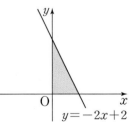

① $\dfrac{1}{4}$ ② $\dfrac{1}{2}$

③ 1 ④ 2

⑤ 4

04

직선이 기울어진 정도를 나타내는 값!

일차함수의 그래프의 기울기(1)

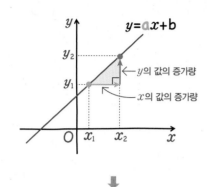

$$(기울기)=\frac{(y의\ 값의\ 증가량)}{(x의\ 값의\ 증가량)}=\frac{y_2-y_1}{x_2-x_1}=a\ (일정)$$

x의 계수

• **일차함수 $y=ax+b$의 그래프의 기울기**

일차함수 $y=ax+b$의 그래프에서 x의 값의 증가량에 대한 y의 값의 증가량의 비율은 항상 일정하고, 그 값은 x의 계수 a와 같다. 이때 a를 일차함수 $y=ax+b$의 그래프의 기울기라 한다.

$$(기울기)=\frac{(y의\ 값의\ 증가량)}{(x의\ 값의\ 증가량)}=a$$

원리확인 다음 □ 안에 알맞은 수를 써넣으시오.

일차함수 $y=3x+1$에 대하여

$+\square\quad +\square\quad +\square$

x	$\cdots$	1	2	3	4	$\cdots$
y	$\cdots$	4	7	10	13	$\cdots$

$+\square\quad +\square\quad +\square$

→ $(기울기)=\dfrac{(y의\ 값의\ 증가량)}{(x의\ 값의\ 증가량)}=\dfrac{\square}{\square}=\square$

1st — 관계식에 대한 표를 이용하여 기울기 구하기

● 다음 일차함수에 대하여 표를 완성하고, 그래프의 기울기를 구하시오.

1 $y=2x-1$ → 기울기: _____

x	$\cdots$	0	1	2	3	$\cdots$
y	$\cdots$	-1				$\cdots$

→ x의 값이 0에서 1로 1만큼 증가할 때, y의 값은 -1에서 □로 □만큼 증가하므로

$(기울기)=\dfrac{\square-(-1)}{1-0}=\dfrac{\square}{1}=\square$

2 $y=-3x-2$ → 기울기: _____

x	$\cdots$	0	1	2	3	$\cdots$
y	$\cdots$					$\cdots$

3 $y=5x+1$ → 기울기: _____

x	$\cdots$	0	1	2	3	$\cdots$
y	$\cdots$					$\cdots$

4 $y=-2x-4$ → 기울기: _____

x	$\cdots$	0	1	2	3	$\cdots$
y	$\cdots$					$\cdots$

5 $y=x+7$ → 기울기: _____

x	$\cdots$	0	1	2	3	$\cdots$
y	$\cdots$					$\cdots$

6 $y=-4x+3$ → 기울기: _____

x	$\cdots$	0	1	2	3	$\cdots$
y	$\cdots$					$\cdots$

7 $y=3x+3$ → 기울기: _____

x	$\cdots$	0	1	2	3	$\cdots$
y	$\cdots$					$\cdots$

8 $y=5x-4$ → 기울기: _____

x	$\cdots$	0	1	2	3	$\cdots$
y	$\cdots$					$\cdots$

2nd 일차함수의 그래프를 보고 기울기 구하기

● 다음 □ 안에 알맞은 수를 써넣고, 일차함수의 그래프의 기울기를 구하시오.

9

→ (기울기) $= \dfrac{\boxed{}}{6} = \boxed{}$

10

→ 기울기: _____

11

→ 기울기: _____

12

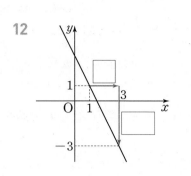

➡ 기울기: _____

13

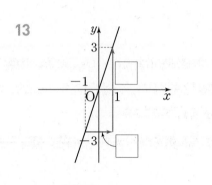

➡ 기울기: _____

14

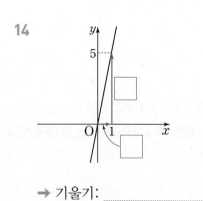

➡ 기울기: _____

15

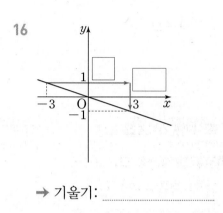

➡ 기울기: _____

16

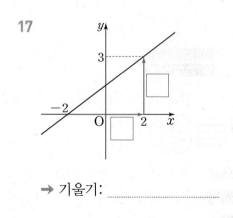

➡ 기울기: _____

17

➡ 기울기: _____

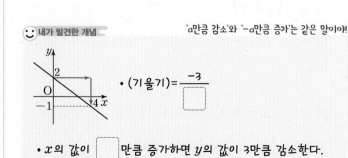

• (기울기)= $\dfrac{-3}{\boxed{}}$

• x의 값이 ☐ 만큼 증가하면 y의 값이 3만큼 감소한다.

• x의 값이 ☐ 만큼 증가하면 y의 값이 ☐ 만큼 증가한다.

3rd — 일차함수의 관계식을 이용하여 기울기 구하기

● 다음 일차함수의 그래프의 기울기를 구하시오.

18 $y=6x-3$

➡ 기울기는 x의 계수와 같으므로 [ ]이다.

19 $y=\dfrac{1}{3}x-5$

20 $y=-4x+\dfrac{1}{2}$

21 $y=-x+7$

22 $y=-\dfrac{1}{4}x+5$

내가 바로 기울기!

내가 y절편인 건 알지?

23 $y=3x+2$

24 $y=\dfrac{2}{5}x-3$

25 $y=-5x-1$

26 $y=\dfrac{1}{6}x+2$

27 $y=7x-3$

28 $y=-\dfrac{2}{5}x-\dfrac{1}{3}$

☺ **내가 발견한 개념** 일차함수의 x의 계수와 상수항의 의미를 정리해 봐!

일차함수 $y=ax+b$에서

• 기울기 ➡ [ ]　　　• y절편 ➡ [ ]

개념모음문제

29 다음 일차함수의 그래프 중 x의 값이 4만큼 증가할 때, y의 값은 2만큼 증가하는 것은?

① $y=-\dfrac{1}{4}x+4$　　② $y=\dfrac{1}{4}x-4$

③ $y=-\dfrac{1}{2}x+1$　　④ $y=\dfrac{1}{2}x+2$

⑤ $y=2x+1$

직선이 기울어진 정도를 나타내는 값!

일차함수의 그래프의 기울기(2)

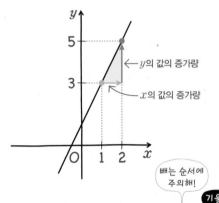

← y의 값의 증가량

x의 값의 증가량

빼는 순서에 주의해!

기울기

(두 점 $(1, 3)$, $(2, 5)$를 지나는 직선의 기울기) $= \dfrac{5-3}{2-1} = 2$

- x의 값의 증가량이 주어졌을 때, y의 값의 증가량

  일차함수 $y = ax + b$에서 x의 값의 증가량이 c일 때, 그래프의 기울기는 a이므로

  $$\frac{(y의 \ 값의 \ 증가량)}{c} = a \rightarrow (y의 \ 값의 \ 증가량) = a \times c$$

- 두 점이 주어졌을 때, 그래프의 기울기

  그래프가 두 점 (x_1, y_1), (x_2, y_2)를 지날 때,

  $$(기울기) = \frac{(y의 \ 값의 \ 증가량)}{(x의 \ 값의 \ 증가량)} = \frac{y_2 - y_1}{x_2 - x_1}$$

  $\dfrac{y_1 - y_2}{x_1 - x_2}$ 로 계산해도 결과는 같아.

  참고 두 점을 지나는 일차함수의 그래프의 기울기를 구할 때, $\dfrac{y_1 - y_2}{x_2 - x_1}$와 같이 순서를 바꾸어 계산하지 않도록 주의한다.

1st — x의 값의 증가량이 주어졌을 때 y의 값의 증가량 구하기

● 다음 일차함수에 대하여 **x의 값의 증가량이 2**일 때, y의 값의 증가량을 구하시오.

1 $y = 2x - 1 \rightarrow$ (y의 값의 증가량) $=$ ☐

   $\rightarrow \dfrac{(y의 \ 값의 \ 증가량)}{2} = $ ☐ 이므로

   (y의 값의 증가량) $=$ ☐

2 $y = 3x - 1 \rightarrow$ (y의 값의 증가량) $=$ ☐

3 $y = -5x + 2 \rightarrow$ (y의 값의 증가량) $=$ ☐

4 $y = 4x + 6 \rightarrow$ (y의 값의 증가량) $=$ ☐

5 $y = -2x - 7 \rightarrow$ (y의 값의 증가량) $=$ ☐

● 다음 일차함수에 대하여 **x의 값이 1에서 4까지 증가**할 때, y의 값의 증가량을 구하시오.

6 $y = 3x + 3 \rightarrow$ (y의 값의 증가량) $=$ ☐

   $\rightarrow \dfrac{(y의 \ 값의 \ 증가량)}{4 - 1} = $ ☐ 이므로

   (y의 값의 증가량) $=$ ☐

7 $y = -4x - 1 \rightarrow$ (y의 값의 증가량) $=$ ☐

8 $y = -2x + 6 \rightarrow$ (y의 값의 증가량) $=$ ☐

개념모음문제

9 일차함수 $y = -2x + 4$의 그래프에서 x의 값이 -4에서 1까지 증가할 때, y의 값의 증가량은?

   ① 5만큼 증가   ② 5만큼 감소
   ③ 10만큼 증가   ④ 10만큼 감소
   ⑤ 15만큼 감소

두 점이 주어졌을 때 그래프의 기울기 구하기

● 다음은 주어진 두 점을 지나는 일차함수의 그래프의 기울기를 구하는 과정이다. □ 안에 알맞은 수를 써넣으시오.

10 $(1, 4), (2, 5)$

$\Rightarrow$ (기울기) $= \dfrac{\boxed{} - \boxed{}}{2-1} = \dfrac{\boxed{}}{1} = \boxed{}$

11 $(2, 1), (4, 5)$

$\Rightarrow$ (기울기) $= \dfrac{\boxed{} - \boxed{}}{4-2} = \dfrac{\boxed{}}{2} = \boxed{}$

12 $(-1, 2), (-2, 7)$

$\Rightarrow$ (기울기) $= \dfrac{\boxed{} - \boxed{}}{-2-(-1)} = \dfrac{\boxed{}}{-1} = \boxed{}$

13 $(-2, -4), (3, 6)$

$\Rightarrow$ (기울기) $= \dfrac{\boxed{} - (\boxed{})}{3-(-2)} = \dfrac{\boxed{}}{5} = \boxed{}$

14 $(-3, 8), (-1, 2)$

$\Rightarrow$ (기울기) $= \dfrac{\boxed{} - \boxed{}}{-1-(-3)} = \dfrac{\boxed{}}{2} = \boxed{}$

15 $(-1, -3), (-3, 5)$

$\Rightarrow$ (기울기) $= \dfrac{\boxed{} - (\boxed{})}{-3-(-1)} = \dfrac{\boxed{}}{-2} = \boxed{}$

● 다음 두 점을 지나는 일차함수의 그래프의 기울기를 구하시오.

16 $(-1, 3), (2, 6)$

17 $(-4, 5), (-6, 9)$

18 $(-3, -5), (1, 3)$

19 $(-6, 4), (-8, 10)$

개념모음문제

20 두 점 $(-1, -2), (-3, 2)$를 지나는 일차함수의 그래프에서 x의 값이 -6에서 -2까지 증가할 때, y의 값의 증가량은?

① 4만큼 증가   ② 4만큼 감소

③ 8만큼 증가   ④ 8만큼 감소

⑤ 12만큼 감소

y절편, 기울기, 또 다른 한 점!

y절편과 기울기를 이용하여 그래프 그리기

일차함수 $y = \dfrac{1}{2}x + 1$의 그래프

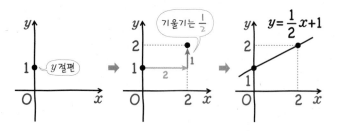

y절편과 기울기를 이용하여 다른 한 점을 구하고
두 점을 연결해!

• y절편과 기울기를 이용하여 그래프 그리기

(ⅰ) y절편을 이용하여 y축과 만나는 한 점을 좌표평면 위에 나타낸다.

(ⅱ) 기울기를 이용하여 그래프가 지나는 다른 한 점을 찾는다.

(ⅲ) (ⅰ), (ⅱ)의 두 점을 직선으로 연결한다.

1st — y절편과 기울기를 이용하여 일차함수의 그래프 그리기

● 기울기와 y절편을 이용하여 일차함수를 그리는 과정이다. 다음 □ 안에 알맞은 수를 써넣고, 좌표평면 위에 그래프를 그리시오.

1 $y = -4x + 1$

(1) y절편이 □이므로 점 $(0, □)$을 지난다.

(2) 기울기는 □이므로 점 $(0, □)$에서 x의 값이 1만큼 증가할 때, y의 값은 □만큼 감소한다. 즉 점 $(□, □)$을 지난다.

(3)

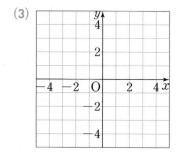

2 $y = \dfrac{2}{3}x - 1$

(1) y절편이 □이므로 점 $(0, □)$을 지난다.

(2) 기울기는 □이므로 점 $(0, □)$에서 x의 값이 3만큼 증가할 때, y의 값은 □만큼 증가한다. 즉 점 $(□, □)$을 지난다.

(3)

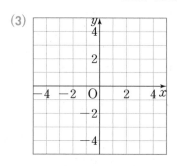

3 $y = -\dfrac{3}{4}x + 2$

(1) y절편이 □이므로 점 $(0, □)$를 지난다.

(2) 기울기는 □이므로 점 $(0, □)$에서 x의 값이 4만큼 증가할 때, y의 값은 □만큼 감소한다. 즉 점 $(□, □)$을 지난다.

(3)

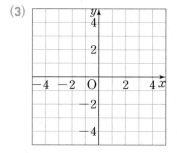

● 다음 일차함수의 그래프의 기울기와 y절편을 각각 구하고, 이를 이용하여 좌표평면 위에 그래프를 그리시오.

4 $y=3x-4$

→ 기울기: _____, y절편: _____

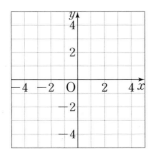

5 $y=\dfrac{1}{2}x+4$

→ 기울기: _____, y절편: _____

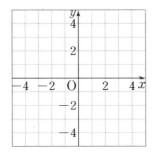

6 $y=-5x-2$

→ 기울기: _____, y절편: _____

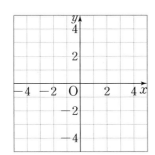

7 $y=x-5$

→ 기울기: _____, y절편: _____

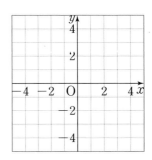

8 $y=-\dfrac{2}{3}x+3$

→ 기울기: _____, y절편: _____

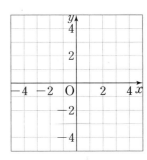

9 $y=\dfrac{1}{5}x-1$

→ 기울기: _____, y절편: _____

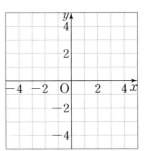

10 $y=-4x-4$

→ 기울기: _____, y절편: _____

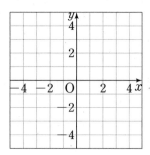

11 $y=\dfrac{3}{4}x-3$

→ 기울기: _____, y절편: _____

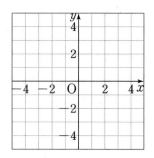

12 $y=-\dfrac{1}{5}x-2$

→ 기울기: _____, y절편: _____

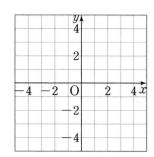

13 $y=\dfrac{2}{5}x+2$

→ 기울기: _____, y절편: _____

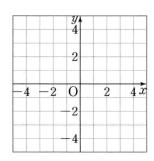

14 $y=-6x+3$

→ 기울기: _____, y절편: _____

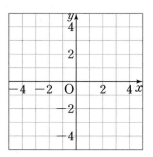

개념모음문제

15 기울기와 y절편을 이용하여 일차함수

$y=\dfrac{1}{3}x-2$의 그래프를 그렸을 때, 이 그래프가

지나지 <u>않는</u> 사분면은?

① 제1사분면   ② 제2사분면

③ 제3사분면   ④ 제4사분면

⑤ 제2사분면, 제4사분면

TEST

5. 일차함수와 그 그래프 (2)

1 일차함수 $y=-4x+8$의 그래프의 x절편을 a, y절편을 b라 할 때, $a+b$의 값은?

① 4 　　② 6 　　③ 8

④ 10 　　⑤ 12

4 오른쪽 그림은 어떤 일차함수의 그래프이다. 이 그래프와 평행한 그래프의 기울기를 구하시오.

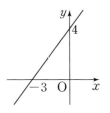

2 다음 일차함수의 그래프 중에서 x의 값이 2만큼 증가할 때, y의 값은 6만큼 감소하는 것은?

① $y=\dfrac{1}{3}x+1$ 　　② $y=-2x-1$

③ $y=-\dfrac{1}{3}x-1$ 　　④ $y=3x-4$

⑤ $y=-3x+2$

5 일차함수 $y=ax+5$의 그래프가 두 점 $(-3, 1)$, $(1, -7)$을 지나는 직선과 평행할 때, 상수 a의 값은?

① -3 　　② -2 　　③ -1

④ 2 　　⑤ 3

3 x절편이 -2인 일차함수의 그래프 $y=\dfrac{3}{2}x+a$가 점 $(4, k)$를 지날 때, k의 값은? (단, a는 상수)

① 6 　　② 7 　　③ 8

④ 9 　　⑤ 10

6 오른쪽 그림과 같이 일차함수 $y=ax+6$의 그래프와 x축과의 교점을 A, y축과의 교점을 B라 하자. 삼각형 AOB의 넓이가 18일 때, 양수 a의 값을 구하시오. (단, O는 원점)

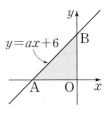

6

기울기와 y절편을 찾아라!

일차함수의 그래프의 성질과 식의 활용

내가 그래프의 모양!

$f(x)=ax+b$

난 y축과 만나는 점!

---

y절편과 기울기에 따라 그래프 모양이 달라져!

일차함수 $y=ax+b$의 그래프에서

① $a>0$, $b>0$

② $a>0$, $b<0$

③ $a<0$, $b>0$

④ $a<0$, $b<0$

01 일차함수의 그래프의 성질

일차함수 $y=ax+b$의 그래프는 a, b의 부호에 따라 그래프의 모양과 위치가 달라져. $a>0$일 때, 그래프는 오른쪽 위로 향하는 직선이고, $a<0$일 때, 그래프는 오른쪽 아래로 향하는 직선이야. $b>0$일 때, y축과 양의 부분에서 만나고, $b<0$일 때, y축과 음의 부분에서 만나게 되지!

기울기가 같으면 평행 또는 일치!

① 기울기가 같고 y절편이 다른 두 직선

$y=2x+2$
$y=2x-1$
같다 / 다르다

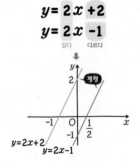

② 기울기와 y절편이 모두 같은 두 직선

$y=2x+2$
$y=2x+2$
같다 / 같다

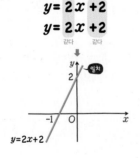

02 일차함수의 그래프의 평행과 일치

기울기가 같은 두 일차함수의 그래프는 y절편의 값에 따라 서로 평행할 수도 있고, 일치할 수도 있어!

$y=$(기울기)$x+$(y절편)

기울기
↓
y절편
↓

$y=ax+b$

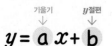

기울기가 2, y절편이 3인 일차함수의 식

$y=2x+3$

03 기울기와 y절편이 주어졌을 때 일차함수의 식 구하기

$y=ax+b$에서 a, b는 각각 일차함수의 그래프의 기울기와 y절편이므로 그래프의 기울기와 y절편을 알면 그 일차함수의 식을 구할 수 있어!

$y = (기울기)x + (y절편)$

$$y = \boxed{a}\,x + \boxed{b}$$

기울기   직선이 지나는 한 점의 좌표를 대입하여 구한다.

기울기가 2 이고, 점 (1, 3) 을 지나는 직선의 그래프의 식

$$y = \boxed{2}\,x + b \;\rightarrow\; y = 2x + 1$$

↑   ↑
3   1   3=2+b 에서 b=1

---

04 기울기와 한 점이 주어졌을 때 일차함수의 식 구하기

기울기와 한 점의 좌표를 알면 일차함수의 식을 구할 수 있어. 일차함수의 식 $y=ax+b$ 에서 a 에 기울기를 대입하고, 그 그래프가 지나는 한 점을 일차함수의 식에 대입하여 b 의 값을 구하면 돼!

$y = (기울기)x + (y절편)$

$$y = \boxed{a}\,x + \boxed{b}$$

$\dfrac{y_2 - y_1}{x_2 - x_1}$ 직선이 지나는 두 점 중 한 점의 좌표를 대입하여 구한다.

두 점 (1, 2), (2, 3)을 지나는 직선의 그래프의 식

$$y = \boxed{a}\,x + \boxed{b} \;\rightarrow\; y = x + 1$$

$\dfrac{3-2}{2-1}=1$ $y=x+b$에 (1, 2)를 대입 2=1+b 에서 b=1

---

05 서로 다른 두 점이 주어졌을 때 일차함수의 식 구하기

일차함수 식 $y=ax+b$의 서로 다른 두 점이 주어지면 일차함수의 식을 구할 수 있어. 두 점을 이용하여 기울기 a를 구하고 두 점 중 한 점을 일차함수의 식에 대입해서 b의 값을 구하면 돼!

$y = (기울기)x + (y절편)$

$$y = \boxed{a}\,x + \boxed{b}$$

$-\dfrac{(y절편)}{(x절편)}$ y절편

x절편이 2, y절편이 −4 인 직선의 그래프의 식

(2, 0)   (0, −4)

$$y = \boxed{a}\,x\,\boxed{-4} \;\rightarrow\; y = 2x - 4$$

$\dfrac{-4-0}{0-2}=2$

---

06 x절편과 y절편이 주어졌을 때 일차함수의 식 구하기

일차함수의 식 $y=ax+b$의 x절편과 y절편이 주어지면 일차함수의 식을 구할 수 있어. b는 y절편이고, x절편을 m, y절편을 n이라 하면 두 점 $(m, 0)$, $(0, n)$을 이용해서 기울기 a를 구할 수 있지!

(변화율) = (기울기), (시작값) = (y절편)!

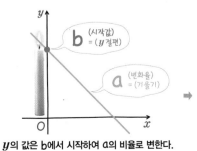

일차함수의 활용 문제에서 (시작값)과 (변화율)을 찾으면 함수의 식을 쉽게 만들 수 있다.

$$y = \boxed{a}\,x + \boxed{b}$$
(변화율)   (시작값)

y의 값은 b에서 시작하여 a의 비율로 변한다.

---

07 일차함수의 활용

일차함수의 활용 문제는 다음의 순서로 풀어.

| x, y 정하기 | → | x와 y 사이의 관계식 세우기 | → | 조건에 맞는 값 구하기 | → | 확인하기 |

01

일차함수의 그래프의 성질

일차함수 $y=ax+b$의 그래프에서

① $a>0,\ b>0$

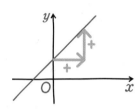

제1, 2, 3사분면을 지난다.

② $a>0,\ b<0$

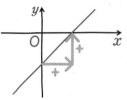

제1, 3, 4사분면을 지난다.

③ $a<0,\ b>0$

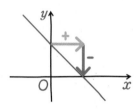

제1, 2, 4사분면을 지난다.

④ $a<0,\ b<0$

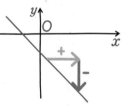

제2, 3, 4사분면을 지난다.

원리확인 일차함수 $y=ax+b$의 그래프가 다음과 같을 때, 옳은 것에 ○를 하고, ○ 안에 알맞은 부등호를 써넣으시오.

❶

→ { 기울기가 (양수, 음수)
     y절편이 (양수, 음수)

{ $a\ \bigcirc\ 0$
   $b\ \bigcirc\ 0$

❷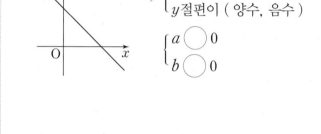

→ { 기울기가 (양수, 음수)
     y절편이 (양수, 음수)

{ $a\ \bigcirc\ 0$
   $b\ \bigcirc\ 0$

❸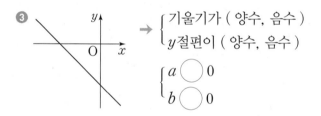

→ { 기울기가 (양수, 음수)
     y절편이 (양수, 음수)

{ $a\ \bigcirc\ 0$
   $b\ \bigcirc\ 0$

❹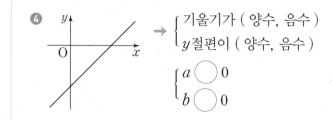

→ { 기울기가 (양수, 음수)
     y절편이 (양수, 음수)

{ $a\ \bigcirc\ 0$
   $b\ \bigcirc\ 0$

• 일차함수 $y=ax+b$의 그래프에서

(1) **기울기 a의 부호**: 그래프 모양 결정

① $a>0$일 때, x의 값이 증가하면 y의 값도 증가한다.

→ 오른쪽 위로 향하는 직선

② $a<0$일 때, x의 값이 증가하면 y의 값은 감소한다.

→ 오른쪽 아래로 향하는 직선

(2) **y절편 b의 부호**: 그래프가 y축과 만나는 부분 결정

① $b>0$일 때, y축과 양의 부분에서 만난다.

② $b<0$일 때, y축과 음의 부분에서 만난다.

참고 $|a|$가 클수록 그래프는 y축에 가까워진다.

내가 그래프의 모양을 결정하지!

난 y축과 만나는 점을 결정하고!

1ˢᵗ — 일차함수 $y=ax+b$의 그래프의 성질 이해하기

● 다음 일차함수에 대하여 그래프를 그리고 옳은 것에 ○를 하시오.

1 $y=2x+1$

(1) 아래 좌표평면 위에 그래프를 그리시오.

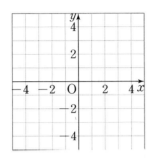

(2) 그래프의 기울기는 (양수, 음수)이다.

(3) 그래프는 오른쪽 (위, 아래)로 향하는 직선이다.

(4) x의 값이 증가할 때, y의 값이 (증가, 감소)한다.

(5) 그래프의 y절편은 (양수, 음수)이다.

(6) 그래프는 y축과 (양, 음)의 부분에서 만난다.

2 $y=\dfrac{2}{3}x-2$

(1) 아래 좌표평면 위에 그래프를 그리시오.

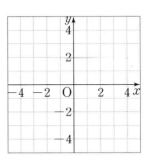

(2) 그래프의 기울기는 (양수, 음수)이다.

(3) 그래프는 오른쪽 (위, 아래)로 향하는 직선이다.

(4) x의 값이 증가할 때, y의 값이 (증가, 감소)한다.

(5) 그래프의 y절편은 (양수, 음수)이다.

(6) 그래프는 y축과 (양, 음)의 부분에서 만난다.

3 $y=-\dfrac{1}{2}x+2$

(1) 아래 좌표평면 위에 그래프를 그리시오.

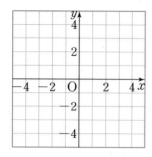

(2) 그래프의 기울기는 (양수, 음수)이다.

(3) 그래프는 오른쪽 (위, 아래)로 향하는 직선
이다.

(4) x의 값이 증가할 때, y의 값이 (증가, 감소)
한다.

(5) 그래프의 y절편은 (양수, 음수)이다.

(6) 그래프는 y축과 (양, 음)의 부분에서 만난다.

4 $y=-x-1$

(1) 아래 좌표평면 위에 그래프를 그리시오.

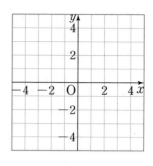

(2) 그래프의 기울기는 (양수, 음수)이다.

(3) 그래프는 오른쪽 (위, 아래)로 향하는 직선
이다.

(4) x의 값이 증가할 때, y의 값이 (증가, 감소)
한다.

(5) 그래프의 y절편은 (양수, 음수)이다.

(6) 그래프는 y축과 (양, 음)의 부분에서 만난다.

● 보기의 일차함수 중 그 그래프가 다음을 만족시키는 것만을 있는 대로 고르시오.

5 |보기|
ㄱ. $y=-x+13$ ㄴ. $y=3x-2$

ㄷ. $y=\dfrac{5}{6}x+1$ ㄹ. $y=-\dfrac{4}{9}x-3$

(1) 오른쪽 위로 향하는 직선

....

(2) 오른쪽 아래로 향하는 직선

....

(3) x의 값이 증가할 때, y의 값도 증가하는 직선

....

(4) x의 값이 증가할 때, y의 값이 감소하는 직선

....

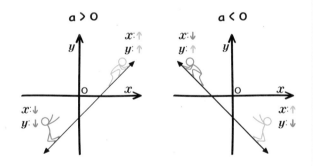

$a>0$ $a<0$

(5) y축과 양의 부분에서 만나는 직선

....

(6) y축과 음의 부분에서 만나는 직선

6 |보기|
ㄱ. $y=5x-\dfrac{2}{3}$ ㄴ. $y=-\dfrac{1}{3}x+2$

ㄷ. $y=x+17$ ㄹ. $y=-6x-6$

(1) 오른쪽 위로 향하는 직선

....

(2) 오른쪽 아래로 향하는 직선

....

(3) x의 값이 증가할 때, y의 값도 증가하는 직선

....

(4) x의 값이 증가할 때, y의 값이 감소하는 직선

....

(5) y축과 양의 부분에서 만나는 직선

....

(6) y축과 음의 부분에서 만나는 직선

....

개념모음문제
7 다음 중 일차함수 $y=-\dfrac{3}{5}x+9$의 그래프에 대한 설명으로 옳지 <u>않은</u> 것은?

① 점 $(-5,\ 12)$를 지난다.

② x절편은 15이다.

③ y절편은 9이다.

④ 오른쪽 아래로 향하는 직선이다.

⑤ x의 값이 10만큼 증가하면 y의 값은 6만큼 증가한다.

일차함수의 계수의 부호와 그래프 이해하기

● 일차함수의 그래프가 다음과 같을 때, ○ 안에 알맞은 부등호를 써넣으시오.

8    $y=ax-b$

(1)
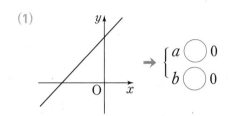
$\Rightarrow \begin{cases} a \bigcirc 0 \\ b \bigcirc 0 \end{cases}$

(2)
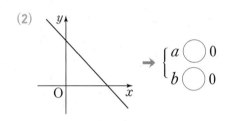
$\Rightarrow \begin{cases} a \bigcirc 0 \\ b \bigcirc 0 \end{cases}$

(3)
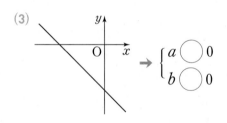
$\Rightarrow \begin{cases} a \bigcirc 0 \\ b \bigcirc 0 \end{cases}$

(4)
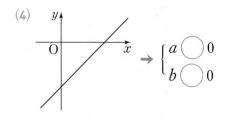
$\Rightarrow \begin{cases} a \bigcirc 0 \\ b \bigcirc 0 \end{cases}$

9    $y=-ax+b$

(1)
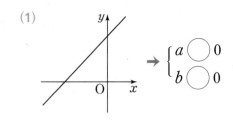
$\Rightarrow \begin{cases} a \bigcirc 0 \\ b \bigcirc 0 \end{cases}$

(2)
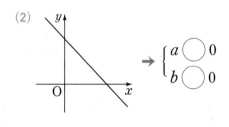
$\Rightarrow \begin{cases} a \bigcirc 0 \\ b \bigcirc 0 \end{cases}$

(3)
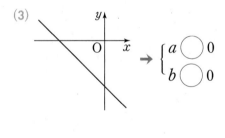
$\Rightarrow \begin{cases} a \bigcirc 0 \\ b \bigcirc 0 \end{cases}$

(4)
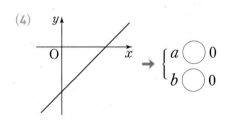
$\Rightarrow \begin{cases} a \bigcirc 0 \\ b \bigcirc 0 \end{cases}$

3ʳᵈ 일차함수 $y=ax+b$의 계수의 부호를 보고 그래프가 지나는 사분면 구하기

• 상수 a, b의 부호가 다음과 같을 때, 일차함수 $y=ax+b$의 그래프의 개형을 그리고, 그래프가 지나는 사분면을 모두 구하시오.

10 $a>0$, $b<0$

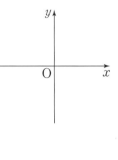

> $y=ax+b$의 그래프 개형 그리는 방법
> ① $b>0$이면 y축의 양의 부분에, $b<0$이면 y축의 음의 부분에 점을 찍어!
> ② ①에서 찍은 점을 기준으로 $a>0$이면 오른쪽 위로 향하는 직선을 $a<0$이면 오른쪽 아래로 향하는 직선을 그려!

→ 지나는 사분면: ....

11 $a<0$, $b>0$

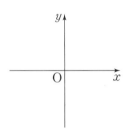

→ 지나는 사분면: ....

12 $a>0$, $b>0$

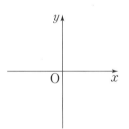

→ 지나는 사분면: ....

13 $a<0$, $b<0$

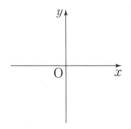

→ 지나는 사분면: ....

• $a<0$, $b>0$일 때, 빈칸에 알맞은 것을 써넣고, 일차함수의 그래프의 개형을 그리시오.

14 $y=ax-ab$ →
(기울기)$=a$ ◯ 0
(y절편)$=-ab$ ◯ 0

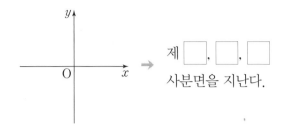

→ 제 ☐, ☐, ☐ 사분면을 지난다.

15 $y=abx+a$ →
(기울기)$=ab$ ◯ 0
(y절편)$=a$ ◯ 0

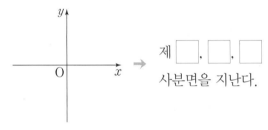

→ 제 ☐, ☐, ☐ 사분면을 지난다.

16 $y=-abx+b$ →
(기울기)$=-ab$ ◯ 0
(y절편)$=b$ ◯ 0

→ 제 ☐, ☐, ☐ 사분면을 지난다.

[개념모음문제]

17 $a<0$, $b>0$일 때, 일차함수 $y=-ax-b$의 그래프가 지나는 사분면은?

① 제1, 2사분면 ② 제2, 4사분면
③ 제1, 2, 3사분면 ④ 제1, 3, 4사분면
⑤ 제2, 3, 4사분면

02

기울기가 같으면 평행 또는 일치!

일차함수의 그래프의 평행과 일치

① 기울기가 같고 y절편이 다른 두 직선 ➡ 평행

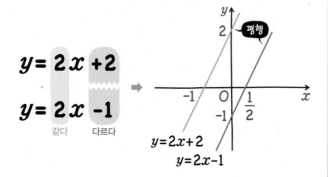

$y = 2x + 2$

$y = 2x - 1$

같다 다르다

② 기울기가 같고 y절편이 같은 직선 ➡ 일치

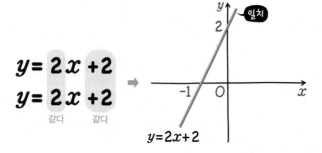

$y = 2x + 2$

$y = 2x + 2$

같다 같다

• 기울기가 같은 두 일차함수의 그래프는 서로 평행하거나 일치한다.
  두 일차함수 $y = ax + b$와 $y = a'x + b'$에 대하여
  ① 기울기가 같고 y절편이 다른 두 직선 ➡ 평행
    $a = a', b \neq b'$
  ② 기울기가 같고 y절편이 같은 두 직선 ➡ 일치
    $a = a', b = b'$
• 서로 평행한 두 일차함수의 그래프는 기울기가 같고 y절편은 다르다.

(참고) 두 일차함수의 그래프가 한 점에서만 만날 조건 ➡ 기울기가 다르다.

1ˢᵗ — 두 일차함수의 그래프의 평행과 일치 이해하기

● 다음 두 일차함수의 그래프가 평행 또는 일치하는지 알맞은 것에 ○를 하시오.

1 $y = 3x + 4$, $y = 3x - 5$ (평행, 일치)

2 $y = \dfrac{1}{2}(4x + 2)$, $y = 2x + 1$ (평행, 일치)

3 $y = -\dfrac{1}{3}x + 1$, $y = -\dfrac{1}{3}x - 1$ (평행, 일치)

4 $y = -2x + 4$, $y = 2(-x + 2)$ (평행, 일치)

5 $y = -\dfrac{1}{5}(x + 10)$, $y = -\dfrac{1}{5}x + 2$

      (평행, 일치)

6 **보기**의 일차함수의 그래프에 대하여 다음 물음에 답하시오.

┌─ **보기** ─────────────────────┐
ㄱ. $y = x + 2$ ㄴ. $y = 3x - 12$

ㄷ. $y = -\dfrac{3}{2}x + 1$ ㄹ. $y = \dfrac{2}{3}x + 3$

ㅁ. $y = 3(x - 4)$ ㅂ. $y = \dfrac{1}{2}(2x + 2)$
└────────────────────────────┘

(1) 서로 평행한 것끼리 짝 지으시오.

그래프의 기울기는 같고 y절편은 다른 두 일차함수를 찾아봐!

(2) 일치하는 것끼리 짝 지으시오.

그래프의 기울기와 y절편이 모두 같은 일차함수를 찾아봐!

(3) 오른쪽 그림의 그래프와
평행한 것을 찾으시오.

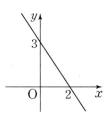

● 다음 두 일차함수의 그래프가 일치할 때, 상수 a, b의 값을
구하시오.

11 $y=3x-2,\ y=ax+b$

→ 두 일차함수의 그래프가 일치하려면 기울
기와 y절편이 각각 같아야 하므로

$a=\boxed{}$, $b=\boxed{}$

12 $y=ax+6,\ y=-6x+b$

13 $y=-4x-b,\ y=ax+8$

14 $y=5ax+1,\ y=x+b$

2nd 두 일차함수의 그래프가 평행 또는 일치할 때
미지수의 값 구하기

● 다음 두 일차함수의 그래프가 서로 평행할 때, 상수 a의 값
을 구하시오.

7 $y=3x+1,\ y=ax-2$

→ 두 일차함수의 그래프가 서로 평행하려면

기울기가 같아야 하므로 $a=\boxed{}$

8 $y=-x+8,\ y=ax+5$

9 $y=2(5-x),\ y=ax+4$

10 $y=\dfrac{a}{2}x-10,\ y=6x+\dfrac{1}{5}$

😊 내가 발견한 개념   일차함수의 그래프의 성질을 정리해 봐!

두 일차함수의 그래프가

• 기울기가 같고, y절편이 다르면 서로 $\boxed{}$하다.

• 기울기가 같고, y절편이 같으면 $\boxed{}$한다.

개념모음문제

15 두 일차함수 $y=ax+5$, $y=-\dfrac{1}{8}x+b$의 그래
프가 만나지 않기 위한 상수 a, b의 조건은?

① $a=-\dfrac{1}{8}$, $b=5$ ② $a\neq-\dfrac{1}{8}$, $b=5$

③ $a=-\dfrac{1}{8}$, $b\neq5$ ④ $a=\dfrac{1}{8}$, $b=5$

⑤ $a=\dfrac{1}{8}$, $b\neq5$

$y = (기울기)x + (y절편)$

기울기와 y절편이 주어졌을 때 일차함수의 식 구하기

$$y = \textcircled{a}\, x + \textcircled{b}$$

↑ 기울기　↑ y절편

기울기가 ② , y절편이 ③ 인 일차함수의 식

$$y = \textcircled{2}\, x + \textcircled{3}$$

・**기울기와 y절편이 주어졌을 때**
　기울기가 a이고, y절편이 b인 직선을 그래프로 하는 일차함수의 식은 $y = ax + b$

원리확인 다음은 그림과 같은 직선을 그래프로 하는 일차함수의 식을 구하는 과정이다. □ 안에 알맞은 수를 써넣으시오.

❶
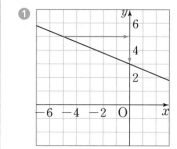

x의 값이 5만큼 증가할 때 y의 값은 □만큼 감소하므로 이 그래프의 기울기는 □이고

y축과 만나는 점의 좌표는 $(0,\ □)$이므로 y절편은 □이다.

따라서 이 직선을 그래프로 하는 일차함수의 식은

$$y = \boxed{}\, x + \boxed{}$$

❷
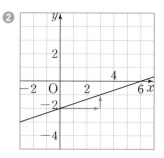

x의 값이 3만큼 증가할 때 y의 값은 □만큼 증가하므로 이 그래프의 기울기는 □이고

y축과 만나는 점의 좌표는 $(0,\ □)$이므로 y절편은 □이다.

따라서 이 직선을 그래프로 하는 일차함수의 식은

$$y = \boxed{}\, x - \boxed{}$$

❸
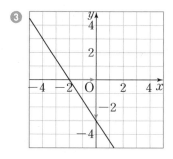

x의 값이 2만큼 증가할 때 y의 값은 □만큼 감소하므로 이 그래프의 기울기는 □이고

y축과 만나는 점의 좌표는 $(0,\ □)$이므로 y절편은 □이다.

따라서 이 직선을 그래프로 하는 일차함수의 식은

$$y = \boxed{}\, x - \boxed{}$$

1st 기울기와 y절편이 주어졌을 때 일차함수의 식 구하기

● 다음과 같은 직선을 그래프로 하는 일차함수의 식을 구하시오.

1 기울기가 2이고, y절편이 6인 직선

2 기울기가 -1이고, y절편이 5인 직선

3 기울기가 $\dfrac{3}{7}$이고, y절편이 -1인 직선

4 기울기가 -6이고, y절편이 -10인 직선

5 기울기가 8이고, y절편이 11인 직선

6 기울기가 $-\dfrac{1}{3}$이고, y절편이 $\dfrac{3}{5}$인 직선

7 기울기가 5이고, 점 $(0, -7)$을 지나는 직선

점 $(0, b)$를 지난다. ⇔ y절편이 b이다.

8 기울기가 3이고, 점 $(0, 5)$를 지나는 직선

9 기울기가 $-\dfrac{1}{3}$이고, 점 $\left(0, -\dfrac{3}{4}\right)$을 지나는 직선

10 기울기가 -4이고, 점 $(0, 9)$를 지나는 직선

11 기울기가 8이고, 점 $\left(0, -\dfrac{1}{11}\right)$을 지나는 직선

:) **내가 발견한 개념**   일차함수의 식을 세워봐!

• 기울기가 a이고, 점 $(0, b)$를 지나는 직선을 그래프로 하는

    일차함수의 식 → ◻

12 x의 값이 2만큼 증가할 때 y의 값은 10만큼 증가하고, y절편은 -7인 직선

(기울기)$=\dfrac{10}{2}=5$임을 이용해!

13 x의 값이 3만큼 증가할 때 y의 값은 9만큼 감소하고, y절편은 1인 직선

14 x의 값이 6만큼 증가할 때 y의 값은 1만큼 감소하고, y절편은 -5인 직선

15 x의 값이 4만큼 증가할 때 y의 값은 36만큼 증가하고, y절편은 -10인 직선

16 x의 값이 7만큼 증가할 때 y의 값은 49만큼 감소하고, y절편은 40인 직선

17 x의 값이 4만큼 증가할 때 y의 값은 8만큼 감소하고, 점 $(0,\ 5)$를 지나는 직선

직선이 점 (0, 5)를 지나는 것은 직선의 y절편이 5임을 의미해!

18 x의 값이 3만큼 증가할 때 y의 값은 12만큼 증가하고, 점 $(0,\ -3)$을 지나는 직선

19 x의 값이 12만큼 증가할 때 y의 값은 60만큼 증가하고, 점 $\left(0,\ -\dfrac{1}{2}\right)$을 지나는 직선

20 x의 값이 2만큼 증가할 때 y의 값은 14만큼 감소하고, 점 $(0,\ -1)$을 지나는 직선

21 x의 값이 5만큼 증가할 때 y의 값은 30만큼 감소하고, 점 $(0,\ 16)$을 지나는 직선

22 일차함수 $y = x + 2$의 그래프와 평행하고, y절편이 -1인 직선

일차함수 $y = x + 2$의 그래프와 평행한 직선의 기울기는 1임을 이용해!

23 일차함수 $y = \dfrac{1}{2}x + 5$의 그래프와 평행하고, y절편이 $-\dfrac{1}{2}$인 직선

24 일차함수 $y = -6x + 1$의 그래프와 평행하고, y절편이 18인 직선

25 일차함수 $y = -9x - 3$의 그래프와 평행하고, y절편이 -15인 직선

26 일차함수 $y = 4x - 2$의 그래프와 평행하고, y절편이 5인 직선

27 오른쪽 그림의 직선과 평행하고, y절편이 -3인 직선

두 직선이 평행하다는 것은 기울기가 같다는 의미야! 즉 평행한 직선이 주어진 경우는 기울기가 주어진 것과 같아!

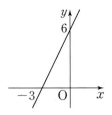

28 오른쪽 그림의 직선과 평행하고, y절편이 4인 직선

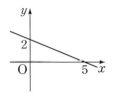

29 오른쪽 그림의 직선과 평행하고, y절편이 2인 직선

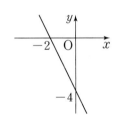

개념모음문제

30 기울기가 $-\dfrac{1}{3}$이고 y절편이 -2인 직선이 점 $(2a,\ 3-a)$를 지날 때, a의 값은?

① -15 ② $-\dfrac{5}{3}$ ③ $-\dfrac{3}{5}$

④ $\dfrac{5}{3}$ ⑤ 15

$y=$(기울기)$x+$(y절편)

기울기와 한 점이 주어졌을 때 일차함수의 식 구하기

$$y = a\,x + b$$

↑ 기울기　↑ 직선이 지나는 한 점의 좌표를 대입하여 구한다.

기울기가 2 이고, 점 (1, 3) 을 지나는 직선의 그래프의 식

$$y = 2\,x + b \;\Rightarrow\; y = 2x + 1$$

↑ 3　↑ 1　（3=2+b 에서 b=1）

• **기울기와 한 점이 주어졌을 때**

기울기가 a이고, 한 점 (p, q)를 지나는 직선을 그래프로 하는 일차함수의 식은 다음의 순서로 구한다.

(ⅰ) 기울기가 a이므로 구하는 일차함수의 식을 $y=ax+b$로 놓는다.

(ⅱ) $x=p$, $y=q$를 $y=ax+b$에 대입하여 b의 값을 구한다.

원리확인 다음 □ 안에 알맞은 것을 써넣으시오.

❶ 다음은 일차함수의 그래프의 기울기가 2이고 그 그래프가 점 (2, 1)을 지날 때, 그 일차함수의 식을 구하는 과정이다.

> 그래프의 기울기가 2인 일차함수의 식을
>
> $y=\boxed{}x+b$ ...... ㉠
>
> 로 놓고, 이 일차함수의 그래프가 점 (2, 1)을 지나므로 ㉠에 $x=2$, $y=1$을 대입하면
>
> $1=\boxed{}\times 2+b$, $b=\boxed{}$
>
> 따라서 구하는 일차함수의 식은
>
> $\boxed{}$

❷ 다음은 일차함수의 그래프의 기울기가 -5이고 그 그래프가 점 $(-1, 3)$을 지날 때, 그 일차함수의 식을 구하는 과정이다.

> 그래프의 기울기가 -5인 일차함수의 식을
>
> $y=\boxed{}x+b$ ...... ㉠
>
> 로 놓고, 이 일차함수의 그래프가 점 $(-1, 3)$을 지나므로 ㉠에 $x=-1$, $y=3$을 대입하면
>
> $\boxed{}=\boxed{}\times(-1)+b$, $b=\boxed{}$
>
> 따라서 구하는 일차함수의 식은
>
> $\boxed{}$

❸ 다음은 일차함수의 그래프의 기울기가 a이고 그 그래프가 점 (p, q)를 지날 때, 그 일차함수의 식을 구하는 과정이다.

> 그래프의 기울기가 a인 일차함수의 식을
>
> $y=\boxed{}x+b$ ...... ㉠
>
> 로 놓고, 이 일차함수의 그래프가 점 (p, q)를 지나므로 ㉠에 $x=p$, $y=q$를 대입하면
>
> $\boxed{}=a\boxed{}+b$, $b=-\boxed{}+\boxed{}$
>
> 따라서 구하는 일차함수의 식은
>
> $y=ax-\boxed{}+\boxed{}$
>
> 즉 $y=a(x-\boxed{})+\boxed{}$

기울기가 2이고 점 (3, 5)를 지나는 직선의 그래프의 식

（y좌표）（기울기）（x좌표）

$$y-5=2(x-3)\text{이므로}$$
$$y=2x-1$$

어때? 훨씬 간단하지? 고1 때 배우게 될 거야!

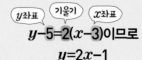

1st 기울기와 한 점의 좌표가 주어졌을 때 일차함수의 식 구하기

• 다음과 같은 직선을 그래프로 하는 일차함수의 식을 구하시오.

1 기울기가 -3이고 점 $(2, -2)$를 지나는 직선

2 기울기기 8이고 점 $(1, 4)$를 지나는 직선

3 기울기가 $\dfrac{1}{2}$이고 점 $(-2, 1)$을 지나는 직선

4 기울기가 $-\dfrac{1}{6}$이고 점 $(6, 2)$를 지나는 직선

5 기울기가 7이고 점 $(3, 22)$를 지나는 직선

6 기울기가 -4이고 x절편이 -2인 직선
x절편이 -2이면 점 $(-2, 0)$을 지나!

7 기울기가 $\dfrac{2}{3}$이고 x절편이 15인 직선

8 기울기가 -1이고 x절편이 5인 직선

9 기울기가 3이고 x절편이 -4인 직선

10 기울기가 $-\dfrac{1}{4}$이고 x절편이 -8인 직선

11 x의 값이 2만큼 증가할 때 y의 값은 6만큼 감소하고, 점 $(-3, 4)$를 지나는 직선

12 x의 값이 1만큼 증가할 때 y의 값은 7만큼 증가하고, 점 $(2, -3)$을 지나는 직선

13 x의 값이 8만큼 증가할 때 y의 값은 2만큼 감소하고, 점 $(-8, 9)$를 지나는 직선

14 x의 값이 3만큼 증가할 때 y의 값은 18만큼 증가하고, 점 $(-1, -2)$를 지나는 직선

15 x의 값이 4만큼 증가할 때 y의 값은 3만큼 증가하고, 점 $(8, 11)$을 지나는 직선

16 일차함수 $y=x+6$의 그래프와 평행하고, 점 $(6, 13)$을 지나는 직선

17 일차함수 $y=-2x+13$의 그래프와 평행하고, 점 $(-2, 8)$을 지나는 직선

18 일차함수 $y=\dfrac{1}{3}x-5$의 그래프와 평행하고, x절편이 -3인 직선

19 일차함수 $y=-5x+3$의 그래프와 평행하고, x절편이 -2인 직선

20 일차함수 $y=-\dfrac{3}{2}x-1$의 그래프와 평행하고, x절편이 8인 직선

21 오른쪽 그림의 직선과 평행하고,
점 $(15, 4)$를 지나는 직선

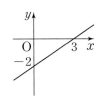

22 오른쪽 그림의 직선과 평행하고,
점 $(6, -2)$를 지나는 직선

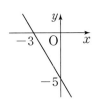

23 오른쪽 그림의 직선과 평행하고,
점 $(-2, 3)$을 지나는 직선

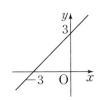

24 오른쪽 그림의 직선과 평행하고,
점 $(4, 13)$을 지나는 직선

25 오른쪽 그림의 직선과 평행하고,
점 $(-3, 1)$을 지나는 직선

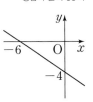

26 오른쪽 그림의 직선과 평행하고,
점 $(-4, -5)$를 지나는 직선

27 오른쪽 그림의 직선과 평행하고,
점 $(-2, -3)$을 지나는 직선

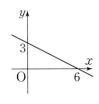

개념모음문제

28 다음 중 일차함수 $y = -\dfrac{1}{7}x + 6$의 그래프와
평행하고, 점 $(-14, 1)$을 지나는 직선 위의
점은?

① $(-14, -1)$ ② $\left(-5, \dfrac{2}{7}\right)$

③ $\left(-1, \dfrac{6}{7}\right)$ ④ $\left(2, -\dfrac{9}{7}\right)$

⑤ $(7, 5)$

05

서로 다른 두 점이 주어졌을 때 일차함수의 식 구하기

$$y = \boxed{a}\, x + \boxed{b}$$

$\dfrac{y_2 - y_1}{x_2 - x_1}$ 직선이 지나는 두 점 중 한 점의 좌표를 대입하여 구한다.

두 점 (1, 2), (2, 3)을 지나는 직선의 그래프의 식

$$y = ax + b \;\Rightarrow\; y = x + 1$$

$\dfrac{3-2}{2-1} = 1$ $y=x+b$에 점 (1, 2)를 대입
$2=1+b$ 에서 $b=1$

• **서로 다른 두 점이 주어졌을 때**

두 점 (x_1, y_1), (x_2, y_2)를 지나는 직선을 그래프로 하는 일차함수의 식은 다음의 순서로 구한다. (단, $x_1 \neq x_2$)

(i) 기울기 a를 구한다. ➡ $a = \dfrac{y_2 - y_1}{x_2 - x_1}$

(ii) 구하는 일차함수의 식을 $y = ax + b$로 놓는다.

(iii) $y = ax + b$에 $x = x_1,\ y = y_1$ 또는 $x = x_2,\ y = y_2$를 대입하여 b의 값을 구한다.

원리확인 다음은 일차함수의 그래프가 두 점 $(1, 2)$, $(2, 5)$를 지날 때, 그 일차함수의 식을 구하는 과정이다. □ 안에 알맞은 것을 써넣으시오.

$(기울기) = \dfrac{\boxed{} - \boxed{}}{2 - 1} = \boxed{}$ 이므로

그래프의 기울기가 $\boxed{}$ 인 일차함수의 식을

$y = 3x + b$ ...... ㉠

로 놓자. 이 일차함수의 그래프가 점 $(1, 2)$를 지나므로 ㉠에 $x = 1,\ y = 2$를 대입하면

$2 = \boxed{} \times 1 + b,\ b = \boxed{}$

따라서 구하는 일차함수의 식은

$\boxed{}$

● 다음 두 점을 지나는 직선을 그래프로 하는 일차함수의 식을 구하시오.

1 $(4, 1),\ (5, -8)$

2 $(-1, 1),\ (2, 7)$

3 $(3, 6),\ (-3, -6)$

4 $(-2, -8),\ (-6, -6)$

5 $(1, 2),\ (4, -1)$

● 다음 그림과 같은 직선을 그래프로 하는 일차함수의 식을 구하시오.

6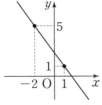

그래프가 지나는 두 점의 좌표로 기울기를 구할 수 있어!

7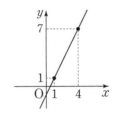

8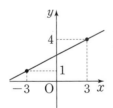

9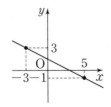

10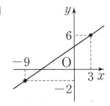

11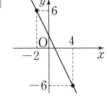

12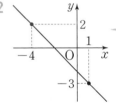

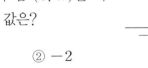
연립방정식으로 구하는 방법
일차함수의 식을 $y=ax+b$로 놓고 두 점의 좌표를 각각 대입한다.
그래프가 두 점 $(-4, 2)$, $(1, -3)$을 지나므로 연립방정식 $\begin{cases} -4a+b=2 \\ a+b=-3 \end{cases}$ 을 풀어 a, b의 값을 구해 일차함수의 식을 구한다.

개념모음문제

13 오른쪽 그림과 같은 일차함수의 그래프가 점 $(3, k)$를 지날 때, k의 값은?

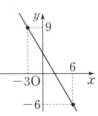

① $-\dfrac{7}{3}$ ② -2

③ $-\dfrac{5}{3}$ ④ $-\dfrac{4}{3}$

⑤ -1

$y = (기울기)x + (y절편)$

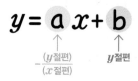
x절편과 y절편이 주어졌을 때
일차함수의 식 구하기

$$y = \underset{\substack{\uparrow \\ -\frac{(y절편)}{(x절편)}}}{\textbf{a}}\ x + \underset{\substack{\uparrow \\ y절편}}{\textbf{b}}$$

x**절편이 2, y절편이 $\underline{-4}$ 인 직선의 그래프의 식**
$\underset{(2,\,0)}{}$ $\underset{(0,\,-4)}{}$

$$y = \underset{\substack{\uparrow \\ \frac{-4-0}{0-2}=2}}{\textbf{a}}x\ \boxed{-4} \;\rightarrow\; y = 2x - 4$$

• x절편과 y절편이 주어졌을 때

x절편이 m, y절편이 n인 직선을 그래프로 하는 일차함수의 식은 다음의 순서로 구한다. (단, $m \neq 0$)

(i) 두 점 $(m, 0)$, $(0, n)$을 지나는 직선의 기울기를 구한다.

$$\rightarrow (기울기) = \frac{n-0}{0-m} = -\frac{n}{m}$$

(ii) y절편은 n이므로 구하는 일차함수의 식은 $y = -\dfrac{n}{m}x + n$

원리확인 다음은 x절편이 2, y절편이 4인 직선을 그래프로 하는 일차함수의 식을 구하는 과정이다. □ 안에 알맞은 것을 써넣으시오.

x절편이 2, y절편이 4인 직선은

두 점 $(\ \boxed{}\ , 0)$, $(0,\ \boxed{}\ )$를 지나므로

$$(기울기) = \frac{\boxed{} - 0}{0 - \boxed{}} = \boxed{}$$

따라서 구하는 일차함수의 식은

$\boxed{}$

1st — x절편과 y절편이 주어졌을 때 일차함수의 식 구하기

● 다음과 같은 직선을 그래프로 하는 일차함수의 식을 구하시오.

1 x절편이 -2, y절편이 6인 직선
   x절편이 m, y절편이 n인 직선은 두 점 (m, 0), (0, n)을 지나!

2 x절편이 -15, y절편이 -3인 직선

3 x절편이 4, y절편이 16인 직선

4 x절편이 11, y절편이 -7인 직선

5 x절편이 -1, y절편이 8인 직선

● 다음 그림과 같은 직선을 그래프로 하는 일차함수의 식을 구하시오.

6

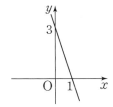

7

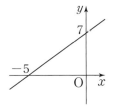

8

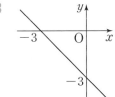

9

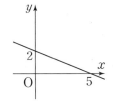

10

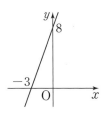

11

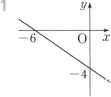

12

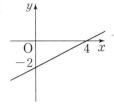

> **대입을 이용하여 구하는 방법**
> y 절편이 -2이므로 일차함수의 식을
> $y=ax-2$로 놓는다.
> 이때 x 절편이 4이므로 점 $(4, 0)$을 지난다.
> $y=ax-2$에 $x=4$, $y=0$을 대입하여
> a의 값을 구해 일차함수의 식을 구한다.

개념모음문제

13 일차함수 $y=4x+12$의 그래프와 x축에서 만나고, 일차함수 $y=-5x+9$의 그래프와 y축에서 만나는 직선을 그래프로 하는 일차함수의 식은?

① $y=-3x-9$ ② $y=-3x+9$

③ $y=3x-9$ ④ $y=3x+9$

⑤ $y=6x+9$

(변화율)=(기울기), (시작값)=(y절편)!

일차함수의 활용

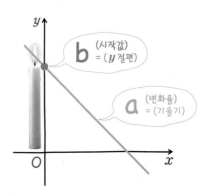

y의 값은 b에서 시작하여 a의 비율로 변한다.

⬇

**일차함수의 활용 문제에서 (시작값)과 (변화율)을 찾으면
함수의 식을 쉽게 만들 수 있다.**

$$y = \underset{\text{(변화율)}}{a}x + \underset{\text{(시작값)}}{b}$$

- 일차함수의 활용 문제는 다음의 순서로 푼다.
  (ⅰ) **x, y 정하기:** 문제의 뜻을 파악하여 구하고자 하는 것을 변수 x, y로 놓는다.
  (ⅱ) **x와 y 사이의 관계식 세우기:** x와 y 사이의 관계를 일차함수 $y=ax+b$로 나타낸다.
  (ⅲ) **조건에 맞는 값 구하기:** 함숫값이나 그래프를 이용하여 주어진 조건에는 맞는 값을 구한다.
  (ⅳ) **확인하기:** 구한 값이 문제의 뜻에 맞는지 확인한다.

원리확인 다음 ☐ 안에 알맞은 수를 써넣으시오.

❶ 처음 온도가 20 ℃이고, 1분마다 온도가 5 ℃씩 올라갈 때, x분 후의 온도를 y ℃라 하면
→ $y = \boxed{} + \boxed{} x$

❷ 처음 길이가 13 cm이고, 1분마다 길이가 2 cm 씩 늘어날 때, x분 후의 길이를 y cm라 하면
→ $y = \boxed{} + \boxed{} x$

❸ 처음 물의 양이 100 L이고, 1분 동안 물의 양의 4 L씩 줄어들 때, x분 후의 물의 양을 y L라 하면
→ $y = \boxed{} - \boxed{} x$

1st ― 길이에 관한 문제 해결하기

1 길이가 25 cm인 용수철에 무게가 같은 추를 한 개 매달 때마다 용수철의 길이가 3 cm씩 늘어난다고 한다. 추를 x개 매달았을 때의 용수철의 길이를 y cm라 할 때, 다음 ☐ 안에 알맞은 것을 써넣으시오.

(1) 표를 완성하시오.

x	0	1	2	3	4
y	25				

(2) 추를 x개 매달았을 때, 늘어난 용수철의 길이는 $\boxed{}$ cm이다.

(3) x와 y 사이의 관계식은 $\boxed{}$

(4) 추를 7개 매달았을 때, 용수철의 길이는
$y = 3 \times \boxed{} + \boxed{}$
$= \boxed{}$ (cm)

(5) 용수철의 길이가 64 cm일 때, 매달려 있는 추의 개수는
$64 = \boxed{} x + \boxed{}$ 에서
$x = \boxed{}$ (개)

2 길이가 30 cm인 양초에 불을 붙이면 양초가 2분에 4 cm씩 짧아진다고 한다. 불을 붙인 지 x분 후에 남아 있는 양초의 길이를 y cm라 할 때, 다음 □ 안에 알맞은 것을 써넣으시오.

(1) 표를 완성하시오.

x	0	2	4	6	8
y	30				

(2) 불을 붙인 후, 1분마다 짧아지는 양초의 길이는 □ cm이다.

(3) 불을 붙인 지 x분 후에 짧아진 양초의 길이는 □ cm이다.

(4) x와 y 사이의 관계식은 □

(5) 불을 붙인 지 8분 후에 남은 양초의 길이는

$y = -2 \times$ □ $+$ □

$=$ □ (cm)

(6) 양초가 완전히 다 타는 데 걸리는 시간은

$0 =$ □ $x +$ □ 에서

$x =$ □ (분)

3 높이가 90 cm인 나무가 1년에 8 cm씩 자란다고 한다. x년 후의 나무의 높이를 y cm라 할 때, 다음 물음에 답하시오.

(1) y를 x에 대한 식으로 나타내시오.

(2) 3년 후의 나무의 높이를 구하시오.

(3) 나무의 높이가 130 cm가 되는 것은 몇 년 후인지 구하시오.

4 길이가 15 cm인 막대기 모양의 얼음을 실온에 두면 3분마다 1 cm씩 짧아진다고 한다. 실온에 둔 지 x분 후의 얼음의 길이를 y cm라 할 때, 다음 물음에 답하시오.

(1) 1분마다 짧아지는 얼음의 길이를 구하시오.

(2) y를 x에 대한 식으로 나타내시오.

(3) 15분 후의 얼음의 길이를 구하시오.

(4) 얼음이 다 녹는데 걸리는 시간을 구하시오.

☺ 내가 발견한 개념   문자로 표현된 길이의 변화의 관계식을 세워봐!

• 처음 길이가 a cm이고, 1분마다 길이가 k cm씩 늘어날 때,

x분 후의 길이를 y cm라 하면 ➡ $y =$ □ $+$ □ x

온도에 관한 문제 해결하기

5 온도가 16 ℃인 물을 주전자에 담아 끓일 때, 물의 온도는 3분마다 9 ℃씩 올라간다고 한다. 물을 끓이기 시작한 지 x분 후의 물의 온도를 y ℃라 할 때, 다음 ☐ 안에 알맞은 것을 써넣으시오.

(1) 1분마다 올라가는 물의 온도는 ☐ ℃이다.

(2) 물을 끓이기 시작한 지 x분 후에 올라간 물의 온도는 ☐ ℃이다.

(3) x와 y 사이의 관계식은 ☐

(4) 물을 끓이기 시작한 지 10분 후의 물의 온도는

$$y = \boxed{} \times 10 + \boxed{}$$
$$= \boxed{} \ (℃)$$

(5) 물의 온도가 91 ℃가 될 때까지 걸리는 시간은

$$91 = \boxed{} x + \boxed{} \text{에서}$$
$$x = \boxed{} \text{(분)}$$

6 지면으로부터 높이가 10 km까지는 100 m 높아질 때마다 기온이 0.6 ℃씩 내려간다고 한다. 지면의 기온이 12 ℃이고 지면으로부터 높이가 x km인 지점의 기온을 y ℃라 할 때, 다음 ☐ 안에 알맞은 것을 써넣으시오.

(1) 높이가 1 km 높아질 때마다 내려가는 기온의 온도는 ☐ ℃이다.

(2) 높이가 x km 높아질 때마다 내려가는 기온의 온도는 ☐ ℃이다.

(3) x와 y 사이의 관계식은 ☐

(4) 지면으로부터 높이가 3 km인 지점의 기온은

$$y = \boxed{} - \boxed{} \times 3$$
$$= \boxed{} \ (℃)$$

(5) 기온이 −30 ℃인 지점의 지면으로부터의 높이는

$$-30 = \boxed{} - \boxed{} x \text{에서}$$
$$x = \boxed{} \text{(km)}$$

7 주전자에 온도가 30 ℃인 물을 담아 끓이면 2분마다 온도가 8 ℃씩 올라간다고 한다. 물을 끓인 지 x분 후의 물의 온도를 y ℃라 할 때, 다음 물음에 답하시오.

(1) y를 x에 대한 식으로 나타내시오.

(2) 물의 온도가 70 ℃가 되는 것은 물을 끓인 지 몇 분 후인지 구하시오.

8 지면으로부터 높이가 10 km까지는 1 km 높아질 때마다 기온이 6 ℃씩 내려간다고 한다. 지면의 기온이 20 ℃이고 지면으로부터 높이가 x km인 지점의 기온을 y ℃라 할 때, 다음 물음에 답하시오.

(1) y를 x에 대한 식으로 나타내시오.

(2) 지면으로부터 높이가 3 km인 지점의 기온을 구하시오.

3rd — 물의 양에 관한 문제 해결하기

9 300 L의 물을 담을 수 있는 물탱크에 120 L의 물이 들어 있다. 이 물탱크에 5분마다 45 L씩 물을 더 넣는다고 한다. 물을 넣기 시작한 지 x분 후에 물탱크에 들어 있는 물의 양을 y L라 할 때, 다음 □ 안에 알맞은 것을 써넣으시오.

(1) 물탱크에 1분마다 넣는 물의 양은 $\boxed{}$ L이다.

(2) 물탱크에 x분 동안 넣은 물의 양은 $\boxed{}$ L이다.

(3) x와 y 사이의 관계식은 $\boxed{}$

(4) 물을 넣기 시작한 지 12분 후에 물탱크에 들어 있는 물의 양은

$y = \boxed{} \times 12 + \boxed{}$

$ = \boxed{}$ (L)

(5) 물탱크에 물을 가득 채우는 데 걸리는 시간은

$300 = \boxed{} x + \boxed{}$ 에서

$x = \boxed{}$ (분)

10 36 L의 물이 들어 있는 욕조에서 1분마다 3 L의 물이 흘러나간다고 한다. 물이 흘러나가기 시작한 지 x분 후에 욕조에 남아 있는 물의 양을 y L라 할 때, 다음 물음에 답하시오.

(1) y를 x에 대한 식으로 나타내시오.

(2) 물이 흘러나가기 시작한 지 7분 후에 욕조에 남아 있는 물의 양을 구하시오.

(3) 욕조에 들어 있는 물이 모두 흘러나가는 데 걸리는 시간은 몇 분인지 구하시오.

11 1 L의 휘발유로 11 km를 달릴 수 있는 자동차가 있다. 이 자동차에 35 L의 휘발유를 넣고 x km를 달린 후에 남아 있는 휘발유의 양을 y L라 할 때, 다음 물음에 답하시오.

(1) 1 km를 달리는 데 필요한 휘발유의 양을 구하시오.

(2) y를 x에 대한 식으로 나타내시오.

(3) 88 km를 달린 후에 남아 있는 휘발유의 양을 구하시오.

4th — 속력에 관한 문제 해결하기

12 하연이가 집에서 350 km 떨어진 할머니 댁을 향해 자동차를 타고 시속 80 km의 일정한 속력으로 가고 있다. 하연이가 출발한 지 x시간 후에 할머니 댁까지 남은 거리를 y km라 할 때, 다음 ☐ 안에 알맞은 것을 써넣으시오.

(1) 집에서 출발한 지 x시간 동안 간 거리는 ☐ km이다.

(2) x와 y 사이의 관계식은 ☐

(3) 출발한 지 2시간 후에 할머니 댁까지 남은 거리는

$$y = \boxed{} - \boxed{} \times 2$$
$$= \boxed{} \text{(km)}$$

(4) 할머니 댁까지 남은 거리가 30 km일 때, 걸린 시간은

$$30 = \boxed{} - \boxed{} x \text{에서}$$
$$x = \boxed{} \text{(시간)}$$

13 민규가 4 km 한강 걷기 대회에 참가하여 분속 80 m의 일정한 속력으로 걷고 있다. 민규가 출발한 지 x분 후에 결승점까지 남은 거리를 y m라 할 때, 다음 ☐ 안에 알맞은 것을 써넣으시오.

(1) 출발한 지 x분 동안 간 거리는 ☐ m이다.

(2) x와 y 사이의 관계식은 ☐

(3) 출발한 지 15분 후에 결승점까지 남은 거리는

$$y = \boxed{} - \boxed{} \times 15$$
$$= \boxed{} \,(\text{m})$$

(4) 결승점까지 남은 거리가 1600 m일 때, 걸린 시간은

$$1600 = \boxed{} - \boxed{} x \text{에서}$$
$$x = \boxed{} \,(\text{분})$$

(5) 민규가 결승점에 도착할 때까지 걸린 시간은

$$0 = \boxed{} - \boxed{} x \text{에서}$$
$$x = \boxed{} \,(\text{분})$$

14 경모가 집에서 420 km 떨어진 용석이네 집을 향해 자동차를 타고 시속 70 km의 일정한 속력으로 가고 있다. 경모가 출발한 지 x시간 후에 용석이네 집까지 남은 거리를 y km라 할 때, 다음 물음에 답하시오.

(1) y를 x에 대한 식으로 나타내시오.

(2) 출발한 지 3시간 후에 용석이네 집까지 남은 거리를 구하시오.

(3) 용석이네 집까지 남은 거리가 70 km일 때, 걸린 시간을 구하시오.

15 가은이가 집에서 40 km 떨어진 도서관을 향해 자전거를 타고 시속 8 km의 일정한 속력으로 가고 있다. 가은이가 출발한 지 x시간 후에 도서관까지 남은 거리를 y km라 할 때, 다음 물음에 답하시오.

(1) y를 x에 대한 식으로 나타내시오.

(2) 출발한 지 2시간 후에 도서관까지 남은 거리를 구하시오.

(3) 도서관에 도착할 때까지 걸리는 시간을 구하시오.

움직이는 점과 도형의 넓이에 관한 문제 해결하기

16 다음 그림과 같은 직사각형 ABCD에서 점 P는 점 B를 출발하여 $\overline{BC}$를 따라 점 C까지 매초 3 cm의 속력으로 움직인다. 점 P가 점 B를 출발한 지 x초 후의 $\triangle$ABP의 넓이를 y cm^{2}라 할 때, 다음 □ 안에 알맞은 것을 써넣으시오.

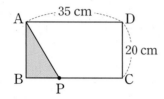

(1) 점 P가 점 B를 출발한 지 x초 후의 $\overline{BP}$의 길이는 □ cm이다.

(2) x와 y 사이의 관계식은

$$y = \frac{1}{2} \times \boxed{} \times 20$$이므로

$$y = \boxed{} \quad \cdots\cdots \text{㉠}$$

(3) 점 P가 점 B를 출발한 지 5초 후의 $\triangle$ABP의 넓이는

㉠에 $x=5$를 대입하면

$$y = \boxed{} \times 5 = \boxed{} \ (\text{cm}^2)$$

(4) $\triangle$ABP의 넓이가 210 cm^{2}일 때, $\overline{PC}$의 길이는

㉠에 $y=210$을 대입하면

$$210 = \boxed{} x \text{에서 } x = \boxed{}$$

이때 $\overline{BP} = \boxed{} \ (\text{cm})$이므로

$$\overline{PC} = 35 - 21 = 14 \ (\text{cm})$$

17 다음 그림과 같은 직사각형 ABCD에서 변 BC 위의 점 P에 대하여 $\overline{BP} = x$ cm일 때, 사다리꼴 APCD의 넓이를 y cm^{2}라 한다. 다음 물음에 답하시오.

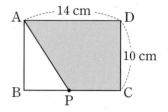

(1) y를 x에 대한 식으로 나타내시오.

(2) $\overline{BP} = 8$ cm일 때, 사다리꼴 APCD의 넓이를 구하시오.

18 다음 그림과 같은 직각삼각형 ABC에서 점 P는 점 B를 출발하여 변 BC를 따라 점 C까지 1초에 2 cm씩 움직인다. x초 후의 삼각형 ABP의 넓이를 y cm^{2}라 할 때, 다음 물음에 답하시오.

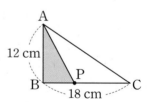

(1) y를 x에 대한 식으로 나타내시오.

(2) 점 P가 점 B를 출발한 지 4초 후의 삼각형 ABP의 넓이를 구하시오.

TEST 6. 일차함수의 그래프의 성질과 식의 활용

1 $a>0$, $ab<0$일 때, 일차함수 $y=-ax-b$의 그래프가 지나지 <u>않는</u> 사분면을 구하시오.

2 두 점 $(4, 0)$, $(0, 8)$을 지나는 직선과 일차함수 $y=ax+b$의 그래프가 서로 일치할 때, 상수 a, b에 대하여 $a+b$의 값은?

① -3 ② -1 ③ $-\dfrac{1}{6}$

④ 3 ⑤ 6

3 오른쪽 그림과 같은 직선과 평행하고, y절편이 3인 직선을 그래프로 하는 일차함수의 식을 구하시오.

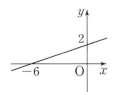

4 다음 조건을 모두 만족시키는 일차함수 $y=f(x)$의 그래프에 대하여 $f(2)$의 값을 구하시오.

> **조건**
> ㈎ x의 값이 3만큼 증가할 때, y의 값이 15만큼 감소한다.
> ㈏ 점 $(-3, 11)$을 지난다.

5 두 점 $(-1, 12)$, $(3, -4)$를 지나는 일차함수의 그래프가 x축과 만나는 점의 좌표는?

① $(-4, 0)$ ② $(-2, 0)$

③ $(0, -4)$ ④ $(0, 2)$

⑤ $(2, 0)$

6 공기 중에서 소리의 속력은 기온이 $0\,°C$일 때 초속 $331\,m$이고, 기온이 $1\,°C$씩 올라갈 때마다 초속 $0.6\,m$씩 증가한다고 한다. 기온이 $20\,°C$인 곳에서의 소리의 속력은 초속 몇 m인지 구하시오.

7

그래프가 같은,
일차함수와 일차방정식의 관계

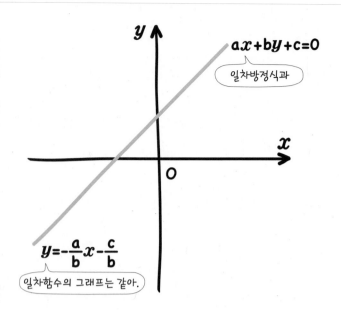

일차방정식의 그래프는 직선이야!

일차방정식 $x+y-4=0$의 그래프

x	…	1	…	2	…	3	…
y	…	3	…	2	…	1	…

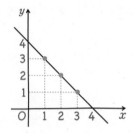

x, y의 값의 범위가 수 전체일 때,
해는 무수히 많으므로 그 그래프는 직선이다.

01 미지수가 2개인 일차방정식의 그래프

미지수가 2개인 일차방정식 $ax+by+c=0$(단, a, b, c는 상수, $a\neq0$, $b\neq0$)의 해는 순서쌍 (x, y)로 나타내지. 이 해들을 좌표평면 위에 나타낸 것을 일차방정식의 그래프라 해. 이때 x, y의 값의 범위가 수 전체일 때 해는 무수히 많으므로 그 그래프는 직선이야!

(일차방정식의 그래프) = (일차함수의 그래프)

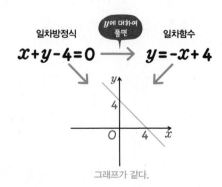

일차방정식 y에 대하여 풀면   일차함수

$$x+y-4=0 \longrightarrow y=-x+4$$

그래프가 같다.

02 일차방정식과 일차함수의 관계

$a\neq0$, $b\neq0$일 때, 일차방정식 $ax+by+c=0$에서 y를 x의 식으로 나타내면 $y=-\dfrac{a}{b}x-\dfrac{c}{b}$야.

따라서 일차방정식 $ax+by+c=0$의 그래프는 일차함수 $y=-\dfrac{a}{b}x-\dfrac{c}{b}$의 그래프와 같아.

$x = $(상수), $y = $(상수)이면 축에 평행!

① 일차방정식 $x = 2$의 그래프

점 (2, 0)을 지나고 y축에 평행한 직선
x축에 수직

② 일차방정식 $y = 1$의 그래프

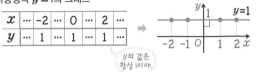

점 (0, 1)을 지나고 x축에 평행한 직선
y축에 수직

---

03 축에 평행한(수직인) 직선의 방정식

미지수가 1개인 일차방정식 중 $x = p$, $y = q$의 그래프는 각각 y축, x축에 평행한 직선이야. 일차방정식 $x = p$의 해는 모든 y의 값에 대해서 $x = p$ 값을 가지므로 y축에 평행한 직선이고, 일차방정식 $y = q$의 해는 모든 x의 값에 대해서 $y = q$ 값을 가지므로 x축에 평행한 직선이야!

(연립방정식 해) = (두 일차함수의 그래프의 교점의 좌표)

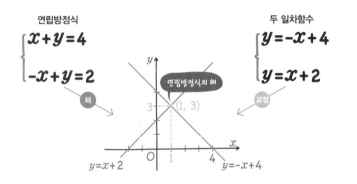

---

04 연립방정식의 해와 그래프

두 개의 일차방정식으로 이루어진 연립방정식의 해는 각 방정식의 그래프, 즉 일차함수의 그래프로 나타나는 두 직선의 교점의 좌표와 같아.

두 그래프의 위치 관계로 해의 개수를 알 수 있어!

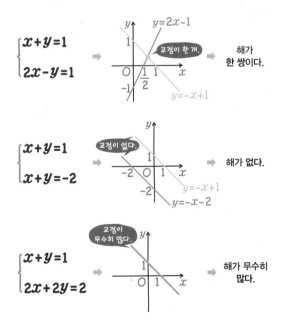

---

05 연립방정식의 해의 개수와 그래프

두 개의 일차방정식으로 이루어진 연립방정식의 그래프를 그려보면 연립방정식의 해의 개수를 알 수 있어. 연립방정식에서 두 일차방정식의 그래프는 3가지 경우의 위치 관계만 존재하지. 즉 한 점에서 만나거나 평행하거나 일치하는 경우야. 따라서 연립방정식의 해의 개수는 한 쌍이거나 해가 없거나 해가 무수히 많은 경우 뿐이야!

01

일차방정식의 그래프는 직선이야!

미지수가 2개인 일차방정식의 그래프

일차방정식 $x+y-4=0$의 그래프

x	…	1	…	2	…	3	…
y	…	3	…	2	…	1	…

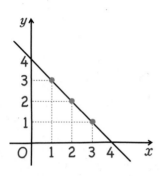

**x, y의 값의 범위가 수 전체일 때,
해는 무수히 많으므로 그 그래프는 직선이다.**

• **일차방정식의 그래프**
  일차방정식의 해 (x, y)를 좌표평면 위에 나타낸 것
  참고 일차방정식 $ax+by+c=0(a, b, c$는 상수, $a\neq0, b\neq0)$에서 x, y의 값의 범위가 수 전체일 때, 해는 무수히 많으므로 그 그래프는 직선으로 나타난다.

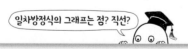

일차방정식의 그래프는 점? 직선?

일차방정식 $x+y-4=0$의 그래프

x, y가 정수일 때

그래프는 점

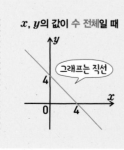

x, y의 값이 수 전체일 때

그래프는 직선

1st — 미지수가 2개인 일차방정식의 그래프 그리기

● 다음 물음에 답하시오.

1 일차방정식 $x+y-2=0$에 대하여 물음에 답하시오.

(1) 일차방정식을 만족시키는 x, y의 값을 구하여 표를 완성하시오.

x	…	-2	-1	0	1	2	…
y	…	4					…

(2) (1)에서 구한 해의 순서쌍 (x, y)를 오른쪽 좌표평면 위에 나타내시오.

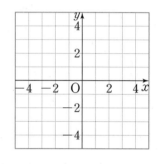

(3) x, y의 값의 범위가 수 전체일 때, 일차방정식의 그래프를 위의 좌표평면에 그리시오.

2 일차방정식 $2x-y-1=0$에 대하여 물음에 답하시오.

(1) 일차방정식을 만족시키는 x, y의 값을 구하여 표를 완성하시오.

x	…	-2	-1	0	1	2	…
y	…	-5					…

(2) (1)에서 구한 해의 순서쌍 (x, y)를 오른쪽 좌표평면 위에 나타내시오.

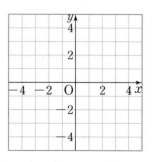

(3) x, y의 값의 범위가 수 전체일 때, 일차방정식의 그래프를 위의 좌표평면에 그리시오.

2ⁿᵈ — 일차방정식의 그래프 위의 점 판별하기

● 다음 주어진 점이 일차방정식 $x+2y-10=0$의 그래프 위의 점인 것은 ○를, 아닌 것은 ×를 ( ) 안에 써넣으시오.

3 $(2, -4)$ ( )

→ $x+2y-10=0$에 $x=2$, $y=-4$를 대입하면

$2+2×(\boxed{})-10=\boxed{}≠0$이므로

점 $(2, -4)$는 일차방정식 $x+2y-10=0$의 그래프 위의 점이 아니다.

4 $(-3, 6)$ ( )

5 $(-4, 7)$ ( )

6 $(8, 1)$ ( )

7 $(-2, -6)$ ( )

8 $(18, -4)$ ( )

😊 **내가 발견한 개념**   일차방정식의 그래프 위의 점이란?

● $ax+by+c=0$의 그래프 위에 점 (p, q)가 있다.

→ $ax+by+c=0$에 $x=p$, $y=q$를 대입하면 등식이 성립한다.

→ $a\boxed{}+b\boxed{}+c=0$

3ʳᵈ — 일차방정식의 그래프 위의 점을 이용하여 미지수의 값 구하기

● 점 $(2, -3)$이 다음 일차방정식의 그래프 위의 점일 때, 상수 a의 값을 구하시오.

9 $ax+y-9=0$

→ $ax+y-9=0$에 $x=2$, $y=-3$을 대입하면

$2a+(\boxed{})-9=0$, $2a=12$

따라서 $a=\boxed{}$

10 $3x+ay-15=0$

11 $ax-4y-20=0$

12 $-5x+ay+7=0$

13 $ax+6y+8=0$

개념모음문제

14 일차방정식 $6x+y-5=0$의 그래프가 점 $(a, -7)$을 지날 때, a의 값은?

① 1   ② 2   ③ 3

④ 4   ⑤ 5

02

(일차방정식의 그래프) = (일차함수의 그래프)

일차방정식과 일차함수의 관계

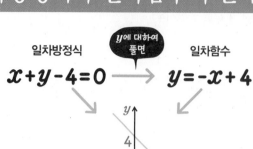

일차방정식 **y에 대하여 풀면** 일차함수

$$x+y-4=0 \longrightarrow y=-x+4$$

그래프가 같다.

- **일차함수와 일차방정식의 관계**

  일차방정식의 그래프와 일차함수의 그래프

  미지수가 2개인 일차방정식 $ax+by+c=0\,(a\neq0,\,b\neq0)$의 그래프는 일차함수 $y=-\dfrac{a}{b}x-\dfrac{c}{b}$의 그래프와 같다.

  $$\begin{array}{c} \overset{\text{일차방정식}}{ax+by+c=0} \;\rightarrow\; \overset{\text{일차함수}}{y=-\dfrac{a}{b}x-\dfrac{c}{b}} \end{array}$$

- **직선의 방정식**

  x, y의 값의 범위가 수 전체일 때, 일차방정식
  $$ax+by+c=0 \ (a,\,b,\,c\text{는 상수, } a\neq0 \text{ 또는 } b\neq0)$$
  을 직선의 방정식이라 한다.

일차방정식이 항상 일차함수인 것은 아니다!

$x-3=0$ — y항이 없네? $y=ax+b$ 꼴로 나타낼 수 없잖아?

$y-2=0$ — x항이 없네? $y=ax+b$꼴로 나타낼 수 없잖아?

$2x-y+1=0$ — 난 $y=2x+1$꼴로 바꿀 수 있지!

아항! x, y의 계수가 0이 아니어야만 가능한 거군!

원리확인 다음은 주어진 일차방정식의 그래프를 그리는 과정이다. □ 안에 알맞은 것을 써넣고, 그래프를 그리시오.

❶ $2x-y+1=0$

(1) 일차방정식 $2x-y+1=0$을 y에 대하여 풀면

$y=$ ☐

(2) 기울기가 ☐ 이고, x절편이 ☐ , y절편이

☐ 인 일차함수의 그래프와 같다.

(3)

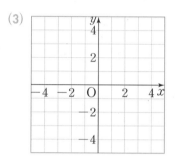

❷ $3x+2y-6=0$

(1) 일차방정식 $3x+2y-6=0$을 y에 대하여 풀면

$2y=$ ☐

따라서 $y=$ ☐

(2) 기울기가 ☐ 이고, x절편이 ☐ , y절편이

☐ 인 일차함수의 그래프와 같다.

(3)

1st 일차방정식을 $y=ax+b$ 꼴로 나타내기

● 다음 일차방정식을 일차함수 $y=ax+b$ (a, b는 상수, $a\neq0$) 꼴로 나타내시오.

1 $x+y-5=0$

2 $x-y+6=0$

3 $x-2y+4=0$

4 $3x-y+3=0$

5 $2x-3y-6=0$

6 $4x+y-8=0$

7 $2x-5y-10=0$

8 $6x+3y-9=0$

● 다음 일차방정식을 일차함수 $y=ax+b$ (a, b는 상수, $a\neq0$) 꼴로 나타내고, 일차방정식의 그래프의 기울기, x절편, y절편을 각각 구하시오.

9 $x+y+6=0$

→ $y=$ _____

기울기: _____, x절편: _____, y절편: _____

10 $2x-2y+8=0$

→ $y=$ _____

기울기: _____, x절편: _____, y절편: _____

11 $3x+y+9=0$

→ $y=$ _____

기울기: _____, x절편: _____, y절편: _____

12 $4x-2y-12=0$

→ $y=$ _____

기울기: _____, x절편: _____, y절편: _____

개념모음문제

13 일차방정식 $3x+5y-15=0$의 그래프의 기울기를 a, x절편을 b, y절편을 c라 할 때, $ab-c$의 값은?

① -6 ② -4 ③ -2

④ 4 ⑤ 6

2nd — 두 점을 이용하여 그래프 그리기

● 다음은 주어진 일차방정식의 그래프가 지나는 두 점의 좌표를 나타낸 것이다. □ 안에 알맞은 수를 써넣고 이를 이용하여 좌표평면 위에 그래프를 그리시오.

14 $x+y-3=0$

→ 두 점 $(0, \boxed{})$, $(\boxed{}, 0)$

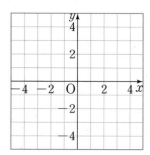

15 $-2x+y+4=0$

→ 두 점 $(0, \boxed{})$, $(\boxed{}, 0)$

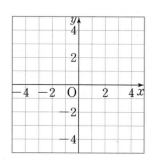

16 $3x+2y-6=0$

→ 두 점 $(0, \boxed{})$, $(\boxed{}, 0)$

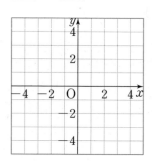

17 $-3x+y+3=0$

→ 두 점 $(0, \boxed{})$, $(\boxed{}, 0)$

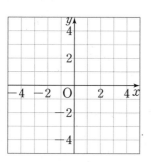

18 $4x-2y-4=0$

→ 두 점 $(0, \boxed{})$, $(\boxed{}, 0)$

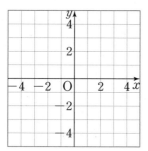

그래프는 같아도 x, y의 관계는 달라!

일차방정식 $2x-y+1=0$

우린 동등한 관계

여기선 내 맘대로지!

일차함수 $y=2x+1$

난 x에 달렸어 ㅠㅠ

3rd — 일차방정식과 일차함수의 관계 이해하기

● **보기**에서 주어진 일차방정식의 그래프에 대하여 다음 물음에 답하시오.

> **보기**
> ㉠ $3x+y+3=0$ ㉡ $3x-y-3=0$
> ㉢ $x+2y-2=0$ ㉣ $x+2y+2=0$

19 x의 값이 증가하면 y의 값도 증가하는 것만을 있는 대로 고르시오.

20 오른쪽 아래로 향하는 직선인 것만을 있는 대로 고르시오.
오른쪽 아래로 향하는 직선은 기울기가 음수일 때야

21 y축과 양의 부분에서 만나는 것만을 있는 대로 고르시오.
y절편을 구해 비교해 봐!

22 제1사분면을 지나는 것만을 있는 대로 고르시오.

23 제3사분면을 지나지 않는 것만을 있는 대로 고르시오.

24 서로 평행한 두 그래프를 고르시오.

● 다음 중 일차방정식 $2x+4y-5=0$의 그래프에 대한 설명으로 옳은 것은 ○를, 옳지 않은 것은 ×를 ( ) 안에 써넣으시오.

25 일차함수 $y=\dfrac{1}{2}x-2$의 그래프와 평행하다.
( )

26 점 $\left(0, \dfrac{5}{4}\right)$를 지난다. ( )

27 x의 값이 증가하면 y의 값도 증가한다. ( )

28 일차함수 $y=-\dfrac{1}{2}x$의 그래프를 y축의 방향으로 $\dfrac{5}{4}$만큼 평행이동한 것이다. ( )

29 제1, 2, 4사분면을 지난다. ( )

개념모음문제
30 다음 중 일차방정식 $x+4y+4=0$의 그래프에 대한 설명으로 옳은 것을 모두 고르면? (정답 2개)

① x절편은 4이다.
② y절편은 -1이다.
③ 제3사분면을 지나지 않는다.
④ 일차함수 $y=-4x$의 그래프와 평행하다.
⑤ 점 $(4, -2)$를 지난다.

03

$x=$ (상수), $y=$ (상수)이면 축에 평행!

축에 평행한(수직인) 직선의 방정식

① 일차방정식 $x=2$의 그래프

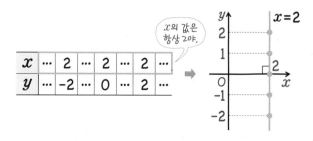

| x | ... | 2 | ... | 2 | ... | 2 | ... |
| y | ... | -2 | ... | 0 | ... | 2 | ... |

x의 값은 항상 2야.

점 (2, 0)을 지나고 y축에 평행한 직선
(x축에 수직)

② 일차방정식 $y=1$의 그래프

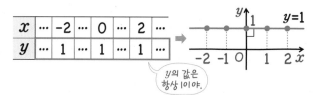

| x | ... | -2 | ... | 0 | ... | 2 | ... |
| y | ... | 1 | ... | 1 | ... | 1 | ... |

y의 값은 항상 1이야.

점 (0, 1)을 지나고 x축에 평행한 직선
(y축에 수직)

- 일차방정식 $x=p$의 그래프

  점 $(p, 0)$을 지나고 y축에 평행한 직선
  (x축에 수직)

  ($x=0$의 그래프는 y축을 나타낸다.)

- 일차방정식 $y=q$의 그래프

  점 $(0, q)$을 지나고 x축에 평행한 직선
  (y축에 수직)

  ($y=0$의 그래프는 x축을 나타낸다.)

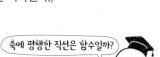

축에 평행한 직선은 함수일까?

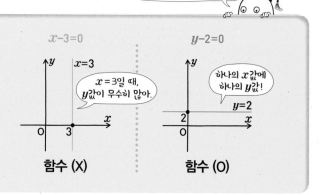

$x-3=0$ $y-2=0$

$x=3$일 때, y값이 무수히 많아.

하나의 x값에 하나의 y값!

함수 (X)   함수 (O)

원리확인 주어진 직선의 방정식에 대하여 표를 완성하고, x, y의 범위가 수 전체일 때, 좌표평면 위에 그래프를 그리시오.

❶ $x=1$

x	...					...
y		-2	-1	0	1	2	...

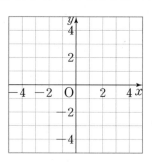

❷ $y=-2$

x	...	-2	-1	0	1	2	...
y	...						...

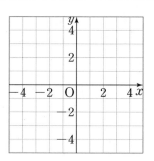

❸ $x=-3$

x	...					...
y	...	-2	-1	0	1	2	...

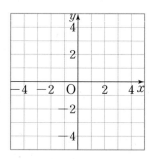

1ˢᵗ 축에 평행한(수직인) 직선의 방정식 이해하기

● 다음 □ 안에 알맞은 것을 써넣고 방정식의 그래프를 좌표평면 위에 그리시오.

1 $x=3$

→ 점 (□ , 0)을 지나고 □ 축에 평행한 직선

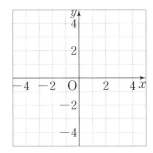

2 $y=1$

→ 점 (0, □)을 지나고 □ 축에 평행한 직선

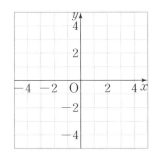

3 $y=-4$

→ 점 (0, □)를 지나고 □ 축에 평행한 직선

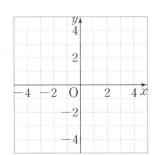

● 다음 방정식의 그래프를 좌표평면 위에 그리시오.

4 $x=-4$

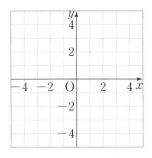

5 $y=3$

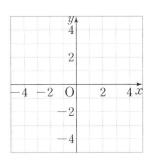

6 $x=2$

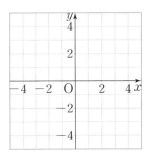

● 다음 그래프가 나타내는 직선의 방정식을 구하시오.

7

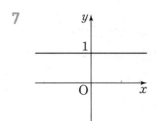

8

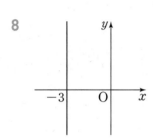

9

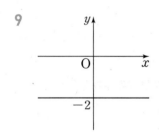

10

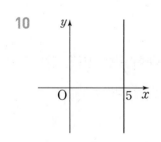

11

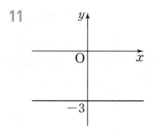

12

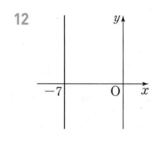

13

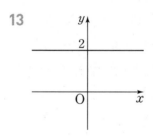

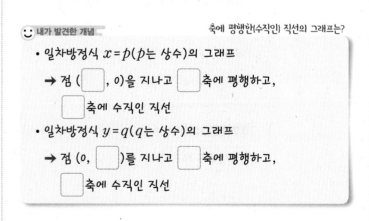

2nd 축에 평행한(수직인) 직선의 방정식 구하기

● 다음 조건을 만족시키는 직선의 방정식을 구하시오.

14 점 $(-4, 5)$를 지나고 x축에 수직인 직선
x축에 수직이라는 것은 y축에 평행하다는 의미야!

15 점 $(3, 6)$을 지나고 y축에 수직인 직선
y축에 수직이라는 것은 x축에 평행하다는 의미야!

16 점 $(-5, -2)$를 지나고 y축에 수직인 직선

17 점 $(3, -1)$을 지나고 x축에 수직인 직선

18 점 $(6, 4)$를 지나고 x축에 수직인 직선

19 점 $(1, 3)$을 지나고 y축에 수직인 직선

20 점 $(5, -3)$을 지나고 y축에 수직인 직선

● 다음 조건을 만족시키는 a의 값을 구하시오.

21 두 점 $(1, a+1)$, $(4, -2)$를 지나고 직선이 x축에 평행하다.
x축에 평행한 직선 위의 점들의 y좌표는 모두 같아!

22 두 점 $(-3a, 6)$, $(9, -5)$를 지나고 직선이 y축에 평행하다.

23 두 점 $(2a-4, 7)$, $(a, -3)$을 지나고 직선이 x축에 수직이다.

24 두 점 $(-8, 5a-3)$, $(4, 3a+1)$을 지나고 직선이 y축에 수직이다.

개념모음문제
25 일차방정식 $ax+by=3$의 그래프가 오른쪽 그림과 같이 x축에 평행할 때, 상수 a, b에 대하여 $a+b$의 값은?

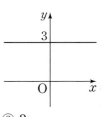

① 1   ② 2   ③ 3
④ 4   ⑤ 5

04 (연립방정식 해) = (두 일차함수의 그래프의 교점의 좌표)

연립방정식의 해와 그래프

연립방정식

$$\begin{cases} x+y=4 \\ -x+y=2 \end{cases}$$

두 일차함수

$$\begin{cases} y=-x+4 \\ y=x+2 \end{cases}$$

해 →

교점 →

연립방정식의 해

3 ---- (1, 3)

$y=x+2$

$y=-x+4$

O   1

- **연립방정식의 해와 그래프**

  연립방정식 $\begin{cases} ax+by+c=0 \\ a'x+b'y+c'=0 \end{cases}$ 의 해는 두 일차방정식의 그래프,

  즉 일차함수의 그래프의 교점의 좌표와 같다.

  | 연립방정식의 해 $x=p,\ y=q$ | → | 두 그래프의 교점의 좌표 $(p,\ q)$ |

원리확인 오른쪽 그림은 두 일차방정식 $x+2y=4$ ……①와 $3x-y=5$ ……②의 그래프이다. 다음 □ 안에 알맞은 것을 써넣으시오.

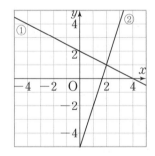

❶ 두 일차방정식 ①과 ②의 그래프의 교점의 좌표는 (□, □)이다.

❷ 연립방정식 $\begin{cases} x+2y=4 \\ 3x-y=5 \end{cases}$ 의 해는

   $x=$□, $y=$□

❸ ❶에서 구한 그래프의 교점의 좌표와 ❷에서 구한 연립방정식의 해는 □.

1st 두 직선의 교점의 좌표와 연립방정식의 해 구하기

● 주어진 연립방정식에서 두 일차방정식의 그래프가 다음과 같을 때, 연립방정식의 해를 구하시오.

1 $\begin{cases} x-y=0 \\ 2x+y=3 \end{cases}$

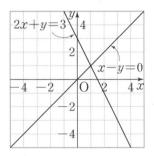

→ 교점의 좌표가 (1, □)이므로

   연립방정식의 해는 $x=1$, $y=$□

2 $\begin{cases} x-y=2 \\ x+2y=8 \end{cases}$

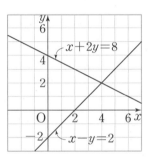

3 $\begin{cases} x-y=3 \\ -2x+y=-4 \end{cases}$

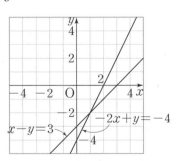

4 $\begin{cases} 2x-y=-5 \\ x+y=-1 \end{cases}$

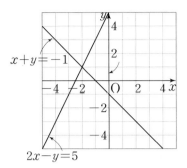

● 다음 연립방정식에서 두 일차방정식의 그래프를 좌표평면 위에 그리고, 이를 이용하여 연립방정식의 해를 구하시오.

7 $\begin{cases} x+y=2 \\ x-y=-2 \end{cases}$

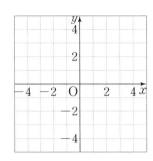

5 $\begin{cases} x-y=2 \\ x+y=4 \end{cases}$

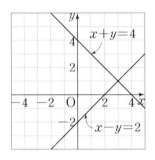

8 $\begin{cases} 3x+2y=8 \\ x+2y=4 \end{cases}$

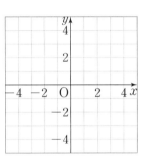

6 $\begin{cases} x+y=5 \\ x-2y=2 \end{cases}$

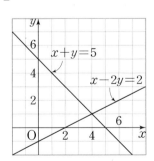

9 $\begin{cases} x-2y=5 \\ 2x+3y=3 \end{cases}$

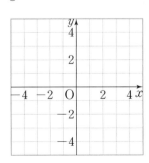

10 $\begin{cases} 3x-4y=4 \\ x+y=6 \end{cases}$

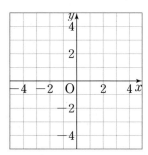

11 $\begin{cases} x-3y=-5 \\ 3x-y=1 \end{cases}$

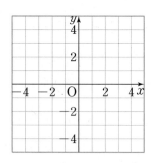

12 $\begin{cases} 3x-y=-4 \\ x+2y=-6 \end{cases}$

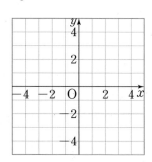

● 연립방정식을 이용하여 다음 두 일차방정식의 그래프의 교점의 좌표를 구하시오.

13 $2x-y=-3,\ x+3y=2$

→ 연립방정식 $\begin{cases} 2x-y=-3 \\ x+3y=2 \end{cases}$ 를 풀면

$x=\boxed{},\ y=\boxed{}$

따라서 두 그래프의 교점의 좌표는

$(\boxed{},\ \boxed{})$이다.

14 $4x+y=-5,\ 2x+y=-1$

15 $x-2y=-3,\ x+3y=12$

16 $-2x+3y=-5,\ 3x-2y=10$

17 $3x-y=-5,\ x-4y=2$

18 $4x-y=-1,\ -3x+y=2$

2ⁿᵈ 두 직선의 교점의 좌표를 이용하여 미지수의 값 구하기

● 다음 연립방정식의 해를 구하기 위해 두 일차방정식의 그래프를 그렸다. 상수 a, b의 값을 구하시오.

19 $\begin{cases} ax-y=-4 \\ 2x+y=b \end{cases}$

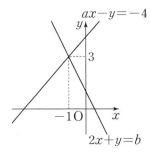

20 $\begin{cases} x-2y=a \\ 2x+3y=b \end{cases}$

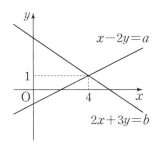

21 $\begin{cases} x+ay=8 \\ bx-y=3 \end{cases}$

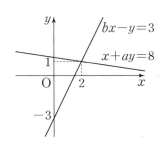

22 $\begin{cases} x-y=a \\ bx+3y=8 \end{cases}$

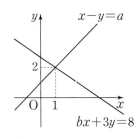

23 $\begin{cases} ax-y=-5 \\ x+by=-10 \end{cases}$

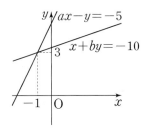

24 $\begin{cases} x+ay=-2 \\ 3x-y=b \end{cases}$

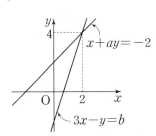

개념모음문제

25 두 직선 $x+y=7$, $x-5y=-5$의 교점의 좌표를 (a, b)라 할 때, $a+b$의 값은?

① 1　　　　② 3　　　　③ 5

④ 7　　　　⑤ 9

두 그래프의 위치 관계로 해의 개수를 알 수 있어!

연립방정식의 해의 개수와 그래프

$$\begin{cases} x+y=1 \\ 2x-y=1 \end{cases}$$

⟹

교점이 한 개.

⟹ 해가 한 쌍이다.

$$\begin{cases} x+y=1 \\ x+y=-2 \end{cases}$$

⟹

교점이 없다.

⟹ 해가 없다.

$$\begin{cases} x+y=1 \\ 2x+2y=2 \end{cases}$$

⟹

교점이 무수히 많다.

⟹ 해가 무수히 많다.

- **연립방정식의 해의 개수와 그래프**

연립방정식 $\begin{cases} ax+by+c=0 \\ a'x+b'y+c'=0 \end{cases}$ 의 해의 개수는 두 일차방정식

$ax+by+c=0$, $a'x+b'y+c'=0$의 그래프의 교점의 개수와 같다.

① 교점이 한 개 ➡ 연립방정식의 해는 한 쌍이다. ➡ $\dfrac{a}{a'} \neq \dfrac{b}{b'}$

② 교점이 없다.(평행) ➡ 연립방정식의 해는 없다. ➡ $\dfrac{a}{a'} = \dfrac{b}{b'} \neq \dfrac{c}{c'}$

③ 교점이 무수히 많다.(일치) ➡ 연립방정식의 해는 무수히 많다.

➡ $\dfrac{a}{a'} = \dfrac{b}{b'} = \dfrac{c}{c'}$

1ˢᵗ — 연립방정식의 교점의 개수와 해의 개수 구하기

- 다음 연립방정식에서 두 일차방정식의 그래프를 각각 좌표 평면 위에 그리고, 그 그래프를 이용하여 연립방정식의 해의 개수를 구하시오.

1 $\begin{cases} x+y=4 \\ -x-y=-4 \end{cases}$

➡ _____

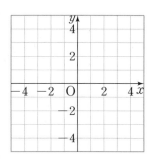

2 $\begin{cases} x+2y=-2 \\ -x+3y=3 \end{cases}$

➡ _____

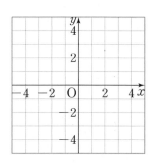

3 $\begin{cases} -2x+y=1 \\ 6x-3y=9 \end{cases}$

➡ _____

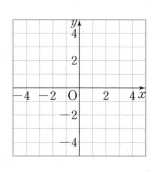

음...뭐 좀 복잡하지만 그래도 깔끔하네

연립방정식의 해의 개수와 두 그래프의 위치 관계

두 직선의 위치 관계	두 직선의 교점의 개수	연립방정식의 해의 개수	$\begin{cases} ax+by+c=0 \\ a'x+b'y+c'=0 \end{cases}$	기울기와 y절편
✕ 한점에서 만난다.	한 개	한 쌍	$\dfrac{a}{a'} \neq \dfrac{b}{b'}$	기울기가 다르다.
// 평행하다.(만나지 않는다.)	없다.	해가 없다.	$\dfrac{a}{a'} = \dfrac{b}{b'} \neq \dfrac{c}{c'}$	기울기는 같고 y절편은 다르다.
/ 일치한다.	무수히 많다.	해가 무수히 많다.	$\dfrac{a}{a'} = \dfrac{b}{b'} = \dfrac{c}{c'}$	기울기가 같고 y절편도 같다.

● 다음 연립방정식에서 두 일차방정식의 그래프의 교점의 개수와 해의 개수에 대하여 ○ 안에 알맞은 부호를 쓰고, 옳은 것에 ○를 하시오.

4 $\begin{cases} x+y=3 \\ 4x+4y=12 \end{cases}$ → $\dfrac{1}{4}$ ○ $\dfrac{1}{4}$ ○ $\dfrac{3}{12}$

→ 교점의 개수는 (한 개이다, 없다, 무수히 많다).
해의 개수는 (한 쌍이다, 없다, 무수히 많다).

> 기울기와 y절편으로 확인할 수 있어!
> $\begin{cases} x+y=3 \\ 4x+4y=12 \end{cases}$ 에서 $\begin{cases} y=-x+3 \\ y=-x+3 \end{cases}$
> 즉 기울기와 y절편이 같으므로 두 그래프는 서로 일치한다.

5 $\begin{cases} 4x+6y=-2 \\ -2x-3y=-1 \end{cases}$ → $\dfrac{4}{-2}$ ○ $\dfrac{6}{-3}$ ○ $\dfrac{-2}{-1}$

→ 교점의 개수는 (한 개이다, 없다, 무수히 많다).
해의 개수는 (한 쌍이다, 없다, 무수히 많다).

6 $\begin{cases} -6x+2y=5 \\ 3x+6y=4 \end{cases}$ → $\dfrac{-6}{3}$ ○ $\dfrac{2}{6}$

→ 교점의 개수는 (한 개이다, 없다, 무수히 많다).
해의 개수는 (한 쌍이다, 없다, 무수히 많다).

7 $\begin{cases} -7x-3y=5 \\ 7x+3y=10 \end{cases}$ → $\dfrac{-7}{7}$ ○ $\dfrac{-3}{3}$ ○ $\dfrac{5}{10}$

→ 교점의 개수는 (한 개이다, 없다, 무수히 많다).
해의 개수는 (한 쌍이다, 없다, 무수히 많다).

● **보기**에서 주어진 연립방정식 중 다음에 해당하는 것만을 있는 대로 고르시오.

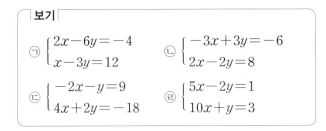

보기

㉠ $\begin{cases} 2x-6y=-4 \\ x-3y=12 \end{cases}$ ㉡ $\begin{cases} -3x+3y=-6 \\ 2x-2y=8 \end{cases}$

㉢ $\begin{cases} -2x-y=9 \\ 4x+2y=-18 \end{cases}$ ㉣ $\begin{cases} 5x-2y=1 \\ 10x+y=3 \end{cases}$

8 한 쌍의 해를 갖는 연립방정식

9 해가 무수히 많은 연립방정식

10 해가 없는 연립방정식

> ☺ **내가 발견한 개념**   방정식의 형태에서의 해의 개수는?
>
> | 연립방정식의 해의 개수 | $\begin{cases} ax+by=c \\ a'x+b'y=c' \end{cases}$ |
> |---|---|
> | 한 쌍 | $\dfrac{a}{a'}$ ○ $\dfrac{b}{b'}$ |
> | 해가 없다. | $\dfrac{a}{a'}$ ○ $\dfrac{b}{b'}$ ○ $\dfrac{c}{c'}$ |
> | 해가 무수히 많다. | $\dfrac{a}{a'}$ ○ $\dfrac{b}{b'}$ ○ $\dfrac{c}{c'}$ |

주어진 해의 개수를 보고 미지수의 값 또는 조건 구하기

● 다음 연립방정식의 해가 없을 때, 상수 a, b의 값 또는 조건을 구하시오.

11 $\begin{cases} 2x+ay=-3 \\ 4x-6y=b \end{cases}$

$\rightarrow \dfrac{2}{4}=\dfrac{a}{-6}\neq\dfrac{-3}{b}$ 에서 $a=\boxed{}$, $b\neq\boxed{}$

12 $\begin{cases} ax+y=-2 \\ 3x-y=b \end{cases}$

13 $\begin{cases} ax-4y=b \\ 3x+2y=6 \end{cases}$

14 $\begin{cases} 2x-ay=1 \\ x+y=b \end{cases}$

15 $\begin{cases} -2x+y=-5 \\ ax-3y=b \end{cases}$

16 $\begin{cases} 4x-y=a \\ bx-y=-6 \end{cases}$

● 다음 연립방정식의 해가 무수히 많을 때, 상수 a, b의 값을 구하시오.

17 $\begin{cases} ax+y=4 \\ 3x+2y=b \end{cases}$

$\rightarrow \dfrac{a}{3}=\dfrac{1}{2}=\dfrac{4}{b}$ 에서 $a=\boxed{}$, $b=\boxed{}$

18 $\begin{cases} -2x+ay=4 \\ 6x-9y=b \end{cases}$

19 $\begin{cases} 2x-ay=6 \\ bx-3y=-9 \end{cases}$

20 $\begin{cases} 2x-y=a \\ bx+y=5 \end{cases}$

21 $\begin{cases} ax-3y=b \\ -2x+y=4 \end{cases}$

22 $\begin{cases} 3x+ay=-2 \\ 6x-4y=b \end{cases}$

• 연립방정식 $\begin{cases} 2x-y=b \\ ax+y=4 \end{cases}$ 의 해가 다음과 같을 때, 상수 a, b의 값 또는 조건을 구하시오.

23 해가 한 쌍이다.

24 해가 무수히 많다.

25 해가 없다.

• 연립방정식 $\begin{cases} x+ay=4 \\ -x-y=b \end{cases}$ 의 해가 다음과 같을 때, 상수 a, b의 값 또는 조건을 구하시오.

26 해가 한 쌍이다.

27 해가 무수히 많다.

28 해가 없다.

3rd — 직선으로 둘러싸인 도형의 넓이 구하기

• 다음과 같이 세 직선으로 둘러싸인 삼각형의 넓이를 구하시오.

29 $y=x$, $x=-3$, x축

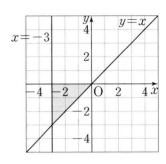

30 $y=-x$, $y=2$, y축

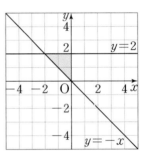

개념모음문제
31 오른쪽 그림과 같이 두 일차함수 $y=x+4$, $y=-2x+4$의 그래프와 x축으로 둘러싸인 도형의 넓이는?

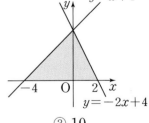

① 6　　　　② 8　　　　③ 10

④ 12　　　　⑤ 14

1 일차방정식 $2x+3y-4=0$의 x절편과 y절편을 각각 구한 것은?

① x절편 $\dfrac{4}{3}$, y절편 2

② x절편 $\dfrac{4}{3}$, y절편 -2

③ x절편 2, y절편 $\dfrac{4}{3}$

④ x절편 2, y절편 2

⑤ x절편 -2, y절편 $-\dfrac{4}{3}$

2 일차방정식 $-x+2y+4=0$의 그래프에서 y의 값이 -2에서 2까지 증가할 때, x의 값의 증가량을 구하시오.

3 다음 연립방정식의 해가 무수히 많은 것은?

① $\begin{cases} x-y=3 \\ 2x+2y=4 \end{cases}$

② $\begin{cases} x+y=3 \\ 2x-2x=-3 \end{cases}$

③ $\begin{cases} x-y=4 \\ 2x-2y=-4 \end{cases}$

④ $\begin{cases} x+y=1 \\ 4x+4y=4 \end{cases}$

⑤ $\begin{cases} x-y=-2 \\ 2x-2y=4 \end{cases}$

4 다음 **보기**에서 x축에 평행한 직선만을 있는 대로 고른 것은?

> **보기**
>
> ㉠ $3x-y-1=0$ ㉡ $y=3$
>
> ㉢ $-x=4$ ㉣ $y=2x+1$
>
> ㉤ $2x=3+y+2x$ ㉥ $x=7$

① ㉠, ㉣ ② ㉠, ㉥ ③ ㉡, ㉤

④ ㉡, ㉢, ㉤ ⑤ ㉣, ㉤, ㉥

5 오른쪽 그림과 같이 두 일차함수 $y=x-2$, $y=ax+13$의 그래프의 교점의 x좌표가 5일 때, 상수 a의 값을 구하시오.

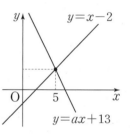

6 오른쪽 그림과 같이 두 직선 $y=-3x+5$, $y=x-3$과 y축으로 둘러싸인 도형의 넓이를 구하시오.

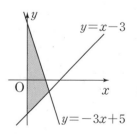

대단원 TEST V. 일차함수

1 다음 중 y가 x의 함수가 <u>아닌</u> 것을 모두 고르면?

(정답 2개)

① 절댓값이 x인 수 y

② $y=$(자연수 x보다 큰 자연수)

③ $y=$(자연수 x와 8의 최대공약수)

④ 한 자루에 200원 하는 연필 x자루의 가격 y원

⑤ 길이가 10 m인 끈에서 x m를 사용하고 남은 끈의 길이 y m

2 함수 $f(x)=ax-1$에 대하여 $f(2)=3$일 때, $f(5)$의 값은? (단, a는 상수이다.)

① 5 　　　② 6 　　　③ 7

④ 8 　　　⑤ 9

3 다음 보기에서 일차함수인 것의 개수는?

┌─ 보기 ─────────────────────────┐

ㄱ. $y=-\dfrac{1}{3}$ 　　　ㄴ. $y=\dfrac{1}{2}x-3$

ㄷ. $y-x=-(x+1)$ 　　ㄹ. $\dfrac{3}{y}=\dfrac{x}{5}$

ㅁ. $y+2x-2=-2(x+1)$

└──────────────────────────────┘

① 1 　　　② 2 　　　③ 3

④ 4 　　　⑤ 5

4 다음 일차함수 중 그 그래프가 일차함수 $y=\dfrac{3}{4}x$의 그래프를 평행이동하면 겹쳐지는 것은?

① $y=-\dfrac{4}{3}x-1$ 　　② $y=-\dfrac{3}{4}x$

③ $y=-\dfrac{3}{4}x-2$ 　　④ $y=\dfrac{3}{4}x+2$

⑤ $y=\dfrac{4}{3}x+2$

5 오른쪽 그림은 일차함수 $y=ax+b$의 그래프이다. 이 그래프에서 x의 값이 3만큼 감소할 때, y의 값의 증가량을 구하시오. (단, a, b는 상수이다.)

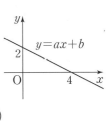

6 다음 중 일차함수 $y=\dfrac{2}{3}x-\dfrac{1}{2}$의 그래프에 대한 설명으로 옳은 것을 모두 고르면? (정답 2개)

① x절편은 $\dfrac{3}{4}$이다.

② 점 $\left(3, \dfrac{1}{2}\right)$을 지난다.

③ 제4사분면을 지나지 않는다.

④ 오른쪽 위로 향하는 직선이다.

⑤ x의 값이 증가할 때 y의 값은 감소한다.

7 일차함수 $y=ax+b$의 그래프가 오른쪽 그림과 같을 때, $y=-ax-\dfrac{a}{b}$의 그래프가 지나지 <u>않는</u> 사분면은?

(단, a, b는 상수이다.)

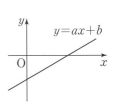

① 제1사분면 　　　② 제2사분면

③ 제3사분면 　　　④ 제4사분면

⑤ 제1사분면과 제3사분면

8 일차함수 $y=ax+1$의 그래프는 일차함수 $y=-2x-1$의 그래프와 평행하고 점 $(b, 3)$을 지난다. 이때 $a+b$의 값을 구하시오.

(단, a는 상수이다.)

9 x의 값이 3만큼 증가할 때 y의 값은 2만큼 감소하고, y절편이 5인 직선이 점 $(a, 3)$을 지날 때, a의 값은?

① 3   ② 4   ③ 5
④ 6   ⑤ 7

10 두 점 $(1, 1)$, $(9, 3)$을 지나는 일차함수의 그래프의 x절편을 a, y절편을 b라 할 때, a, b의 값을 구하시오.

11 두 점 $(2a-1, -3)$, $(-a+5, 4)$를 지나는 직선이 y축에 평행할 때, a의 값은?

① 1   ② 2   ③ 3
④ 4   ⑤ 5

12 연립방정식 $\begin{cases} x+3y=9 \\ ax-6y=-2 \end{cases}$ 의 해를 구하기 위하여 두 일차방정식의 그래프를 그리면 교점이 없다고 한다. 상수 a의 값은?

① -4 ② -2 ③ 0
④ 2   ⑤ 4

13 일차함수 $y=\dfrac{3}{4}x$의 그래프를 y축의 방향으로 -6만큼 평행이동한 그래프의 x절편을 a, y절편을 b라 할 때, $a+b$의 값은?

① -2 ② -1 ③ 0
④ 1   ⑤ 2

14 세 점 $A(-1, -2)$, $B(3, 4)$, $C(4, a)$가 한 직선 위에 있을 때, a의 값은?

① $\dfrac{9}{2}$ ② 5   ③ $\dfrac{11}{2}$
④ 6   ⑤ $\dfrac{13}{2}$

15 높이가 60 cm인 원기둥 모양의 얼음이 있다. 이 얼음의 높이가 4분마다 3 cm씩 짧아진다고 할 때, 얼음의 높이가 15 cm가 되는 것은 몇 분 후인가?

① 52분   ② 56분   ③ 60분
④ 64분   ⑤ 68분

빠른 정답

1 연립방정식과 그 풀이

01 미지수가 2개인 일차방정식 10쪽

원리확인 ❶ ㄷ ❷ ㄴ ❸ ㄱ ❹ ㅁ ❺ ㄹ

1 ○   2 ○   3 ×   4 ×
5 ×   6 ×   7 ○   8 ×
☺ 0, 0, 0   9 0   10 0   11 0, 2
12 0, 2   13 $\frac{1}{2}$, 3   14 ①
15 (✐2, 4, 30)   16 $8x+12y=5200$
17 $2x+3y=45$ 18 $10x=y$
19 $3x+5y=35$ 20 ④

02 미지수가 2개인 일차방정식의 해 12쪽

원리확인 ❶ 0, 5, 5, 해이다

❷ 1, 4, 6, 해가 아니다   ❸ 2, 2, 6, 해가 아니다

❹ 3, −1, 5, 해이다   ❺ −2, 9, 5, 해이다

1 ×   2 ○   3 ×   4 ○
5 ×   6 ○   7 ○   8 ○
9 ×   10 ×   11 ×   12 ○
13 ×   14 ○   15 ②   16 (✐3, 1)
17 18, 11, 4, −3, −10, (1, 18), (2, 11), (3, 4)
18 8, 6, 4, 2, 0, (8, 1), (6, 2), (4, 3), (2, 4)
19 24, 16, 8, 0, −8, (24, 1), (16, 2), (8, 3)
20 3, 2, 1, 0, −1, (1, 3), (2, 2), (3, 1)
21 8, 5, 2, −1, −4, (1, 8), (2, 5), (3, 2)
22 4, 2, 0, −2, −4, (4, 1), (2, 2)
23 (1, 8), (2, 6), (3, 4), (4, 2)
24 (12, 1), (9, 2), (6, 3), (3, 4)
25 (1, 4), (3, 1)   26 (8, 1), (4, 2)
27 (1, 15), (2, 10), (3, 5)   28 ③
29 (✐1, 5, 1)   30 5   31 3
32 3   33 1   34 −4   35 ②
36 (✐1, a, 1)   37 5   38 −15
39 1   40 −7   41 −4   ☺ p, q
42 ⑤

03 미지수가 2개인 연립일차방정식과 그 해 16쪽

원리확인 ❶ 1, 5, 1, 5, 해이다

❷ 2, 4, 2, 4, 8, 해가 아니다

1 (✐3, 5, 5000, 4, 2, 3400)
2 $\begin{cases} x+y=10 \\ 2x+4y=28 \end{cases}$ 3 $\begin{cases} x=y+5 \\ 2x+2y=58 \end{cases}$
4 $\begin{cases} x+y=58 \\ x+3=3(y+3) \end{cases}$ 5 ○   6 ×
7 ×   8 ○   9 ×   10 ○
11 4, 3, 2, 1, 0, 4, 2, 0, −2, −4, (1, 4)
12 5, 3, 1, −1, −3, 8, 5, 2, −1, −4, (2, 3)
13 $\frac{13}{2}$, 5, $\frac{7}{2}$, 2, $\frac{1}{2}$, $\frac{15}{2}$, 4, $\frac{1}{2}$, −3, −$\frac{13}{2}$, (4, 2)
14 (1, 2)   15 (5, 1)   16 (4, 1)   17 (1, 4)
18 (2, 5)   19 ④
20 (1) −1, 3, 6, −1   (2) −1, 3, 2
21 (1) 2, −4, 6, 1   (2) −4, 8, −1
☺ p, q, p, q, c' 22 (✐1, 2, −3, 2, 2)

---

23 $a=1$, $b=1$ 24 $a=1$, $b=-1$
25 $a=2$, $b=16$ 26 $a=1$, $b=2$
27 (✐a, 3, 1, 1, 1, 3, 3)
28 $a=2$, $b=-3$ 29 $a=-2$, $b=6$
30 ②

04 연립방정식의 풀이(1) – 가감법 20쪽

원리확인 ❶ 1 ❷ 10 ❸ 4, −18, −, −, −5, −20

❹ 9, 30, +, 8, 4, 17, 34

❺ 35, 100, +, 4, −22, 39, 78

☺ 빼, 더

1 5, 15, 3, 3, −2, −2, 3
2 2, 4, 2, 2, −3, 2, −3
3 11, −11, −1, −1, 3, −1, 3
4 14, 14, 1, 1, 6, 6, 1   5 (✐3, 12, 4, 4, 4, 1)
6 $x=-3$, $y=-9$ 7 $x=-1$, $y=3$
8 $x-2$, $y=5$ 9 $x=3$, $y=-3$
10 $x=3$, $y=5$ 11 $x=2$, $y=-1$
12 $x=2$, $y=2$ 13 $x=-3$, $y=-1$
14 ④   15 (✐5, 10, 2, 2, 2, −1)
16 $x=1$, $y=2$ 17 $x=2$, $y=1$
18 $x=3$, $y=-1$ 19 $x=2$, $y=0$
20 $x=13$, $y=-9$ 21 $x=-1$, $y=1$
22 $x=3$, $y=4$ 23 $x=4$, $y=2$
24 ⑤

05 연립방정식의 풀이(2) – 대입법 24쪽

원리확인 ❶ (1) y, x (2) $2y-4$, $\frac{1}{2}x+2$

(3) $3y+3$, $\frac{1}{3}x-1$

(4) $-\frac{5}{2}y+1$, $-\frac{2}{5}x+\frac{2}{5}$

❷ (1) 3, $-\frac{1}{3}$ (2) 2, 3, 3   (3) 5, 2, −6

(4) 7, 9, −1

1 3, 9, 3, 3, 5, 3, 5   2 3, 15, 5, 5, 2, 2, 5
3 −5, 10, −2, −2, 5, 5, −2
4 7, 14, 2, 2, −1, 2, −1
5 (✐$x+2$, 5, 5, 7)   6 $x=2$, $y=8$
7 $x=-6$, $y=-1$ 8 $x=2$, $y=-1$
9 $x=-5$, $y=-2$ 10 $x=8$, $y=25$
11 $x=1$, $y=3$ 12 $x=2$, $y=3$
13 $x=-2$, $y=-8$ 14 $x=-13$, $y=-4$
15 (✐3−y, 2, 2, 1)   16 $x=1$, $y=4$
17 $x=-3$, $y=4$ 18 $x=2$, $y=-2$
19 $x=1$, $y=4$ 20 $x=4$, $y=-2$
21 $x=1$, $y=3$ 22 $x=-4$, $y=2$
23 $x=0$, $y=1$ 24 ⑤
25 (✐$2x$, 2, 2, 4, 2, 4, 2, 4, 1)
26 −8   27 1   28 −2   29 2
30 5   31 −20   32 3   33 13
34 16   35 −14

TEST 1. 연립방정식과 그 풀이 29쪽

1 ㄴ, ㅁ   2 1   3 ⑤
4 ③   5 ④   6 10

---

2 여러 가지 연립방정식의 풀이

01 괄호가 있는 연립방정식 32쪽

원리확인 ❶ 2, 3   ❷ 3, 5, 4   ❸ 3, 5, 2, 2

1 (✐1, −1, −1, −4)   2 $x=3$, $y=-1$
3 $x=1$, $y=3$ 4 $x=-2$, $y=3$
5 $x=2$, $y=1$ 6 $x=2$, $y=-1$
7 $x=-1$, $y=-1$ 8 $x=5$, $y=4$
9 $x=1$, $y=-1$ 10 $x=-3$, $y=-1$
11 $x=-5$, $y=5$ 12 $x=2$, $y=2$
13 $x=1$, $y=1$ 14 $x=1$, $y=1$
15 $x=-1$, $y=-3$ 16 $x=0$, $y=1$
17 ③

02 계수가 분수인 연립방정식 34쪽

원리확인 ❶ 2, 4, 3, 2   ❷ 8, 12, 5, −4

1 (✐−4, −2, −2, 0)   2 $x--2$, $y=1$
3 $x=4$, $y=2$ 4 $x=-2$, $y=4$
5 $x=4$, $y=-2$ 6 $x=0$, $y=-5$
7 $x=-30$, $y=-16$ 8 $x=8$, $y=-4$
9 $x=-4$, $y=-1$ 10 $x=2$, $y=3$
11 $x=4$, $y=1$ 12 $x=2$, $y=4$
13 $x=-4$, $y=4$ 14 $x=6$, $y=5$
15 $x=6$, $y=-3$ 16 $x=5$, $y=5$
17 ①

03 계수가 소수인 연립방정식 36쪽

원리확인 ❶ 5, 3, 3   ❷ 3, 5, 2   ❸ 2, 7, 18, 4

1 (✐3, 9, 3, 3, 2)   2 $x=-5$, $y=2$
3 $x=2$, $y=1$ 4 $x=-19$, $y=-24$
5 $x=-1$, $y=2$ 6 $x=3$, $y=-1$
7 $x=1$, $y=1$ 8 $x=1$, $y=1$
9 $x=1$, $y=1$ 10 $x=3$, $y=4$
11 $x=3$, $y=1$ 12 $x=-6$, $y=-46$
13 $x=5$, $y=3$ 14 $x=1$, $y=-1$
15 $x=1$, $y=-2$ 16 $x=2$, $y=-2$
17 ⑤

04 $A=B=C$ 꼴의 연립방정식 38쪽

원리확인 ❶ $2x+4y$, $3x+y$

❷ $-3x+2y$, $4x-y$ ❸ $6x-2y$, $3x-y$

1 $\begin{cases} 2x+5y=-8 \\ -2x+3y=-8 \end{cases}$, $x=1$, $y=-2$

2 $\begin{cases} 5x-3y=6 \\ 2x-y=6 \end{cases}$, $x=12$, $y=18$

3 $\begin{cases} x-2y=-5 \\ 3x+4y=-5 \end{cases}$, $x=-3$, $y=1$

4 $\begin{cases} 2x+3y=9 \\ 3x-7y+7=9 \end{cases}$, $x=3$, $y=1$

5 $\begin{cases} 3x-4y-1=7 \\ 2x-y=7 \end{cases}$, $x=4$, $y=1$

6 $\begin{cases} \dfrac{2x+3y}{3}=1 \\ \dfrac{x+y}{2}=1 \end{cases}$, $x=3$, $y=-1$

12 (1) $80x$ (2) $y=350-80x$ (3) 350, 80, 190
　(4) 350, 80, 4
13 (1) $80x$ (2) $y=4000-80x$ (3) 4000, 80, 2800
　(4) 4000, 80, 30 (5) 4000, 80, 50
14 (1) $y=420-70x$ (2) 210 km (3) 5시간
15 (1) $y=40-8x$ (2) 24 km (3) 5시간
16 (1) $3x$ (2) $3x$, $30x$ (3) 30, 150 (4) 30, 7, 21
17 (1) $y=140-5x$ (2) 100 cm²
18 (1) $y=12x$ (2) 48 cm²

TEST 6. 일차함수의 그래프의 성질과 식의 활용　149쪽

1 제3사분면　　2 ⑤　　3 $y=\dfrac{1}{3}x+3$
4 −14　　5 ⑤　　6 초속 343 m

---

7 일차함수와 일차방정식의 관계
01 미지수가 2개인 일차방정식의 그래프　152쪽

1 (1) 3, 2, 1, 0 (2), (3)
2 (1) −3, −1, 1, 3 (2), (3)
3 × (✏ −4, −16)　　4 ×　　5 ○
6 ○　　7 ×　　8 ○　　☺ p, q
9 ✏ −3, 6　　10 −3　　11 4
12 −1　　13 5　　14 ②

02 일차방정식과 일차함수의 관계　154쪽

원리확인 ❶ (1) $2x+1$
(2) 2, $-\dfrac{1}{2}$, 1 (3)
❷ (1) $-3x+6$, $-\dfrac{3}{2}x+3$
(2) $-\dfrac{3}{2}$, 2, 3 (3)

1 $y=-x+5$　　2 $y=x+6$
3 $y=\dfrac{1}{2}x+2$　　4 $y=3x+3$
5 $y=\dfrac{2}{3}x-2$　　6 $y=-4x+8$
7 $y=\dfrac{2}{5}x-2$　　8 $y=-2x+3$
9 $-x-6$, −1, −6, −6
10 $x+4$, 1, −4, 4
11 $-3x-9$, −3, −3, −9
12 $2x-6$, 2, 3, −6　　13 ①
14 3, 3, 　　15 −4, 2,

---

16 3, 2, 　　17 −3, 1,
18 −2, 1,
19 ㉡　　20 ㉠, ㉢, ㉣　　21 ㉢
22 ㉡, ㉢　　23 ㉢　　24 ㉢, ㉣
25 ×　　26 ○　　27 ×
28 ○　　29 ○　　30 ②, ⑤

03 축에 평행한(수직인) 직선의 방정식　158쪽

원리확인 ❶ 1, 1, 1, 1, 1,
❷ −2, −2, −2, −2, −2,
❸ −3, −3, −3, −3, −3,

1 3, y,　　2 1, x,
3 −4, x,　　4
5　　6
7 $y=1$　　8 $x=-3$　　9 $y=-2$
10 $x=5$　　11 $y=-3$　　12 $x=-7$
13 $y=2$　　☺ p, y, x, q, x, y
14 $x=-4$　　15 $y=6$　　16 $y=-2$
17 $x=3$　　18 $x=6$　　19 $y=3$
20 $y=-3$　　21 −3　　22 −3
23 4　　24 2　　25 ①

04 연립방정식의 해와 그래프　162쪽

원리확인 ❶ 2, 1　　❷ 2, 1　　❸ 같다
1 (✏ 1, 1)　　2 $x=4$, $y=2$
3 $x=1$, $y=-2$　　4 $x=-2$, $y=1$
5 $x=3$, $y=1$　　6 $x=4$, $y=1$
7
$x=0$, $y=2$　　8
$x=2$, $y=1$

9 　　10
$x=3$, $y=-1$　　$x=4$, $y=2$
11 　　12
$x=1$, $y=2$　　$x=-2$, $y=-2$
13 (✏ −1, 1, −1, 1)　　14 (−2, 3)
15 (3, 3)　　16 (4, 1)
17 (−2, −1)　　18 (1, 5)
19 $a=1$, $b=1$　　20 $a=2$, $b=11$
21 $a=6$, $b=2$　　22 $a=-1$, $b=2$
23 $a=2$, $b=-3$　　24 $a=-1$, $b=2$
25 ④

05 연립방정식의 해의 개수와 그래프　166쪽

1 무수히 많다..
2 한 쌍, 　　3 없다..
4 =, =, 무수히 많다, 무수히 많다
5 =, ≠, 없다, 없다
6 ≠, 한 개이다, 한 쌍이다
7 =, ≠, 없다, 없다
8 ㉣　　9 ㉢
10 ㉠, ㉡　　☺ ≠, =, ≠, =, =
11 (✏ −3, −6)　　12 $a=-3$, $b\neq2$
13 $a=-6$, $b\neq-12$　　14 $a=-2$, $b\neq\dfrac{1}{2}$
15 $a=6$, $b\neq15$　　16 $a\neq-6$, $b=4$
17 $\left(✏\ \dfrac{3}{2},\ 8\right)$　　18 $a=3$, $b=-12$
19 $a=-2$, $b=-3$　　20 $a=-5$, $b=-2$
21 $a=6$, $b=-12$　　22 $a=-2$, $b=-4$
23 $a\neq-2$　　24 $a=-2$, $b=-4$
25 $a=-2$, $b\neq-4$　　26 $a\neq1$
27 $a=1$, $b=-4$　　28 $a=1$, $b\neq-4$
29 $\dfrac{9}{2}$　　30 2　　31 ④

TEST 7. 일차함수와 일차방정식의 관계　170쪽

1 ③　　2 8　　3 ④
4 ③　　5 −2　　6 8

대단원 TEST　V. 일차함수　171쪽

1 ①, ②　　2 ⑤　　3 ②
4 ④　　5 $\dfrac{3}{2}$　　6 ①, ④
7 ③　　8 −3　　9 ①
10 $a=-3$, $b=\dfrac{3}{4}$　　11 ②
12 ②　　13 ⑤　　14 ③
15 ③

1 ④　　　**2** ⑤　　　**3** ④

4 $\dfrac{4}{3}$　　　**5** ②　　　**6** 1

---

6 일차함수의 그래프의 성질과 식의 활용

01 일차함수의 그래프의 성질　122쪽

원리확인 ❶ 양수, 양수, >, >

❷ 음수, 양수, <, >　　❸ 음수, 음수, <, <

❹ 양수, 음수, >, <

1 (1) 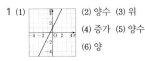　(2) 양수　(3) 위
(4) 증가　(5) 양수
(6) 양

2 (1) 　(2) 양수　(3) 위
(4) 증가　(5) 음수
(6) 음

3 (1) 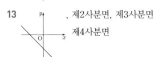　(2) 음수　(3) 아래
(4) 감소　(5) 양수
(6) 양

4 (1) 　(2) 음수　(3) 아래
(4) 감소　(5) 음수
(6) 음

5 (1) ㄴ, ㄷ　(2) ㄱ, ㄹ　(3) ㄴ, ㄷ　(4) ㄱ, ㄹ
(5) ㄱ, ㄷ　(6) ㄴ, ㄹ

6 (1) ㄱ, ㄷ　(2) ㄴ, ㄹ　(3) ㄱ, ㄹ　(4) ㄴ, ㄹ
(5) ㄴ, ㄷ　(6) ㄱ, ㄹ

7 ⑤

8 (1) >, <　(2) <, <　(3) <, >　(4) >, >

9 (1) <, >　(2) >, >　(3) >, <　(4) <, <

10 , 제1사분면, 제3사분면,
제4사분면

11 , 제1사분면, 제2사분면,
제4사분면

12 , 제1사분면, 제2사분면,
제3사분면

13 , 제2사분면, 제3사분면,
제4사분면

14 <, >, , 1, 2, 4

15 <, <, , 2, 3, 4

16 >, >, , 1, 2, 3　　**17** ④

---

02 일차함수의 그래프의 평행과 일치　128쪽

1 평행　　**2** 일치　　**3** 평행　　**4** 일치

5 평행　　**6** (1) ㄱ과 ㅂ　(2) ㄴ과 ㅁ　(3) ㄷ

7 ($\mathscr{D}$ 3)　**8** -1　**9** -2　**10** 12

11 ($\mathscr{D}$ 3, -2)　**12** $a=-6$, $b=6$

13 $a=-4$, $b=-8$　**14** $a=\dfrac{1}{5}$, $b=1$

☺ 평행, 일치　　**15** ③

---

03 기울기와 y절편이 주어졌을 때 일차함수의 식 구하기　130쪽

원리확인 ❶ 2, $-\dfrac{2}{5}$, 3, 3, $-\dfrac{2}{5}$, 3

❷ 1, $\dfrac{1}{3}$, -2, -2, $\dfrac{1}{3}$, 2

❸ 3, $-\dfrac{3}{2}$, -3, -3, $-\dfrac{3}{2}$, 3

1 $y=2x+6$　　**2** $y=-x+5$

3 $y=\dfrac{3}{7}x$ 1　　**4** $y=-6x-10$

5 $y=8x+11$　　**6** $y=-\dfrac{1}{3}x+\dfrac{3}{5}$

7 $y=5x-7$　　**8** $y=3x+5$

9 $y=-\dfrac{1}{3}x-\dfrac{3}{4}$　**10** $y=-4x+9$

11 $y=8x-\dfrac{1}{11}$　　☺ $y=ax+b$

12 $y=5x-7$　　**13** $y=-3x+1$

14 $y=-\dfrac{1}{6}x-5$　**15** $y=9x-10$

16 $y=-7x+40$　　**17** $y=-2x+5$

18 $y=4x-3$　　**19** $y=5x-\dfrac{1}{2}$

20 $y=-7x-1$　　**21** $y=-6x+16$

22 $y=x-1$　　**23** $y=\dfrac{1}{2}x-\dfrac{1}{2}$

24 $y=-6x+18$　**25** $y=-9x-15$

26 $y=4x+5$　　**27** $y=2x-3$

28 $y=-\dfrac{2}{5}x+4$　**29** $y=-2x+2$

30 ⑤

---

04 기울기와 한 점이 주어졌을 때 일차함수의 식 구하기　134쪽

원리확인 ❶ 2, 2, -3, $y=2x-3$

❷ -5, 3, -5, -2, $y=-5x-2$

❸ a, q, p, ap, q, ap, q, p, q

1 $y=-3x+4$　　**2** $y=8x-4$

3 $y=\dfrac{1}{2}x+2$　　**4** $y=-\dfrac{1}{6}x+3$

5 $y=7x+1$　　**6** $y=-4x-8$

7 $y=\dfrac{2}{3}x-10$　**8** $y=-x+5$

9 $y=3x+12$　　**10** $y=-\dfrac{1}{4}x-2$

11 $y=-3x-5$　　**12** $y=7x-17$

13 $y=-\dfrac{1}{4}x+7$　**14** $y=6x+4$

15 $y=\dfrac{3}{4}x+5$　　**16** $y=x+7$

17 $y=-2x+4$　　**18** $y=\dfrac{1}{3}x+1$

19 $y=-5x-10$　　**20** $y=-\dfrac{3}{2}x+12$

---

21 $y=\dfrac{2}{3}x-6$　　**22** $y=-\dfrac{5}{3}x+8$

23 $y=x+5$　　**24** $y=-\dfrac{5}{2}x+23$

25 $y=-\dfrac{2}{3}x-1$　**26** $y=\dfrac{7}{4}x+2$

27 $y=-\dfrac{1}{2}x-4$　**28** ④

---

05 서로 다른 두 점이 주어졌을 때 일차함수의 식 구하기　138쪽

원리확인 5, 2, 3, 3, 3, -1, $y=3x-1$

1 $y=-9x+37$　　**2** $y=2x+3$

3 $y=2x$　　**4** $y=-\dfrac{1}{2}x-9$

5 $y=-x+3$　　**6** $y=-\dfrac{4}{3}x+\dfrac{7}{3}$

7 $y=2x-1$　　**8** $y=\dfrac{1}{2}x+\dfrac{5}{2}$

9 $y=-\dfrac{1}{2}x+\dfrac{3}{2}$　**10** $y=\dfrac{2}{3}x+4$

11 $y=-2x+2$　　**12** $y=-x-2$

13 ⑤

---

06 x절편과 y절편이 주어졌을 때 일차함수의 식 구하기　140쪽

원리확인 2, 4, 4, 2, -2, $y=-2x+4$

1 $y=3x+6$　　**2** $y=-\dfrac{1}{5}x-3$

3 $y=-4x+16$　　**4** $y=\dfrac{7}{11}x-7$

5 $y=8x+8$　　**6** $y=-3x+3$

7 $y=\dfrac{7}{5}x+7$　　**8** $y=-x-3$

9 $y=-\dfrac{2}{5}x+2$　**10** $y=\dfrac{8}{3}x+8$

11 $y=-\dfrac{2}{3}x-4$　**12** $y=\dfrac{1}{2}x-2$

13 ④

---

07 일차함수의 활용　142쪽

원리확인 ❶ 20, 5　❷ 13, 2　❸ 100, 4

1 (1) 28, 31, 34, 37　(2) $3x$　(3) $y=3x+25$
(4) 7, 25, 46　(5) 3, 25, 13

2 (1) 26, 22, 18, 14　(2) 2　(3) $2x$
(4) $y=-2x+30$　(5) 8, 30, 14　(6) -2, 30, 15

3 (1) $y=8x+90$　(2) 114 cm　(3) 5년 후

4 (1) $\dfrac{1}{3}$ cm　(2) $y=15-\dfrac{1}{3}x$　(3) 10 cm　(4) 45분
☺ a, k

5 (1) 3　(2) $3x$　(3) $y=3x+16$　(4) 3, 16, 46
(5) 3, 16, 25

6 (1) 6　(2) $6x$　(3) $y=12-6x$　(4) 12, 6, -6
(5) 12, 6, 7

7 (1) $y=4x+30$　(2) 10분 후

8 (1) $y=20-6x$　(2) 2 ℃　　☺ a, k

9 (1) 9　(2) $9x$　(3) $y=9x+120$　(4) 9, 120, 228
(5) 9, 120, 20

10 (1) $y=36-3x$　(2) 15 L　(3) 12분

11 (1) $\dfrac{1}{11}$ L　(2) $y=35-\dfrac{1}{11}x$　(3) 27 L　☺ a, k

7 $\begin{cases} 2x+4y=x+6 \\ x+6=y+7 \end{cases}$, $x=2$, $y=1$

8 $\begin{cases} 3x-3y=x+3y \\ x+3y=3x+3 \end{cases}$, $x=-3$, $y=-1$

9 $\begin{cases} x+4y=2x+y \\ 2x+y=3x+8 \end{cases}$, $x=-12$, $y=-4$

10 $\begin{cases} x-3y=4x+2y-1 \\ 4x+2y-1=3x+y-2 \end{cases}$, $x=-3$, $y=2$

11 $\begin{cases} 4x-3y=5x-4y+1 \\ 5x-4y+1=2x+y-8 \end{cases}$, $x=2$, $y=3$

12 $\begin{cases} \dfrac{x-y}{2}=\dfrac{3x-2-y}{3} \\ \dfrac{3x-2-y}{3}=\dfrac{x-3y}{4} \end{cases}$, $x=2$, $y=-2$

13 $\begin{cases} 3x+5y=4x+6 \\ 3x+5y=x+y+2 \end{cases}$, $x=-1$, $y=1$

14 $\begin{cases} 5x+y+1=3x+7y-5 \\ 5x+y+1=2x+3y-8 \end{cases}$, $x=-3$, $y=0$

15 $\begin{cases} 2x+y+7=3x-4y \\ 2x+y+7=4x+4y+6 \end{cases}$, $x=2$, $y=-1$

16 $\begin{cases} \dfrac{2x+y}{2}=\dfrac{5x+3y-3}{2} \\ \dfrac{2x+y}{4}=\dfrac{x-y-1}{6} \end{cases}$, $x=2$, $y=-2$

17 ④

05 비례식을 포함한 연립방정식 40쪽

원리확인 ❶ $2y$, $3y+1$ ❷ $3y+3$, $6y$

❸ $4y$, $3x-2y$

1 ($\varnothing$ 1, -1, -1, -2) 2 $x=6$, $y=2$
3 $x=6$, $y=4$　　　4 $x=4$, $y=1$
5 $x=-10$, $y=-4$　6 $x=-10$, $y=-6$
7 $x=3$, $y=2$　　　8 $x=-5$, $y=-4$
9 $x=6$, $y=1$　　　10 $x=2$, $y=-1$
11 $x=2$, $y=2$　　　12 $x=6$, $y=1$
13 $x=-1$, $y=-1$　14 $x=-3$, $y=1$
15 $x=2$, $y=2$　　　16 $x=3$, $y=0$
17 ②

06 해가 특수한 연립방정식 42쪽

원리확인 ❶ 2, 4, 8, 무수히 많다, 2, $\dfrac{4}{8}$

❷ 2, 4, 10, 없다, 2, $\dfrac{5}{8}$

1 해가 무수히 많다.　2 해가 무수히 많다.
3 해가 무수히 많다.　4 해가 무수히 많다.
5 해가 무수히 많다.　6 해가 없다.
7 해가 없다.　　　　8 해가 없다.
9 해가 없다.　　　　10 해가 없다.
11 ②　　12 -6　　13 -6　　14 14
15 8　　16 -2　　17 -2　　18 12
19 -20　20 $a\neq4$　21 $a\neq12$
☺ 무수히 많다, 없다　22 ②

TEST 2. 여러 가지 연립방정식의 풀이 45쪽

1 ③　　　　2 3　　　　3 $x=4$, $y=1$
4 ②　　　　5 ②　　　　6 -12

3 연립방정식의 활용

01 연립방정식의 활용 48쪽

원리확인 ❶ 5600, $3y$, 4200 ❷ $y+4$, $2x+2y$

1 (1) $x+y$, $x-y$ (2) $x+y$, $x-y$
　(3) $x=25$, $y=17$ (4) 17, 25
2 28　　　　　　　　3 26
4 (1) 2, y, $2y$ (2) $x+y$, $4x+2y$, $x+y$, $4x+2y$
　(3) $x=23$, $y=20$ (4) 23마리
5 강아지: 6마리, 앵무새: 3마리
6 3　　　　　　　　7 5
8 (1) 11, $800x$, $1200y$
　(2) $x+y$, $800x+1200y$, $x+y$, $800x+1200y$
　(3) $x=3$, $y=8$ (4) 연필: 3자루, 볼펜: 8자루
9 100원짜리 동전의 개수: 9, 500원짜리 동전의 개수: 6
10 9　　　　　　　　11 7700원
12 (1) x, y (2) $2x+2y$, x, y, $2x+2y$, x, y
　(3) $x=5$, $y=3$
　(4) 가로의 길이: 5 cm, 세로의 길이: 3 cm
13 204 cm²　　　14 69 cm　　　15 7 cm

02 나이에 관한 연립방정식의 활용 52쪽

원리확인 ❶ 2 ❷ x, x ❸ x, 20, 15

1 (1) $x+13$, $y+13$
　(2) $x+y$, $x+13$, $y+13$, $x+y$, $x+13$, $y+13$
　(3) $x=45$, $y=16$ (4) 아버지: 45세, 아들: 16세
2 (1) $x-5$, $y-5$
　(2) $x+y$, $x-5$, $y-5$, $x+y$, $x-5$, $y-5$
　(3) $x=47$, $y=11$ (4) 어머니: 47세, 딸: 11세
3 54세　　　　4 17세　　　　5 9세

03 자릿수에 관한 연립방정식의 활용 54쪽

원리확인 ❶ x, 4, x, 4 ❷ x, 7, x, 7

❸ 2, x, 2, x

1 (1) y, x, $10y+x$ (2) $x+y$, $10y+x$, $10x+y$,
　$x+y$, $10y+x$, $10x+y$
　(3) $x=9$, $y=6$ (4) 96
2 (1) y, x, $10y+x$ (2) y, x, $10x+y$, y,
　x, $10y+x$, $10x+y$
　(3) $x=3$, $y=5$ (4) 53
3 15　　　　4 29　　　　5 38

04 일의 양에 관한 연립방정식의 활용 56쪽

원리확인 ❶ $\dfrac{1}{3}$ ❷ $\dfrac{1}{5}$ ❸ $\dfrac{1}{10}$

1 (1) $4x$, $4y$, $3x$, $6y$
　(2) $4x+4y$, $3x+6y$, $4x+4y$, $3x+6y$
　(3) $x=\dfrac{1}{6}$, $y=\dfrac{1}{12}$ (4) 12일
2 (1) $3x$, $8y$, $2x$, $12y$
　(2) $3x+8y$, $2x+12y$, $3x+8y$, $2x+12y$
　(3) $x=\dfrac{1}{5}$, $y=\dfrac{1}{20}$ (4) 4일
3 12일　　　　4 6시간　　　　5 40분

05 증가와 감소에 관한 연립방정식의 활용 58쪽

원리확인 ❶ $\dfrac{3}{100}$, $\dfrac{3}{100}$ ❷ $\dfrac{7}{100}$, $\dfrac{7}{100}$

❸ $\dfrac{11}{100}$, $\dfrac{11}{100}$

1 (1) 4, 450, $\dfrac{4}{100}$, $\dfrac{3}{100}$
　(2) 450, $\dfrac{4}{100}x-\dfrac{3}{100}y$, 450, $\dfrac{4}{100}x-\dfrac{3}{100}y$
　(3) $x=250$, $y=200$ (4) 194
2 (1) x, y, $\dfrac{5}{100}$, $\dfrac{10}{100}$
　(2) 850, $-\dfrac{5}{100}x+\dfrac{10}{100}y$, 850, $-\dfrac{5}{100}x+\dfrac{10}{100}y$
　(3) $x=460$, $y=390$
　(4) 남자 입장객 수: 437명, 여자 입장객 수: 429명
3 100명　　　　4 240개
5 사과: 837 kg, 배: 483 kg

06 속력에 관한 연립방정식의 활용 60쪽

원리확인 ❶ $\dfrac{x}{4}$ ❷ $2x$ ❸ $\dfrac{x}{3}$

1 (1) 3, 4, 3, 4 (2) $x+y$, 3, 4, 2, $x+y$, 3, 4, 2
　(3) $x=3$, $y=4$
　(4) 걸어간 거리: 3 km, 달려간 거리: 4 km
2 (1) 2, 4, 2, 4 (2) 3, 2, 4, 3, 2, 4, 3
　(3) $x=3$, $y=6$ (4) 3 km
3 $\dfrac{x}{50}$시간, $\dfrac{y}{80}$시간, 80 km
4 $\dfrac{x}{3}$시간, $\dfrac{y}{4}$시간, 8 km
5 $\dfrac{x}{4}$시간, $\dfrac{y}{60}$시간, 1 km
6 (1) x, y, $400x$, $700y$
　(2) x, y, $400x$, $700y$, x, y, $400x$, $700y$
　(3) $x=35$, $y=20$ (4) 35분 후
7 (1) $20x$, $20y$, $8x$, $8y$
　(2) $20x-20y$, $8x+8y$, $20x-20y$, $8x+8y$
　(3) $x=105$, $y=45$
　(4) 은우: 분속 105 m, 희원: 분속 45 m
8 $300x$ m, $500y$ m, 15분 후
9 $\dfrac{x}{5}$시간, $\dfrac{y}{4}$시간, 8 km
10 $10x$ m, $10y$ m, $50x$ m, $50y$ m
　현진: 분속 80 m, 규호: 분속 120 m
11 x m, y m, $\dfrac{1}{3}x$ m, $\dfrac{1}{3}y$ m
　채원: 분속 200 m, 성재: 분속 400 m
12 (1) $x-y$, $x+y$
　(2) $4(x-y)$, $3(x+y)$, $4(x-y)$, $3(x+y)$
　(3) $x=7$, $y=1$ (4) 시속 7 km
13 시속 $(x+y)$ km, 시속 $(x-y)$ km, 시속 22 km
14 시속 $(x-y)$ km, 시속 $(x+y)$ km, 시속 2 km
15 (1) $x+3000$, $x+1200$
　(2) $x+3000$, $x+1200$, $x+3000$, $x+1200$
　(3) $x=700$, $y=100$
　(4) 열차의 길이: 700 m, 속력: 초속 100 m

16 $(x+4300)$ m, $(x+2700)$ m
기차의 길이: 500 m, 속력: 분속 1600 m
17 $(x+5700)$ m, $(x+4600)$ m, 1분

07 농도에 관한 연립방정식의 활용 66쪽
원리확인 ❶ 15, 15 ❷ 10, 25 ❸ 8, 32

1 (1) $\frac{10}{100}$, $\frac{18}{100}$, $\frac{12}{100}$ (2) x, y, $\frac{10}{100}$, $\frac{18}{100}$, $\frac{12}{100}$
(3) $x=300$, $y=100$
(4) 10 %의 소금물: 300 g, 18 %의 소금물: 100 g
2 (1) $\frac{6}{100}$, $\frac{11}{100}$, $\frac{10}{100}$
(2) x, y, $\frac{6}{100}$, $\frac{11}{100}$, $\frac{10}{100}$
(3) $x=50$, $y=200$ (4) 150 g
3 $\frac{14}{100}$, $\frac{19}{100}$, $\frac{17}{100}$
14 %의 설탕물: 200 g, 19 %의 설탕물: 300 g
4 $\frac{20}{100}$, $\frac{25}{100}$, $\frac{23}{100}$, 140 g
5 $\frac{4}{100}$, $\frac{10}{100}$, $\frac{8}{100}$, 100 g
6 $\frac{15}{100}$, $\frac{24}{100}$, $\frac{20}{100}$,
24 %의 소금물을 50 g 더 많이 섞어야 한다.
7 (1) $2x$, $3y$, 50, $3x$, $2y$, 60
(2) $2x$, $3y$, 50, $3x$, $2y$, 60
(3) $x=16$, $y=6$
(4) 소금물 A: 16 %, 소금물 B: 6 %
8 (1) $\frac{9}{100}$, $\frac{12}{100}$, $\frac{10}{100}$
(2) x, y, 30, $\frac{9}{100}$, $\frac{12}{100}$, $\frac{10}{100}$
(3) $x=40$, $y=170$ (4) 40 g
9 $\frac{3}{2}x$, $\frac{5}{2}y$, 56, $\frac{5}{2}x$, $\frac{3}{2}y$, 64, 19 %
10 $\frac{10}{100}$, $\frac{15}{100}$, $\frac{7}{100}$, 60 g
11 (1) x, x, y, y
(2) $\frac{10}{100}$, $\frac{30}{100}$, $\frac{20}{100}$, $\frac{10}{100}$, $x+3y$, $2x+y$
(3) $x=50$, $y=50$
(4) 합금 A: 50 kg, 합금 B: 50 kg
12 x, x, y, y, 140 g
13 x, x, y, y, 130 g

TEST 3. 연립방정식의 활용 71쪽
1 16마리 2 ③ 3 28
4 ⑤ 5 9 km 6 5 %

대단원 TEST IV. 연립방정식 72쪽
1 ③ 2 ③ 3 ①
4 ⑤ 5 $a=-1$, $b=3$ 6 ②
7 ④ 8 ① 9 60 cm²
10 ④ 11 ⑤ 12 ④
13 ② 14 ⑤ 15 6분

4 일차함수와 그 그래프(1)
01 함수의 뜻 78쪽
원리확인 ❶ (1) 3000, 4000 (2) 정해지므로, 함수이다
❷ (1) 없다. / 2 / 2, 3
(2) 정해지지 않으므로, 함수가 아니다
❸ (1) 4, 8, 12, 16 (2) 정해지므로, 함수이다
❹ (1) 1, 2, 3, 4 (2) 정해지므로, 함수이다

1 ○, 8, 16, 24, 32
2 ×, 1 / 1, 2 / 1, 3 / 1, 2, 4
3 ○, 5000, 10000, 15000, 20000
4 ×, -1, 1 / -2, 2 / -3, 3 / -4, 4
5 ○, π, 4π, 9π, 16π 6 ○, 6, 7, 8, 9
7 ○, 1, 2, 3
8 ×, 1, 2, 3, 4, ⋯ / 1, 3, 5, ⋯ / 1, 2, 4, ⋯
9 (1) 60, 120 (2) 함수이다. (3) (✏30)
10 (1) 10, 15, 20 (2) 함수이다. (3) $y=5x$
11 (1) 4π, 6π, 8π (2) 함수이다. (3) $y=2\pi x$
12 (1) 1800, 2200, 2600 (2) 함수이다.
(3) $y=400x+1000$
13 (1) 36, 29, 22 (2) 함수이다. (3) $y=50-7x$
14 (1) 6, 5, 3 (2) 함수이다. (3) $y=\frac{300}{x}$
15 (1) 8000, 9000, 10000 (2) 함수이다.
(3) $y=6000+1000x$
16 (1) 4, 9, 16 (2) 함수이다. (3) $y=x^2$
17 (1) × (2) ○ (3) × (4) ○ 18 ②, ③

02 함숫값 82쪽
1 (1) (✏-2, -4) (2) 0 (3) 2 (4) 5 (5) $-\frac{1}{2}$
2 (1) 1 (2) 2 (3) $-\frac{3}{2}$ (4) -6 (5) -3
3 (1) 3 (2) 2 (3) 0 (4) -1 (5) $\frac{2}{3}$
4 14, 14, -4, -4, $\frac{5}{2}$, $\frac{5}{2}$, -3, -3
5 -15, -15, 9, 9, $-\frac{7}{3}$, $-\frac{7}{3}$, 14, 14
6 -13, -13, 10, 10, 1, 1
☺ a, a 7 (1) $230x$ (2) 920
8 (1) $\frac{800}{x}$ (2) 160
9 (1) $1000x+50$ (2) 6050
10 ⑤

03 함숫값을 이용한 미지수의 값 84쪽
원리확인 ❶ a, 6, a, 6, 3
❷ a, -8, a, -8, -4 ❸ a, 14, a, 14, 7

1 (1) -5 (2) 2 (3) $-\frac{1}{15}$ (4) $\frac{1}{6}$
2 (1) 7 (2) $-\frac{5}{2}$ (3) $\frac{1}{2}$ (4) $\frac{3}{4}$
3 (1) 16 (2) -2 (3) -12 (4) -18
4 (1) 5 (2) -7 (3) -4 (4) 7
5 (1) -20 (2) 3 6 (1) $\frac{2}{3}$ (2) 2
7 ⑤

04 일차함수의 뜻 86쪽
1 (1) ○ (2) × (3) × (4) ○ (5) × (6) ○ (7) ○
(8) ○ (9) ×
2 ②
3 (1) $y=850x$, ○ (2) $y=1000x+100$, ○
(3) $y=4\pi x^2$, × (4) $y=\frac{10}{x}$, × (5) $y=20x$, ○
(6) $y=50-x$, ○ (7) $y=\frac{x^2}{16}$, × (8) $y=360$, ×
(9) $y=500x+300$, ○

05 일차함수 $y=ax$의 그래프 88쪽
1 (1) -4, -2, 2, 4 (2)
2 (1) 4, 2, -2, -4 (2)
☺ 0, 0, 위, 아래
3 (1) 0, 1 (2) 0, 2 (3) 0, 4 (4)
4 (1) 0, -1 (2) 0, -2 (3) 0, -4 (4)
☺ y 5 2 6 $-\frac{1}{3}$ 7 $\frac{1}{3}$
8 ⑤

06 일차함수 $y=ax+b$의 그래프 90쪽
원리확인 ❶ 5 ❷ -3 ❸ -4
1 (1) -2, -1, 1, 2, 0, 1, 3, 4
(2) 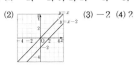 (3) 2 (4) 2
2 (1) -2, -1, 0, 1, 2, -4, -3, -2, -1, 0
(2) (3) -2 (4) 2
☺ 양, 음 3 3, 3
4 1, $-\frac{1}{2}x+1$ 5 -2, $2x-2$
6 (✏-3, 3) 7 $y=4x+2$
8 $y=-7x-5$ 9 $y=-3x+1$
10 $y=\frac{1}{2}x-2$ 11 $y=\frac{3}{4}x+4$
12 $y=-\frac{1}{3}x+\frac{2}{3}$ 13 $y=-\frac{7}{5}x-\frac{4}{5}$
14 $y=-x+5$ 15 $y=3x-7$
16 $y=\frac{3}{4}x-4$ 17 $y=-\frac{2}{5}x+5$
☺ c
18 ③ 19 -2, 4,

20 −2, 4, 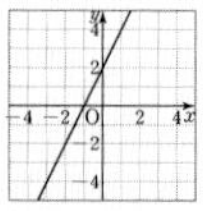 21 3, −1, 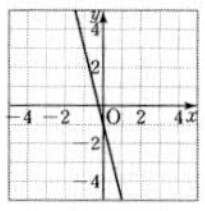

22 0, 3, 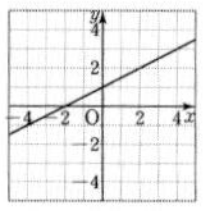 23 1, −3, 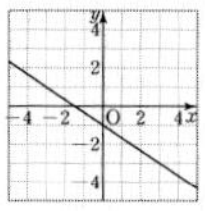

24 −1, 2, 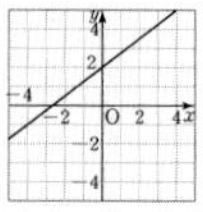

07 일차함수 $y=ax+b$의 그래프 위의 점 94쪽

원리확인 ❶ ○, 2, 1, = ❷ ×, −1, −1, ≠

❸ ○, 3, 3, = ❹ ×, $\frac{1}{2}$, −3, ≠

1 (✎ a, −5, −5, a, −2) 2 −4

3 4 4 −10 5 3

6 (✎ 1, −5, −5, a, −5) 7 $-\frac{8}{3}$

8 6 9 −50 10 $-\frac{1}{12}$

11 (✎ 3, −2, −2, 3, 10) 12 −7

13 20 14 −12 15 ②

08 평행이동한 그래프 위의 점 96쪽

1 ○ (✎ 5, 5, 1) 2 × 3 ○

4 × 5 ○ 6 × 7 ○

8 (1) $y=x+2$ (2) 0

9 (1) $y=-\frac{1}{2}x+2$ (2) 10

10 (1) $y=3x-6$ (2) −1 11 (1) $y=\frac{2}{3}x+6$ (2) 4

12 (1) $y=-5x-5$ (2) 0 13 ⑤

14 (1) $y=-6x+a-4$ (2) −4

15 (1) $y=\frac{2}{3}x+a+6$ (2) 8

16 (1) $y=ax-5$ (2) −6 17 (1) $y=ax-2$ (2) 5

18 (1) $y=ax+7$ (2) 2 19 ④

TEST 4. 일차함수와 그 그래프 (1) 99쪽

1 ③ 2 ② 3 ③, ⑤

4 ⑤ 5 −18 6 5

5 일차함수와 그 그래프 (2)

01 일차함수의 그래프의 x절편과 y절편 102쪽

원리확인 ❶ (1) 1, 1 (2) 2, 2 (3) 1, 2

❷ (1) −1, −1 (2) 4, 4 (3) −1, 4

❸ (1) −3, −3 (2) 1, 1 (3) −3, 1

1 (1) (3, 0) (2) 3 (3) (0, 3) (4) 3

2 (1) (−4, 0) (2) −4 (3) (0, 2) (4) 2

3 (1) (1, 0) (2) 1 (3) (0, 3) (4) 3

4 (1) (2, 0) (2) 2 (3) (0, 2) (4) 2

☺ 0, 0 5 2, 1 6 3, −3

7 1, −4 8 −3, −2 9 −1, −1

10 2, 4 11 −5, 5 12 4, −1

13 $-\frac{2}{3}$, −2 14 4, 2 15 2, −3

16 2, −4 17 $-\frac{1}{3}$, 1 18 −5, 1

19 −4, −1 ☺ 0, b 20 ②

02 절편을 이용하여 그래프 그리기 106쪽

1 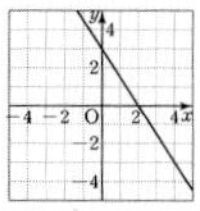 2 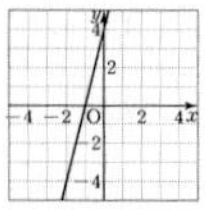

3 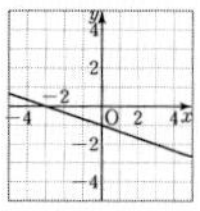 4 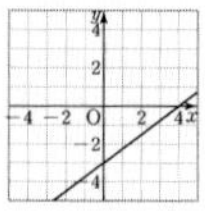

5 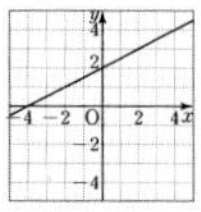 6 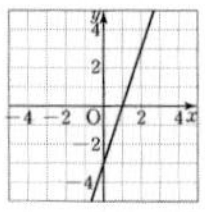

7 4, 4, 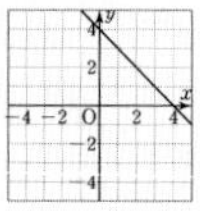 8 3, −1, 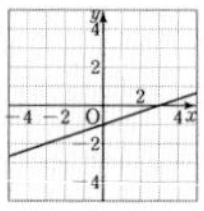

9 2, −2, 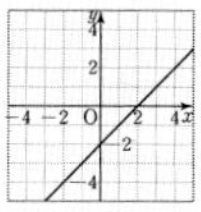 10 −4, 1, 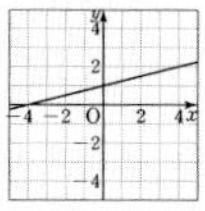

11 1, −3, 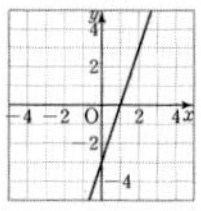 ☺ x, y

12 ④

03 절편을 이용한 미지수의 값과 넓이 108쪽

1 (✎ 0, 2, −6) 2 10 3 −1

4 2 5 −3

6 (✎ 0, −1, −6, 6, 0, 6) 7 −4

8 1 9 4 10 −3

11 4, 3, 6 12 2, −4, 4 13 −4, −2, 4

14 32 15 4 16 6

17 9 18 48 19 12

20 ③

04 일차함수의 그래프의 기울기 (1) 110쪽

원리확인 1, 1, 1, 3, 3, 3, 3, 1, 3

1 2 / 1, 3, 5 (✎ 1, 2, 1, 2, 2)

2 −3 / −2, −5, −8, −11

3 5 / 1, 6, 11, 16

4 −2 / −4, −6, −8, −10

5 1 / 7, 8, 9, 10

6 −4 / 3, −1, −5, −9

7 3 / 3, 6, 9, 12 8 5 / −4, 1, 6, 11

9 6, −3 $\left(✎ -3, -\frac{1}{2}\right)$ 10 3, 2, $\frac{2}{3}$

11 4, −3, $-\frac{3}{4}$ 12 2, −4, −2

13 2, 6, 3 14 1, 5, 5

15 2, −4, −2 16 6, −2, $-\frac{1}{3}$

17 4, 3, $\frac{3}{4}$ ☺ 4, 4, 4, −3

18 (✎ 6) 19 $\frac{1}{3}$ 20 −4 21 −1

22 $-\frac{1}{4}$ 23 3 24 $\frac{2}{5}$ 25 −5

26 $\frac{1}{6}$ 27 7 28 $-\frac{2}{5}$ ☺ a, b

29 ④

05 일차함수의 그래프의 기울기 (2) 114쪽

1 4 (✎ 2, 4) 2 6 3 −10

4 8 5 −4 6 9 (✎ 3, 9)

7 −12 8 −6 9 ④

10 5, 4, 1, 1 11 5, 1, 4, 2

12 7, 2, 5, −5 13 6, −4, 10, 2

14 2, 8, −6, −3 15 5, −3, 8, −4

16 1 17 −2 18 2

19 −3 20 ④

06 y절편과 기울기를 이용하여 그래프 그리기 116쪽

1 (1) 1, 1 (2) −4, 1, 4, 1, −3

(3) 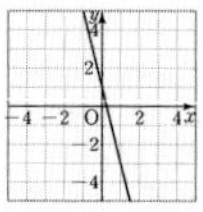

2 (1) −1, −1 (2) $\frac{2}{3}$, −1, 2, 3, 1 (3) 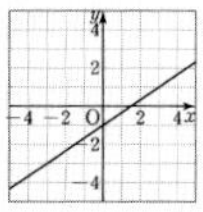

3 (1) 2, 2 (2) $-\frac{3}{4}$, 2, 3, 4, −1 (3) 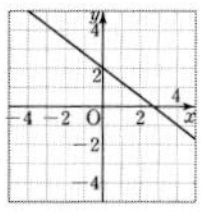

4 3, −4, 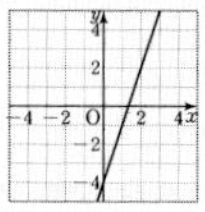 5 $\frac{1}{2}$, 4, 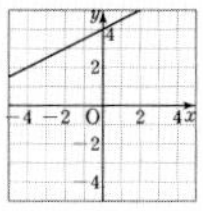

6 −5, −2, 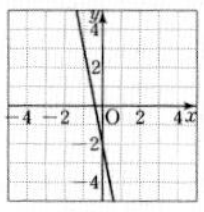

7 1, −5, 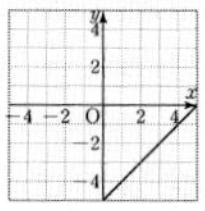 8 $-\frac{2}{3}$, 3, 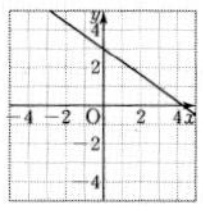

9 $\frac{1}{5}$, −1, 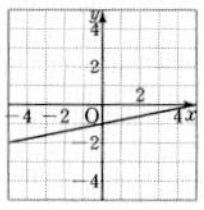

10 −4, −4, 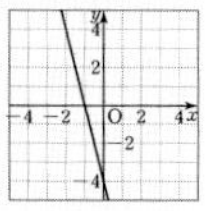

11 $\frac{3}{4}$, −3, 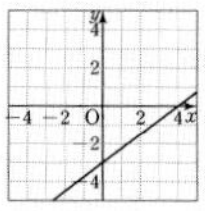

12 $-\frac{1}{5}$, −2, 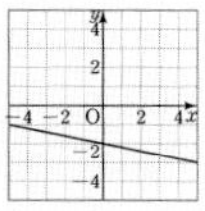

13 $\frac{2}{5}$, 2, 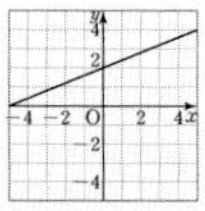 14 −6, 3, 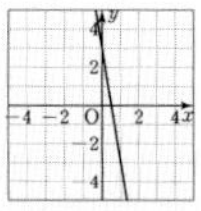

15 ②

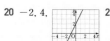

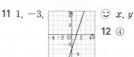

수학은 개념이다!

디딤돌의 중학 수학 시리즈는
여러분의 수학 자신감을 높여 줍니다.

개념 이해
디딤돌수학 개념연산

다양한 이미지와 단계별 접근을 통해
개념이 쉽게 이해되는 교재

개념 적용
디딤돌수학 개념기본

개념 이해, 개념 적용, 개념 완성으로
개념에 강해질 수 있는 교재

개념 응용
최상위수학 라이트

개념을 다양하게 응용하여
문제해결력을 키워주는 교재

개념 완성

디딤돌수학 개념연산과 개념기본은 동일한 학습 흐름으로 구성되어 있습니다.
연계 학습이 가능한 개념연산과 개념기본을 통해
중학 수학 개념을 완성할 수 있습니다.

수 학 은 개 념 이 다 !

개념연산

중 **2** | **1** | 정답과 풀이
B

2022 개정 교육과정

디딤돌

수학은 개념이다!

개념연산

중 **2** **1/B** 정답과 풀이

디딤돌 수학

1 연립방정식과 그 풀이

01

미지수가 2개인 일차방정식

원리확인

❶ ㄷ   ❷ ㄴ   ❸ ㄱ   ❹ ㅁ   ❺ ㄹ

1 ○	2 ○	3 ×	4 ×
5 ×	6 ×	7 ○	8 ×
❣ 0, 0, 0	9 0	10 0	11 0, 2
12 0, 2	13 $\frac{1}{2}$, 3	14 ①	
15 ($\mathscr{D}$ 2, 4, 30)		16 $8x+12y=5200$	
17 $2x+3y=45$		18 $10x=y$	
19 $3x+5y=35$		20 ④	

3   등식이 아니므로 일차방정식이 아니다.

4   $x-3y=2x-3y$를 정리하면 $x=0$이므로 미지수가 2개인 일차방정식이 아니다.

5   분수의 분모에 미지수가 있으면 다항식이 아니므로 일차방정식이 아니다.

6   x^2의 차수가 2이므로 일차방정식이 아니다.

7   $x^2+4x=x^2+3y$를 정리하면 $4x-3y=0$이므로 미지수가 2개인 일차방정식이다.

8   $xy+x=5+x$를 정리하면 $xy-5=0$이고, xy의 차수가 2이므로 일차방정식이 아니다.

14   $x+(a-3)y+4=2x-5y$에서
  $-x+(a+2)y+4=0$이므로 x, y에 대한 일차방정식이 되려면
  $a+2\neq0$, 즉 $a\neq-2$

20   $\dfrac{x}{100}\times100+\dfrac{y}{100}\times200=\dfrac{20}{100}\times300$이므로
  $x+2y=60$

02

미지수가 2개인 일차방정식의 해

원리확인

❶ 0, 5, 5, 해이다   ❷ 1, 4, 6, 해가 아니다

❸ 2, 2, 6, 해가 아니다   ❹ 3, -1, 5, 해이다

❺ -2, 9, 5, 해이다

1 ×	2 ○	3 ×	4 ○
5 ×	6 ○	7 ○	8 ○
9 ×	10 ×	11 ×	12 ○
13 ×	14 ○	15 ②	

16 ($\mathscr{D}$ 3, 1)

17 18, 11, 4, -3, -10, (1, 18), (2, 11), (3, 4)

18 8, 6, 4, 2, 0, (8, 1), (6, 2), (4, 3), (2, 4)

19 24, 16, 8, 0, -8, (24, 1), (16, 2), (8, 3)

20 3, 2, 1, 0, -1, (1, 3), (2, 2), (3, 1)

21 8, 5, 2, -1, -4, (1, 8), (2, 5), (3, 2)

22 4, 2, 0, -2, -4, (4, 1), (2, 2)

23 (1, 8), (2, 6), (3, 4), (4, 2)

24 (12, 1), (9, 2), (6, 3), (3, 4)

25 (1, 4), (3, 1)   26 (8, 1), (4, 2)

27 (1, 15), (2, 10), (3, 5)

28 ③	29 ($\mathscr{D}$ 1, 5, 1)	30 5
31 3	32 3	33 1	34 -4
35 ②	36 ($\mathscr{D}$ 1, a, 1)	37 5
38 -15	39 1	40 -7	41 -4
❣ p, q	42 ⑤	

1   $0+3\times3\neq7$

2   $1+3\times2=7$

3   $2+3\times1\neq7$

4   $4+3\times1=7$

5   $-1+3\times3\neq7$

6   $-2+3\times3=7$

7   $-5+3\times4=7$

8 $2+2\times(-1)=0$

9 $2\times2-(-1)+3\neq0$

10 $3\times2+2\times(-1)\neq10$

11 $5\times2+2\times(-1)-9\neq0$

12 $-1=-(2-1)$

13 $3\times(2-5)\neq-1+8$

14 $4\times2+2\times(-1-3)=0$

15 ① $0-4\times(-5)=20$
② $2-4\times(-6)\neq20$
③ $4-4\times(-4)=20$
④ $8-4\times(-3)=20$
⑤ $12-4\times(-2)=20$
따라서 일차방정식 $x-4y=20$의 해가 아닌 것은 ②이다.

23 x가 자연수이므로 $x=1$, 2, 3, …을 $2x+y-10=0$에 대입하면

x	1	2	3	4	5
y	8	6	4	2	0

이때 y도 자연수이므로 구하는 해는 $(1, 8)$, $(2, 6)$, $(3, 4)$, $(4, 2)$이다.

24 y가 자연수이므로 $y=1$, 2, 3, …을 $x+3y=15$에 대입하면

x	12	9	6	3	0
y	1	2	3	4	5

이때 x도 자연수이므로 구하는 해는 $(12, 1)$, $(9, 2)$, $(6, 3)$, $(3, 4)$이다.

25 x가 자연수이므로 $x=1$, 2, 3, …을 $3x+2y=11$에 대입하면

x	1	2	3	4
y	4	$\frac{5}{2}$	1	$-\frac{1}{2}$

이때 y도 자연수이므로 구하는 해는 $(1, 4)$, $(3, 1)$이다.

26 y가 자연수이므로 $y=1$, 2, 3, …을 $\frac{1}{4}x+y=3$에 대입하면

x	8	4	0
y	1	2	3

이때 x도 자연수이므로 구하는 해는 $(8, 1)$, $(4, 2)$이다.

27 x가 자연수이므로 $x=1$, 2, 3, …을 $y=20-5x$에 대입하면

x	1	2	3	4
y	15	10	5	0

이때 y도 자연수이므로 구하는 해는 $(1, 15)$, $(2, 10)$, $(3, 5)$이다.

28 ① $x+y=3$일 때,

x	1	2	3
y	2	1	0

이므로 구하는 해의 개수는 $(1, 2)$, $(2, 1)$의 2이다.
② $x+2y=5$일 때,

x	3	1	-1
y	1	2	3

이므로 구하는 해의 개수는 $(3, 1)$, $(1, 2)$의 2이다.
③ $2x+y=12$일 때,

x	1	2	3	4	5	6
y	10	8	6	4	2	0

이므로 구하는 해의 개수는 $(1, 10)$, $(2, 8)$, $(3, 6)$, $(4, 4)$, $(5, 2)$의 5이다.
④ $2x+3y=19$일 때,

x	8	$\frac{13}{2}$	5	$\frac{7}{2}$	2	$\frac{1}{2}$	-1
y	1	2	3	4	5	6	7

이므로 구하는 해의 개수는 $(8, 1)$, $(5, 3)$, $(2, 5)$의 3이다.
⑤ $3x+4y=30$일 때,

x	$\frac{26}{3}$	$\frac{22}{3}$	6	$\frac{14}{3}$	$\frac{10}{3}$	2	$\frac{2}{3}$	$-\frac{2}{3}$
y	1	2	3	4	5	6	7	8

이므로 구하는 해의 개수는 $(6, 3)$, $(2, 6)$의 2이다.
따라서 해의 개수가 가장 많은 것은 ③이다.

30 $2-(-3)=a$이므로 $a=5$

31 $a+3=6$이므로 $a=3$

32 $-2+4a=10$이므로 $a=3$

33 $-9+10=a$이므로 $a=1$

34 $-5a-3=17$이므로 $a=-4$

35 $x=-4$, $y=9$를 $7x-ay-8=0$에 대입하면
$-28-9a-8=0$, $-9a=36$
따라서 $a=-4$

37 $a+6=11$이므로 $a=5$

38 $-6-a=9$이므로 $a=-15$

39 $1+7a=8$이므로 $a=1$

40 $4a+27+1=0$이므로 $a=-7$

41 $5a-3a+8=0$, $2a=-8$
따라서 $a=-4$

42 $x=7$, $y=2$를 $ax-5y=4$에 대입하면
$7a-10=4$이므로 $a=2$
$x=b$, $y=-2$를 $2x-5y=4$에 대입하면
$2b+10=4$이므로 $b=-3$
따라서 $a-b=2-(-3)=5$

---

03 본문 16쪽

미지수가 2개인 연립일차방정식과 그 해

원리확인

❶ 1, 5, 1, 5, 해이다

❷ 2, 4, 2, 4, 8, 해가 아니다

1 $(\mathscr{\ }3, 5, 5000, 4, 2, 3400)$

2 $\begin{cases} x+y=10 \\ 2x+4y=28 \end{cases}$

3 $\begin{cases} x=y+5 \\ 2x+2y=58 \end{cases}$ **4** $\begin{cases} x+y=58 \\ x+3=3(y+3) \end{cases}$

5 ○   **6** ×   **7** ×   **8** ○

---

9 ×   **10** ○

11 4, 3, 2, 1, 0, 4, 2, 0, -2, -4, $(1, 4)$

12 5, 3, 1, -1, -3, 8, 5, 2, -1, -4, $(2, 3)$

13 $\dfrac{13}{2}$, 5, $\dfrac{7}{2}$, 2, $\dfrac{1}{2}$, $\dfrac{15}{2}$, 4, $\dfrac{1}{2}$, -3, $-\dfrac{13}{2}$, $(4, 2)$

14 $(1, 2)$ **15** $(5, 1)$ **16** $(4, 1)$

17 $(1, 4)$ **18** $(2, 5)$ **19** ④

20 (1) -1, 3, 6, -1 (2) -1, 3, 2

21 (1) 2, -4, 6, 1 (2) -4, 8, -1

☺ p, q, p, q, c' **22** $(\mathscr{\ }1, 2, -3, 2, 2)$

23 $a=1$, $b=1$ **24** $a=1$, $b=-1$

25 $a=2$, $b-16$ **26** $a-1$, $b=2$

27 $(\mathscr{\ }a, 3, 1, 1, 1, 3, 3)$ **28** $a=2$, $b=-3$

29 $a=-2$, $b=6$ **30** ②

5 $x=1$, $y=2$를 두 일차방정식에 각각 대입하면
$\begin{cases} 1+2=3 \\ 2\times1+2=4 \end{cases}$
따라서 $(1, 2)$는 주어진 연립방정식의 해이다.

6 $x=1$, $y=2$를 두 일차방정식에 각각 대입하면
$\begin{cases} 2\times1+2=4 \\ 1+3\times2\neq9 \end{cases}$
따라서 $(1, 2)$는 주어진 연립방정식의 해가 아니다.

7 $x=1$, $y=2$를 두 일차방정식에 각각 대입하면
$\begin{cases} 2\times1-2\neq1 \\ -3\times1+2\times2=1 \end{cases}$
따라서 $(1, 2)$는 주어진 연립방정식의 해가 아니다.

8 $x=1$, $y=2$를 두 일차방정식에 각각 대입하면
$\begin{cases} 3\times1-2=1 \\ 1+4\times2=9 \end{cases}$
따라서 $(1, 2)$는 주어진 연립방정식의 해이다.

9 $x=1$, $y=2$를 두 일차방정식에 각각 대입하면
$\begin{cases} -4\times1+3\times2\neq-2 \\ 1-5\times2\neq-10 \end{cases}$
따라서 $(1, 2)$는 주어진 연립방정식의 해가 아니다.

10 $x=1$, $y=2$를 두 일차방정식에 각각 대입하면
$$\begin{cases} 5 \times 1 + 2 = 7 \\ -2 \times 1 + 7 \times 2 = 12 \end{cases}$$
따라서 $(1, 2)$는 주어진 연립방정식의 해이다.

14 $x+y=3$의 해는 $(1, 2)$, $(2, 1)$
$x+2y=5$의 해는 $(1, 2)$, $(3, 1)$
따라서 주어진 연립방정식의 해는 $(1, 2)$

15 $x+3y=8$의 해는 $(2, 2)$, $(5, 1)$
$2x+3y=13$의 해는 $(2, 3)$, $(5, 1)$
따라서 주어진 연립방정식의 해는 $(5, 1)$

16 $2x+y=9$의 해는 $(1, 7)$, $(2, 5)$, $(3, 3)$, $(4, 1)$
$x=-2y+6$의 해는 $(2, 2)$ $(4, 1)$
따라서 주어진 연립방정식의 해는 $(4, 1)$

17 $3x+2y=11$의 해는 $(1, 4)$, $(3, 1)$
$y=-3x+7$의 해는 $(1, 4)$, $(2, 1)$
따라서 주어진 연립방정식의 해는 $(1, 4)$

18 $4x+3y=23$의 해는 $(2, 5)$, $(5, 1)$
$3x+5y=31$의 해는 $(2, 5)$, $(7, 2)$
따라서 주어진 연립방정식의 해는 $(2, 5)$

19 $3x-4y=7$의 해는 $(5, 2)$, $(9, 5)$, $(13, 8)$, $\cdots$
$-5x+6y=-13$의 해는
$(5, 2)$, $(11, 7)$, $(17, 12)$, $\cdots$
이므로 주어진 연립방정식의 해는 $(5, 2)$
따라서 $p=5$, $q=2$이므로 $p+q=5+2=7$

23 $x=2$, $y=3$을 $ax+y=5$에 대입하면
$2a+3=5$, $2a=2$
따라서 $a=1$
$x=2$, $y=3$을 $3x+by=9$에 대입하면
$3 \times 2 + 3b = 9$, $3b=3$
따라서 $b=1$

24 $x=-1$, $y=-3$을 $2x+ay=-5$에 대입하면
$2 \times (-1) - 3a = -5$, $-3a=-3$
따라서 $a=1$
$x=-1$, $y=-3$을 $bx-y=4$에 대입하면
$-b-(-3)=4$, $-b=1$
따라서 $b=-1$

25 $x=2$, $y=-2$를 $ax+5y=-6$에 대입하면
$2a+5 \times (-2) = -6$, $2a=4$
따라서 $a=2$
$x=2$, $y=-2$를 $5x-3y=b$에 대입하면
$5 \times 2 - 3 \times (-2) = b$, $10+6=b$
따라서 $b=16$

26 $x=-2$, $y=-1$을 $x-3y=a$에 대입하면
$-2-3 \times (-1) = a$, $-2+3=a$
따라서 $a=1$
$x=-2$, $y=-1$을 $bx+3y=-7$에 대입하면
$-2b+3 \times (-1) = -7$, $-2b=-4$
따라서 $b=2$

28 $x=4$, $y=a$를 $4x-7y=2$에 대입하면
$4 \times 4 - 7a = 2$, $-7a=-14$
따라서 $a=2$
$x=4$, $y=2$를 $bx+y=-10$에 대입하면
$4b+2=-10$, $4b=-12$
따라서 $b=-3$

29 $x=a$, $y=-2$를 $3x-11y=16$에 대입하면
$3a-11 \times (-2) = 16$, $3a=-6$
따라서 $a=-2$
$x=-2$, $y=-2$를 $x-4y=b$에 대입하면
$-2-4 \times (-2) = b$
따라서 $b=6$

30 $y=3$을 $-3x+2y=12$에 대입하면
$-3x+6=12$, $-3x=6$
즉 $x=-2$이므로 연립방정식의 해는
$x=-2$, $y=3$
$5x+4y=k$에 $x=-2$, $y=3$을 대입하면
$-10+12=k$
따라서 $k=2$

연립방정식의 풀이⑴ – 가감법

원리확인

❶ 1 ❷ 10 ❸ 4, -18, $-$, -5, -20

❹ 9, 30, $+$, 8, 4, 17, 34

❺ 35, 100, $+$, 4, -22, 39, 78

☺ 뺀, 더

1 5, 15, 3, 3, -2, -2, 3

2 2, 4, 2, 2, -3, 2, -3

3 11, -11, -1, -1, 3, -1, 3

4 14, 14, 1, 1, 6, 6, 1 5 ($\varnothing$ 3, 12, 4, 4, 4, 1)

6 $x=-3$, $y=-9$ 7 $x=-1$, $y=3$

8 $x=2$, $y=5$ 9 $x=3$, $y=-3$

10 $x=3$, $y=5$ 11 $x=2$, $y=-1$

12 $x=2$, $y=2$ 13 $x=-3$, $y=-1$

14 ④ 15 ($\varnothing$ 5, 10, 2, 2, 2, -1)

16 $x=1$, $y=2$ 17 $x=2$, $y=1$

18 $x=3$, $y=-1$ 19 $x=2$, $y=0$

20 $x=13$, $y=-9$ 21 $x=-1$, $y=1$

22 $x=3$, $y=4$ 23 $x=4$, $y=2$

24 ⑤

6 $\begin{cases} 2x-y=3 & \cdots\cdots\ \text{㉠} \\ x-y=6 & \cdots\cdots\ \text{㉡} \end{cases}$

㉠$-$㉡을 하면 $x=-3$

$x=-3$을 ㉠에 대입하면 $-6-y=3$

따라서 $y=-9$

7 $\begin{cases} -2x+3y=11 & \cdots\cdots\ \text{㉠} \\ 2x+4y=10 & \cdots\cdots\ \text{㉡} \end{cases}$

㉠$+$㉡을 하면 $7y=21$

따라서 $y=3$

$y=3$을 ㉠에 대입하면

$-2x+9=11$, $-2x=2$

따라서 $x=-1$

8 $\begin{cases} 3x+y=11 & \cdots\cdots\ \text{㉠} \\ -3x+2y=4 & \cdots\cdots\ \text{㉡} \end{cases}$

㉠$+$㉡을 하면 $3y=15$

따라서 $y=5$

$y=5$를 ㉠에 대입하면

$3x+5=11$, $3x=6$

따라서 $x=2$

9 $\begin{cases} 4x+3y=3 & \cdots\cdots\ \text{㉠} \\ -x-3y=6 & \cdots\cdots\ \text{㉡} \end{cases}$

㉠$+$㉡을 하면 $3x=9$

따라서 $x=3$

$x=3$을 ㉠에 대입하면

$12+3y=3$, $3y=-9$

따라서 $y=-3$

10 $\begin{cases} x+2y=13 & \cdots\cdots\ \text{㉠} \\ x-y=-2 & \cdots\cdots\ \text{㉡} \end{cases}$

㉠$-$㉡을 하면 $3y=15$

따라서 $y=5$

$y=5$를 ㉠에 대입하면 $x+10=13$

따라서 $x=3$

11 $\begin{cases} 4x-y=9 & \cdots\cdots\ \text{㉠} \\ 3x+y=5 & \cdots\cdots\ \text{㉡} \end{cases}$

㉠$+$㉡을 하면 $7x=14$

따라서 $x=2$

$x=2$를 ㉠에 대입하면

$8-y=9$, $-y=1$

따라서 $y=-1$

12 $\begin{cases} 3x+2y=10 & \cdots\cdots\ \text{㉠} \\ -3x+4y=2 & \cdots\cdots\ \text{㉡} \end{cases}$

㉠$+$㉡을 하면 $6y=12$

따라서 $y=2$

$y=2$를 ㉠에 대입하면

$3x+4=10$, $3x=6$

따라서 $x=2$

13 $\begin{cases} x-4y=1 & \cdots\cdots\ \text{㉠} \\ 5x+4y=-19 & \cdots\cdots\ \text{㉡} \end{cases}$

㉠$+$㉡을 하면 $6x=-18$

따라서 $x=-3$

$x=-3$을 ㉠에 대입하면

$-3-4y=1$, $-4y=4$

따라서 $y=-1$

14 ① $\begin{cases} x+3y=-1 & \cdots\cdots \text{㉠} \\ -x+3y=-5 & \cdots\cdots \text{㉡} \end{cases}$

㉠+㉡을 하면 $6y=-6$

따라서 $y=-1$

$y=-1$을 ㉠에 대입하면

$x-3=-1$

따라서 $x=2$

② $\begin{cases} x+2y=0 & \cdots\cdots \text{㉠} \\ -3x+2y=-8 & \cdots\cdots \text{㉡} \end{cases}$

㉠-㉡을 하면 $4x=8$

따라서 $x=2$

$x=2$를 ㉠에 대입하면

$2+2y=0,\ 2y=-2$

따라서 $y=-1$

③ $\begin{cases} 3x-y=7 & \cdots\cdots \text{㉠} \\ -x-y=-1 & \cdots\cdots \text{㉡} \end{cases}$

㉠-㉡을 하면 $4x=8$

따라서 $x=2$

$x=2$를 ㉠에 대입하면

$6-y=7,\ -y=1$

따라서 $y=-1$

④ $\begin{cases} 4x+y=9 & \cdots\cdots \text{㉠} \\ 2x+y=3 & \cdots\cdots \text{㉡} \end{cases}$

㉠-㉡을 하면 $2x=6$

따라서 $x=3$

$x=3$을 ㉠에 대입하면

$12+y=9$

따라서 $y=-3$

⑤ $\begin{cases} 5x+2y=8 & \cdots\cdots \text{㉠} \\ -3x+2y=-8 & \cdots\cdots \text{㉡} \end{cases}$

㉠-㉡을 하면 $8x=16$

따라서 $x=2$

$x=2$를 ㉠에 대입하면

$10+2y=8,\ 2y=-2$

따라서 $y=-1$

그러므로 연립방정식의 해가 나머지 넷과 다른 하나는 ④이다.

16 $\begin{cases} -x+2y=3 & \cdots\cdots \text{㉠} \\ 3x-4y=-5 & \cdots\cdots \text{㉡} \end{cases}$

㉠×3+㉡을 하면 $2y=4$

따라서 $y=2$

$y=2$를 ㉠에 대입하면

$-x+4=3,\ -x=-1$

따라서 $x=1$

17 $\begin{cases} x-3y=-1 & \cdots\cdots \text{㉠} \\ 2x+y=5 & \cdots\cdots \text{㉡} \end{cases}$

㉠×2-㉡을 하면 $-7y=-7$

따라서 $y=1$

$y=1$을 ㉠에 대입하면

$x-3=-1$

따라서 $x=2$

18 $\begin{cases} 3x+7y=2 & \cdots\cdots \text{㉠} \\ x+2y=1 & \cdots\cdots \text{㉡} \end{cases}$

㉠-㉡×3을 하면 $y=-1$

$y=-1$을 ㉡에 대입하면

$x-2=1$

따라서 $x=3$

19 $\begin{cases} 5x+3y=10 & \cdots\cdots \text{㉠} \\ x-y=2 & \cdots\cdots \text{㉡} \end{cases}$

㉠+㉡×3을 하면 $8x=16$

따라서 $x=2$

$x=2$를 ㉡에 대입하면

$2-y=2$

따라서 $y=0$

20 $\begin{cases} 3x+4y=3 & \cdots\cdots \text{㉠} \\ 2x+3y=-1 & \cdots\cdots \text{㉡} \end{cases}$

㉠×2-㉡×3을 하면 $-y=9$

따라서 $y=-9$

$y=-9$를 ㉡에 대입하면

$2x-27=-1,\ 2x=26$

따라서 $x=13$

21 $\begin{cases} 2x+5y=3 & \cdots\cdots \text{㉠} \\ 3x-2y=-5 & \cdots\cdots \text{㉡} \end{cases}$

㉠×3-㉡×2를 하면 $19y=19$

따라서 $y=1$

$y=1$을 ㉡에 대입하면

$3x-2=-5,\ 3x=-3$

따라서 $x=-1$

22 $\begin{cases} 2x-5y=-14 & \cdots\cdots \; \bigcirc \\ 5x-3y=3 & \cdots\cdots \; \bigcirc \end{cases}$

$\bigcirc \times 5 - \bigcirc \times 2$를 하면 $-19y=-76$

따라서 $y=4$

$y=4$를 $\bigcirc$에 대입하면

$2x-20=-14$, $2x=6$

따라서 $x=3$

23 $\begin{cases} 6x-5y=14 & \cdots\cdots \; \bigcirc \\ 4x-3y=10 & \cdots\cdots \; \bigcirc \end{cases}$

$\bigcirc \times 2 - \bigcirc \times 3$을 하면 $-y=-2$

따라서 $y=2$

$y=2$를 $\bigcirc$에 대입하넌

$4x-6=10$, $4x=16$

따라서 $x=4$

24 y의 계수의 절댓값을 3과 4의 최소공배수인 12로 만들면 된다.

따라서 $\bigcirc \times 4 + \bigcirc \times 3$을 하면 $-13x=-39$

연립방정식의 풀이⑵ – 대입법

원리확인

❶ (1) y, x
(2) $2y-4$, $\dfrac{1}{2}x+2$

(3) $3y+3$, $\dfrac{1}{3}x-1$
(4) $-\dfrac{5}{2}y+1$, $-\dfrac{2}{5}x+\dfrac{2}{5}$

❷ (1) 3, $-\dfrac{1}{3}$
(2) 2, 3, 3

(3) 5, 2, -6
(4) 7, 9, -1

---

1 3, 9, 3, 3, 5, 3, 5 **2** 3, 15, 5, 5, 2, 2, 5

3 -5, 10, -2, -2, 5, 5, -2

4 7, 14, 2, 2, -1, 2, -1

5 ($\mathbb{✎}\, x+2$, 5, 5, 7)

6 $x=2$, $y=8$ **7** $x=-6$, $y=-1$

8 $x=2$, $y=-1$ **9** $x=-5$, $y=-2$

10 $x=8$, $y=25$ **11** $x=1$, $y=3$

12 $x=2$, $y=3$ **13** $x=-2$, $y=-8$

14 $x=-13$, $y=-4$ **15** ($\mathbb{✎}\, 3-y$, 2, 2, 1)

16 $x=1$, $y=4$ **17** $x=-3$, $y=4$

18 $x=2$, $y=-2$ **19** $x=1$, $y=4$

20 $x=4$, $y=-2$ **21** $x=1$, $y=3$

22 $x=-4$, $y=2$ **23** $x=0$, $y=1$

24 ⑤ **25** ($\mathbb{✎}\, 2x$, 2, 2, 4, 2, 4, 2, 4, 1)

26 -8 **27** 1 **28** -2 **29** 2

30 5 **31** -20 **32** 4 **33** 13

34 16 **35** -14

---

6 $\begin{cases} y=-x+10 & \cdots\cdots \; \bigcirc \\ y=3x+2 & \cdots\cdots \; \bigcirc \end{cases}$

$\bigcirc$을 $\bigcirc$에 대입하면

$3x+2=-x+10$, $4x=8$

따라서 $x=2$

$x=2$를 $\bigcirc$에 대입하면 $y=8$

7 $\begin{cases} x=2y-4 & \cdots\cdots \; \bigcirc \\ -x-2y=8 & \cdots\cdots \; \bigcirc \end{cases}$

$\bigcirc$을 $\bigcirc$에 대입하면

$-(2y-4)-2y=8$, $-2y+4-2y=8$

$-4y=4$

따라서 $y=-1$

$y=-1$을 ㉠에 대입하면 $x=-6$

8 $\begin{cases} 2x-3y=7 & \cdots\cdots ㉠ \\ y=-2x+3 & \cdots\cdots ㉡ \end{cases}$

㉡을 ㉠에 대입하면

$2x-3(-2x+3)=7$, $2x+6x-9=7$

$8x=16$

따라서 $x=2$

$x=2$를 ㉡에 대입하면 $y=-1$

9 $\begin{cases} x=3y+1 & \cdots\cdots ㉠ \\ 2x+y=-12 & \cdots\cdots ㉡ \end{cases}$

㉠을 ㉡에 대입하면

$2(3y+1)+y=-12$, $6y+2+y=-12$

$7y=-14$

따라서 $y=-2$

$y=-2$를 ㉠에 대입하면 $x=-5$

10 $\begin{cases} y=4x-7 & \cdots\cdots ㉠ \\ 3x-y=-1 & \cdots\cdots ㉡ \end{cases}$

㉠을 ㉡에 대입하면

$3x-(4x-7)=-1$, $3x-4x+7=-1$

$-x=-8$

따라서 $x=8$

$x=8$을 ㉠에 대입하면 $y=25$

11 $\begin{cases} 3x+4y=15 & \cdots\cdots ㉠ \\ x=7-2y & \cdots\cdots ㉡ \end{cases}$

㉡을 ㉠에 대입하면

$3(7-2y)+4y=15$, $21-6y+4y=15$

$-2y=-6$

따라서 $y=3$

$y=3$을 ㉡에 대입하면 $x=1$

12 $\begin{cases} 3x-4y=-6 & \cdots\cdots ㉠ \\ y=4x-5 & \cdots\cdots ㉡ \end{cases}$

㉡을 ㉠에 대입하면

$3x-4(4x-5)=-6$, $3x-16x+20=-6$

$-13x=-26$

따라서 $x=2$

$x=2$를 ㉡에 대입하면 $y=3$

13 $\begin{cases} y=3x-2 & \cdots\cdots ㉠ \\ y=5x+2 & \cdots\cdots ㉡ \end{cases}$

㉠을 ㉡에 대입하면

$3x-2=5x+2$, $-2x=4$

따라서 $x=-2$

$x=-2$를 ㉠에 대입하면 $y=-8$

14 $\begin{cases} x=4y+3 & \cdots\cdots ㉠ \\ x-2y=-5 & \cdots\cdots ㉡ \end{cases}$

㉠을 ㉡에 대입하면

$4y+3-2y=-5$, $2y=-8$

따라서 $y=-4$

$y=-4$를 ㉠에 대입하면 $x=-13$

16 $\begin{cases} -x+2y=7 & \cdots\cdots ㉠ \\ x-y=-3 & \cdots\cdots ㉡ \end{cases}$

㉡을 x에 대하여 풀면

$x=y-3$ $\cdots\cdots ㉢$

㉢을 ㉠에 대입하면

$-(y-3)+2y=7$, $-y+3+2y=7$

따라서 $y=4$

$y=4$를 ㉢에 대입하면 $x=1$

17 $\begin{cases} x+2y=5 & \cdots\cdots ㉠ \\ 2x+3y=6 & \cdots\cdots ㉡ \end{cases}$

㉠을 x에 대하여 풀면

$x=-2y+5$ $\cdots\cdots ㉢$

㉢을 ㉡에 대입하면

$2(-2y+5)+3y=6$, $-4y+10+3y=6$

$-y=-4$

따라서 $y=4$

$y=4$를 ㉢에 대입하면 $x=-3$

18 $\begin{cases} 2x-y=6 & \cdots\cdots ㉠ \\ 3x-4y=14 & \cdots\cdots ㉡ \end{cases}$

㉠을 y에 대하여 풀면

$y=2x-6$ $\cdots\cdots ㉢$

㉢을 ㉡에 대입하면

$3x-4(2x-6)=14$, $3x-8x+24=14$

$-5x=-10$

따라서 $x=2$

$x=2$를 ㉢에 대입하면 $y=-2$

19 $\begin{cases} 5x-y=1 & \cdots\cdots \ \text{㉠} \\ -x+y=3 & \cdots\cdots \ \text{㉡} \end{cases}$

㉠을 y에 대하여 풀면

$y=5x-1 \qquad \cdots\cdots \ \text{㉢}$

㉢을 ㉡에 대입하면

$-x+5x-1=3, \ 4x=4$

따라서 $x=1$

$x=1$을 ㉢에 대입하면 $y=4$

20 $\begin{cases} x+3y=-2 & \cdots\cdots \ \text{㉠} \\ 3x+2y=8 & \cdots\cdots \ \text{㉡} \end{cases}$

㉠을 x에 대하여 풀면

$x=-3y-2 \qquad \cdots\cdots \ \text{㉢}$

㉢을 ㉡에 대입하면

$3(-3y-2)+2y=8, \ -9y-6+2y=8, \ -7y=14$

따라서 $y=-2$

$y=-2$를 ㉢에 대입하면 $x=4$

21 $\begin{cases} 7x+2y=13 & \cdots\cdots \ \text{㉠} \\ 11x-y=8 & \cdots\cdots \ \text{㉡} \end{cases}$

㉡을 y에 대하여 풀면

$y=11x-8 \qquad \cdots\cdots \ \text{㉢}$

㉢을 ㉠에 대입하면

$7x+2(11x-8)=13, \ 7x+22x-16=13$

$29x=29$

따라서 $x=1$

$x=1$을 ㉢에 대입하면 $y=3$

22 $\begin{cases} 4x+9y=2 & \cdots\cdots \ \text{㉠} \\ 2x-3y=-14 & \cdots\cdots \ \text{㉡} \end{cases}$

㉡을 x에 대하여 풀면

$x=\dfrac{3y-14}{2} \qquad \cdots\cdots \ \text{㉢}$

㉢을 ㉠에 대입하면

$4 \times \dfrac{3y-14}{2}+9y=2, \ 6y-28+9y=2$

$15y=30$

따라서 $y=2$

$y=2$를 ㉢에 대입하면 $x=-4$

23 $\begin{cases} 5x=2y=-2 & \cdots\cdots \ \text{㉠} \\ 6x+4y=4 & \cdots\cdots \ \text{㉡} \end{cases}$

㉠을 y에 대하여 풀면

$y=\dfrac{5x+2}{2} \qquad \cdots\cdots \ \text{㉢}$

㉢을 ㉡에 대입하면

$6x+4 \times \dfrac{5x+2}{2}=4, \ 6x+10x+4=4$

$16x=0$

따라서 $x=0$

$x=0$을 ㉢에 대입하면 $y=1$

24 $\begin{cases} 4x-5y=1 & \cdots\cdots \ \text{㉠} \\ x-3y=-5 & \cdots\cdots \ \text{㉡} \end{cases}$

㉡을 x에 대하여 풀면

$x=3y-5 \qquad \cdots\cdots \ \text{㉢}$

㉢을 ㉠에 대입하면

$4(3y-5)-5y=1, \ 12y-20-5y=1$

$7y=21$

이므로 $y=3$

$y=3$을 ㉢에 대입하면 $x=4$

따라서 $a=4, \ b=3$이므로

$a+b=4+3=7$

26 $x=6y+2$를 ㉠에 대입하면

$6y+2+2y=10, \ 8y=8$

이므로 $y=1$

$y=1$을 $x=6y+2$에 대입하면 $x=8$

$x=8, \ y=1$을 ㉡에 대입하면

$16+k=8$

따라서 $k=-8$

27 $y=3x-2$를 ㉠에 대입하면

$x+2(3x-2)=10, \ x+6x-4=10, \ 7x=14$

이므로 $x=2$

$x=2$를 $y=3x-2$에 대입하면 $y=4$

$x=2, \ y=4$를 ㉡에 대입하면

$4+4k=8, \ 4k=4$

따라서 $k=1$

28 $x+y-8=0$을 x에 대하여 풀면

$x=-y+8$

$x=-y+8$을 ㉠에 대입하면

$-y+8+2y=10$

이므로 $y=2$

$y=2$를 $x=-y+8$에 대입하면 $x=6$

$x=6$, $y=2$를 ㉡에 대입하면

$12+2k=8$, $2k=-4$

따라서 $k=-2$

29 $4x+y+2=0$을 y에 대하여 풀면

$y=-4x-2$

$y=-4x-2$를 ㉠에 대입하면

$x+2(-4x-2)=10$, $x-8x-4=10$

$-7x=14$

이므로 $x=-2$

$x=-2$를 $y=-4x-2$에 대입하면 $y=6$

$x=-2$, $y=6$을 ㉡에 대입하면

$-4+6k=8$, $6k=12$

따라서 $k=2$

30 x의 값이 y의 값의 2배이므로

$x=2y$

$x=2y$를 ㉡에 대입하면

$4y-y=5$, $3y=5$

이므로 $y=\dfrac{5}{3}$

$y=\dfrac{5}{3}$를 $x=2y$에 대입하면 $x=\dfrac{10}{3}$

$x=\dfrac{10}{3}$, $y=\dfrac{5}{3}$를 ㉠에 대입하면

$\dfrac{10}{3}+\dfrac{5}{3}=k$

따라서 $k=5$

31 y의 값이 x의 값의 3배이므로

$y=3x$

$y=3x$를 ㉡에 대입하면

$2x-3x=5$, $-x=5$

이므로 $x=-5$

$x=-5$를 $y=3x$에 대입하면 $y=-15$

$x=-5$, $y=-15$를 ㉠에 대입하면

$-5+(-15)=k$

따라서 $k=-20$

32 x의 값에서 y의 값을 빼면 2이므로

$x-y=2$, 즉 $y=x-2$

$y=x-2$를 ㉡에 대입하면

$2x-(x-2)=5$, $2x-x+2=5$

이므로 $x=3$

$x=3$을 $y=x-2$에 대입하면 $y=1$

$x=3$, $y=1$을 ㉠에 대입하면

$3+1=k$

따라서 $k=4$

33 y의 값이 x의 값보다 1만큼 크므로

$y=x+1$

$y=x+1$을 ㉡에 대입하면

$2x-(x+1)=5$, $2x-x-1=5$

이므로 $x=6$

$x=6$을 $y=x+1$에 대입하면 $y=7$

$x=6$, $y=7$을 ㉠에 대입하면

$6+7=k$

따라서 $k=13$

34 x의 값이 y의 값보다 2만큼 작으므로

$x=y-2$

$x=y-2$를 ㉡에 대입하면

$2(y-2)-y=5$, $2y-4-y=5$

이므로 $y=9$

$y=9$를 $x=y-2$에 대입하면 $x=7$

$x=7$, $y=9$를 ㉠에 대입하면

$7+9=k$

따라서 $k=16$

35 y의 값이 x의 값의 5배보다 4만큼 크므로

$y=5x+4$

$y=5x+4$를 ㉡에 대입하면

$2x-(5x+4)=5$, $2x-5x-4=5$, $-3x=9$

이므로 $x=-3$

$x=-3$을 $y=5x+4$에 대입하면 $y=-11$

$x=-3$, $y=-11$을 ㉠에 대입하면

$-3+(-11)=k$

따라서 $k=-14$

1 ㄴ, ㅁ	**2** 1	**3** ⑤
4 ③	**5** ④	**6** 10

1 ㄱ. 미지수가 1개인 일차방정식이다.

ㄷ. xy의 차수가 2이므로 일차방정식이 아니다.

ㄹ. 차수가 2이므로 일차방정식이 아니다.

ㅂ. 분수의 분모에 미지수가 있으면 다항식이 아니므로 일차방정식이 아니다.

따라서 미지수가 2개인 일차방정식은 ㄴ, ㅁ이다.

2 $x=-2$, $y=5$를 $3x-ay+11=0$에 내입하면

$-6-5a+11=0$, $-5a=-5$

따라서 $a=1$

3 $x=2$, $y=-3$을 $-3x+ay=9$에 대입하면

$-6-3a=9$, $-3a=15$

이므로 $a=-5$

$x=2$, $y=-3$을 $bx+4y=2$에 대입하면

$2b-12=2$, $2b=14$

이므로 $b=7$

따라서 $b-a=7-(-5)=12$

4 x의 계수의 절댓값을 3과 4의 최소공배수인 12로 만들면 된다.

따라서 ㉠×4+㉡×3을 하면 $y=2$

5 ㉠을 y에 대하여 풀면

$y=2x-5$ ...... ㉢

㉢을 ㉡에 대입하면

$3x+2(2x-5)=4$, $3x+4x-10=4$

$7x=14$

따라서 $k=14$

6 $\begin{cases} y=3x+10 & \cdots\cdots ㉠ \\ 2x+y=-5 & \cdots\cdots ㉡ \end{cases}$

㉠을 ㉡에 대입하면

$2x+3x+10=-5$, $5x=-15$

이므로 $x=-3$

$x=-3$을 ㉠에 대입하면 $y=1$

따라서 $a=-3$, $b=1$이므로

$a^2+b^2=(-3)^2+1^2=9+1=10$

---

2 여러 가지 연립방정식의 풀이

01

괄호가 있는 연립방정식

원리확인

❶ 2, 3   ❷ 3, 5, 4   ❸ 3, 5, 2, 2

1 ($\mathscr{l}$ 1, -1, -1, -4)	**2** $x=3$, $y=-1$
3 $x=1$, $y=3$	**4** $x=-2$, $y=3$
5 $x=2$, $y=1$	**6** $x=2$, $y=-1$
7 $x=-1$, $y=-1$	**8** $x=5$, $y=4$
9 $x=1$, $y=-1$	**10** $x=-3$, $y=-1$
11 $x=-5$, $y=5$	**12** $x=2$, $y=2$
13 $x=1$, $y=1$	**14** $x=1$, $y=1$
15 $x=-1$, $y=-3$	**16** $x=0$, $y=1$
17 ③	

2 괄호를 풀어 정리하면

$\begin{cases} 3x-y=10 & \cdots\cdots ㉠ \\ -x+y=-4 & \cdots\cdots ㉡ \end{cases}$

㉠+㉡을 하면 $2x=6$

따라서 $x=3$

$x=3$을 ㉡에 대입하면

$-3+y=-4$

따라서 $y=-1$

3 괄호를 풀어 정리하면

$\begin{cases} 2x-5y=-13 & \cdots\cdots ㉠ \\ -13x+5y=2 & \cdots\cdots ㉡ \end{cases}$

㉠+㉡을 하면 $-11x=-11$

따라서 $x=1$

$x=1$을 ㉠에 대입하면

$2-5y=-13$, $-5y=-15$

따라서 $y=3$

4 괄호를 풀어 정리하면

$\begin{cases} 4x+3y=1 & \cdots\cdots ㉠ \\ 5x-3y=-19 & \cdots\cdots ㉡ \end{cases}$

㉠+㉡을 하면 $9x=-18$

따라서 $x=-2$

$x=-2$를 ㉠에 대입하면

$-8+3y=1$, $3y=9$

따라서 $y=3$

5 괄호를 풀어 정리하면

$$\begin{cases} 3x-y=5 & \cdots\cdots ㉠ \\ 3x+4y=10 & \cdots\cdots ㉡ \end{cases}$$

㉠－㉡을 하면 $-5y=-5$

따라서 $y=1$

$y=1$을 ㉠에 대입하면

$3x-1=5$, $3x=6$

따라서 $x=2$

6 괄호를 풀어 정리하면

$$\begin{cases} 2x-y=5 & \cdots\cdots ㉠ \\ 2x+6y=-2 & \cdots\cdots ㉡ \end{cases}$$

㉠－㉡을 하면 $-7y=7$

따라서 $y=-1$

$y=-1$을 ㉠에 대입하면

$2x+1=5$, $2x=4$

따라서 $x=2$

7 괄호를 풀어 정리하면

$$\begin{cases} -2x-3y=5 & \cdots\cdots ㉠ \\ x+2y=-3 & \cdots\cdots ㉡ \end{cases}$$

㉠＋㉡×2를 하면 $y=-1$

$y=-1$을 ㉡에 대입하면

$x-2=-3$

따라서 $x=-1$

8 괄호를 풀어 정리하면

$$\begin{cases} 2x-3y=-2 & \cdots\cdots ㉠ \\ 3x-2y=7 & \cdots\cdots ㉡ \end{cases}$$

㉠×3－㉡×2를 하면 $-5y=-20$

따라서 $y=4$

$y=4$를 ㉠에 대입하면

$2x-12=-2$, $2x=10$

따라서 $x=5$

9 괄호를 풀어 정리하면

$$\begin{cases} 3x+2y=1 & \cdots\cdots ㉠ \\ x-y=2 & \cdots\cdots ㉡ \end{cases}$$

㉠＋㉡×2를 하면 $5x=5$

따라서 $x=1$

$x=1$을 ㉡에 대입하면

$1-y=2$, $-y=1$

따라서 $y=-1$

10 괄호를 풀어 정리하면

$$\begin{cases} 4x-6y=-6 & \cdots\cdots ㉠ \\ x+2y=-5 & \cdots\cdots ㉡ \end{cases}$$

㉠＋㉡×3을 하면 $7x=-21$

따라서 $x=-3$

$x=-3$을 ㉡에 대입하면

$-3+2y=-5$, $2y=-2$

따라서 $y=-1$

11 괄호를 풀어 정리하면

$$\begin{cases} 3x+5y=10 & \cdots\cdots ㉠ \\ 2x+y=-5 & \cdots\cdots ㉡ \end{cases}$$

㉠－㉡×5를 하면 $-7x=35$

따라서 $x=-5$

$x=-5$를 ㉡에 대입하면

$-10+y=-5$

따라서 $y=5$

12 괄호를 풀어 정리하면

$$\begin{cases} 2x-3y=-2 & \cdots\cdots ㉠ \\ x+6y=14 & \cdots\cdots ㉡ \end{cases}$$

㉠－㉡×2를 하면 $-15y=-30$

따라서 $y=2$

$y=2$를 ㉡에 대입하면

$x+12=14$

따라서 $x=2$

13 괄호를 풀어 정리하면

$$\begin{cases} 4x-2y=2 & \cdots\cdots ㉠ \\ 6x-2y=4 & \cdots\cdots ㉡ \end{cases}$$

㉠－㉡을 하면 $-2x=-2$

따라서 $x=1$

$x=1$을 ㉠에 대입하면

$4-2y=2$, $-2y=-2$

따라서 $y=1$

14 괄호를 풀어 정리하면

$$\begin{cases} x+2y=3 & \cdots\cdots ㉠ \\ -x+3y=2 & \cdots\cdots ㉡ \end{cases}$$

㉠＋㉡을 하면 $5y=5$

따라서 $y=1$

$y=1$을 ㉠에 대입하면

$x+2=3$

따라서 $x=1$

15 괄호를 풀어 정리하면

$$\begin{cases} 4x+y=-7 & \cdots\cdots\ \text{㉠} \\ x-2y=5 & \cdots\cdots\ \text{㉡} \end{cases}$$

㉠$\times 2+$㉡을 하면 $9x=-9$

따라서 $x=-1$

$x=-1$을 ㉠에 대입하면

$-4+y=-7$

따라서 $y=-3$

16 괄호를 풀어 정리하면

$$\begin{cases} 6x-2y=-2 & \cdots\cdots\ \text{㉠} \\ 4x-2y=-2 & \cdots\cdots\ \text{㉡} \end{cases}$$

㉠$-$㉡을 하면 $2x=0$

따라서 $x=0$

$x=0$을 ㉠에 대입하면

$-2y=-2$

따라서 $y=1$

17 괄호를 풀어 정리하면

$$\begin{cases} 2x-y=5 & \cdots\cdots\ \text{㉠} \\ 6x+5y=7 & \cdots\cdots\ \text{㉡} \end{cases}$$

㉠$\times 3-$㉡을 하면 $-8y=8$

이므로 $y=-1$

$y=-1$을 ㉠에 대입하면

$2x+1=5$, $2x=4$

이므로 $x=2$

이때 연립방정식의 해가 $5x-y=a$를 만족시키므로

$x=2$, $y=-1$을 $5x-y=a$에 대입하면

$10-(-1)=a$

따라서 $a=11$

본문 34쪽

계수가 분수인 연립방정식

원리확인

❶ 2, 4, 3, 2

❷ 8, 12, 5, -4

1 ($\mathscr{P}$ -4, -2, -2, 0) **2** $x=-2$, $y=1$

3 $x=4$, $y=2$ **4** $x=-2$, $y=4$

5 $x=4$, $y=-2$ **6** $x=0$, $y=-5$

7 $x=-30$, $y=-16$ **8** $x=8$, $y=-4$

9 $x=-4$, $y=-1$ **10** $x=2$, $y=3$

11 $x=4$, $y=1$ **12** $x=2$, $y=4$

13 $x=-4$, $y=4$ **14** $x=6$, $y=5$

15 $x=6$, $y=-3$ **16** $x=5$, $y=5$

17 ①

2 $\begin{cases} \dfrac{x}{4}+\dfrac{3}{2}y=1 & \cdots\cdots\ \text{㉠} \\ \dfrac{5}{6}x-\dfrac{y}{3}=-2 & \cdots\cdots\ \text{㉡} \end{cases}$

㉠$\times 4$를 하면 $x+6y=4$ $\cdots\cdots$ ㉢

㉡$\times 6$을 하면 $5x-2y=-12$ $\cdots\cdots$ ㉣

㉢$+$㉣$\times 3$을 하면 $16x=-32$

따라서 $x=-2$

$x=-2$를 ㉢에 대입하면

$-2+6y=4$, $6y=6$

따라서 $y=1$

3 $\begin{cases} \dfrac{x}{3}-\dfrac{y}{2}=\dfrac{1}{3} & \cdots\cdots\ \text{㉠} \\ \dfrac{x}{2}-\dfrac{2}{3}y=\dfrac{2}{3} & \cdots\cdots\ \text{㉡} \end{cases}$

㉠$\times 6$을 하면 $2x-3y=2$ $\cdots\cdots$ ㉢

㉡$\times 6$을 하면 $3x-4y=4$ $\cdots\cdots$ ㉣

㉢$\times 3-$㉣$\times 2$를 하면 $-y=-2$

따라서 $y=2$

$y=2$를 ㉢에 대입하면

$2x-6=2$, $2x=8$

따라서 $x=4$

4 $\begin{cases} \dfrac{x}{3}+\dfrac{y}{2}=\dfrac{4}{3} & \cdots\cdots\ \text{㉠} \\ \dfrac{x}{2}+\dfrac{2}{5}y=\dfrac{3}{5} & \cdots\cdots\ \text{㉡} \end{cases}$

㉠$\times 6$을 하면 $2x+3y=8$ $\cdots\cdots$ ㉢

$ⓛ×10$을 하면 $5x+4y=6$ $\cdots\cdots$ ⓒ

$ⓒ×5-ⓒ×2$를 하면 $7y=28$

따라서 $y=4$

$y=4$를 ⓒ에 대입하면

$2x+12=8$, $2x=-4$

따라서 $x=-2$

5
$\begin{cases} \dfrac{x}{2}+\dfrac{y}{3}=\dfrac{4}{3} & \cdots\cdots ㉠ \\ \dfrac{x}{2}+\dfrac{2}{5}y=\dfrac{6}{5} & \cdots\cdots ㉡ \end{cases}$

$㉠×6$을 하면 $3x+2y=8$ $\cdots\cdots$ ㉢

$㉡×10$을 하면 $5x+4y=12$ $\cdots\cdots$ ㉣

$㉢×2-㉣$을 하면 $x=4$

$x=4$를 ㉢에 대입하면

$12+2y=8$, $2y=-4$

따라서 $y=-2$

6
$\begin{cases} \dfrac{x}{10}+\dfrac{y}{5}=-1 & \cdots\cdots ㉠ \\ \dfrac{2}{5}x+\dfrac{3}{10}y=-\dfrac{3}{2} & \cdots\cdots ㉡ \end{cases}$

$㉠×10$을 하면 $x+2y=-10$ $\cdots\cdots$ ㉢

$㉡×10$을 하면 $4x+3y=-15$ $\cdots\cdots$ ㉣

$㉢×4-㉣$을 하면 $5y=-25$

따라서 $y=-5$

$y=-5$를 ㉢에 대입하면 $x-10=-10$

따라서 $x=0$

7
$\begin{cases} \dfrac{x}{10}-\dfrac{y}{6}=-\dfrac{1}{3} & \cdots\cdots ㉠ \\ \dfrac{1}{3}x-\dfrac{y}{2}=-2 & \cdots\cdots ㉡ \end{cases}$

$㉠×30$을 하면 $3x-5y=-10$ $\cdots\cdots$ ㉢

$㉡×6$을 하면 $2x-3y=-12$ $\cdots\cdots$ ㉣

$㉢×2-㉣×3$을 하면 $-y=16$

따라서 $y=-16$

$y=-16$을 ㉣에 대입하면

$2x+48=-12$, $2x=-60$

따라서 $x=-30$

8
$\begin{cases} \dfrac{x}{8}+\dfrac{3}{2}y=-5 & \cdots\cdots ㉠ \\ \dfrac{1}{6}x+\dfrac{1}{4}y=\dfrac{1}{3} & \cdots\cdots ㉡ \end{cases}$

$㉠×8$을 하면 $x+12y=-40$ $\cdots\cdots$ ㉢

$㉡×12$를 하면 $2x+3y=4$ $\cdots\cdots$ ㉣

$ⓒ×2-ⓔ$을 하면 $21y=-84$

따라서 $y=-4$

$y=-4$를 ⓒ에 대입하면

$x-48=-40$

따라서 $x=8$

9
$\begin{cases} \dfrac{3}{4}x-\dfrac{1}{2}y=-\dfrac{5}{2} & \cdots\cdots ㉠ \\ \dfrac{1}{10}x-\dfrac{3}{5}y=\dfrac{1}{5} & \cdots\cdots ㉡ \end{cases}$

$㉠×4$를 하면 $3x-2y=-10$ $\cdots\cdots$ ㉢

$㉡×10$을 하면 $x-6y=2$ $\cdots\cdots$ ㉣

$㉢-㉣×3$을 하면 $16y=-16$

따라서 $y=-1$

$y=-1$을 ㉣에 대입하면

$x+6=2$

따라서 $x=-4$

10
$\begin{cases} \dfrac{2}{5}x-\dfrac{1}{2}y=-\dfrac{7}{10} & \cdots\cdots ㉠ \\ \dfrac{1}{5}x-\dfrac{1}{10}y=\dfrac{1}{10} & \cdots\cdots ㉡ \end{cases}$

$㉠×10$을 하면 $4x-5y=-7$ $\cdots\cdots$ ㉢

$㉡×10$을 하면 $2x-y=1$ $\cdots\cdots$ ㉣

$㉢-㉣×2$를 하면 $-3y=-9$

따라서 $y=3$

$y=3$을 ㉣에 대입하면

$2x-3=1$, $2x=4$

따라서 $x=2$

11
$\begin{cases} 2x-5y=3 & \cdots\cdots ㉠ \\ \dfrac{1}{4}x-\dfrac{1}{3}y=\dfrac{2}{3} & \cdots\cdots ㉡ \end{cases}$

$㉡×12$를 하면 $3x-4y=8$ $\cdots\cdots$ ㉢

$㉠×3-㉢×2$을 하면 $-7y=-7$

따라서 $y=1$

$y=1$을 ㉠에 대입하면

$2x-5=3$, $2x=8$

따라서 $x=4$

12
$\begin{cases} \dfrac{2}{5}x+\dfrac{3}{10}y=2 & \cdots\cdots ㉠ \\ 2x+y=8 & \cdots\cdots ㉡ \end{cases}$

$㉠×10$을 하면 $4x+3y=20$ $\cdots\cdots$ ㉢

$㉡×2-㉢$을 하면 $-y=-4$

따라서 $y=4$

$y=4$를 ⓒ에 대입하면

$2x+4=8$, $2x=4$

따라서 $x=2$

13 $\begin{cases} \dfrac{3x+8y}{10}=2 & \cdots\cdots\ \text{㉠} \\ \dfrac{1}{4}x-\dfrac{1}{12}y=-\dfrac{4}{3} & \cdots\cdots\ \text{㉡} \end{cases}$

㉠$\times10$을 하면 $3x+8y=20$ $\cdots\cdots$ ㉢

㉡$\times12$를 하면 $3x-y=-16$ $\cdots\cdots$ ㉣

㉢$-$㉣을 하면 $9y=36$

따라서 $y=4$

$y=4$를 ㉣에 대입하면

$3x-4=-16$, $3x=-12$

따라서 $x=-4$

14 $\begin{cases} \dfrac{x-3}{3}-y=-4 & \cdots\cdots\ \text{㉠} \\ \dfrac{2}{3}x-\dfrac{1}{5}y=3 & \cdots\cdots\ \text{㉡} \end{cases}$

㉠$\times3$을 하여 정리하면 $x-3y=-9$ $\cdots\cdots$ ㉢

㉡$\times15$를 하면 $10x-3y=45$ $\cdots\cdots$ ㉣

㉢$-$㉣을 하면 $-9x=-54$

따라서 $x=6$

$x=6$을 ㉢에 대입하면

$6-3y=-9$, $-3y=-15$

따라서 $y=5$

15 $\begin{cases} 3x+y=15 & \cdots\cdots\ \text{㉠} \\ x+\dfrac{y-1}{4}=5 & \cdots\cdots\ \text{㉡} \end{cases}$

㉡$\times4$를 하여 정리하면 $4x+y=21$ $\cdots\cdots$ ㉢

㉠$-$㉢을 하면 $-x=-6$

따라서 $x=6$

$x=6$을 ㉠에 대입하면

$18+y=15$

따라서 $y=-3$

16 $\begin{cases} \dfrac{3x-y}{2}=5 & \cdots\cdots\ \text{㉠} \\ -\dfrac{1}{3}x+\dfrac{2}{5}y=\dfrac{1}{3} & \cdots\cdots\ \text{㉡} \end{cases}$

㉠$\times2$를 하면 $3x-y=10$ $\cdots\cdots$ ㉢

㉡$\times15$를 하면 $-5x+6y=5$ $\cdots\cdots$ ㉣

㉢$\times6+$㉣을 하면 $13x=65$

17 $\begin{cases} 3(x-y)-4=x & \cdots\cdots\ \text{㉠} \\ -\dfrac{4}{7}x+\dfrac{1}{2}y=1 & \cdots\cdots\ \text{㉡} \end{cases}$

㉠을 괄호를 풀어 정리하면 $2x-3y=4$ $\cdots\cdots$ ㉢

㉡$\times14$를 하면 $-8x+7y=14$ $\cdots\cdots$ ㉣

㉢$\times4+$㉣을 하면 $-5y=30$

이므로 $y=-6$

$y=-6$을 ㉢에 대입하면

$2x+18=4$, $2x=-14$

이므로 $x=-7$

따라서 $a=-7$, $b=-6$이므로

$a+b=-7+(-6)=-13$

따라서 $x=5$

$x=5$를 ㉢에 대입하면

$15-y=10$, $-y=-5$

따라서 $y=5$

본문 36쪽

03

계수가 소수인 연립방정식

원리확인

❶ 5, 3, 3 ❷ 3, 5, 2 ❸ 2, 7, 18, 4

1 (✏ 3, 9, 3, 3, 2) 2 $x=-5$, $y=2$

3 $x=2$, $y=1$ 4 $x=-19$, $y=-24$

5 $x=-1$, $y=2$ 6 $x=3$, $y=-1$

7 $x=1$, $y=1$ 8 $x=1$, $y=1$

9 $x=1$, $y=1$ 10 $x=3$, $y=4$

11 $x=3$, $y=1$ 12 $x=-6$, $y=-46$

13 $x=5$, $y=3$ 14 $x=1$, $y=-1$

15 $x=1$, $y=-2$ 16 $x=2$, $y=-2$

17 ⑤

2
$$\begin{cases} 0.2x - 0.5y = -2 & \cdots\cdots ㉠ \\ 0.1x + 0.3y = 0.1 & \cdots\cdots ㉡ \end{cases}$$
㉠×10을 하면 $2x - 5y = -20$ $\quad\cdots\cdots$ ㉢
㉡×10을 하면 $x + 3y = 1$ $\quad\cdots\cdots$ ㉣
㉢$-$㉣×2를 하면 $-11y = -22$
따라서 $y = 2$
$y = 2$를 ㉣에 대입하면
$x + 6 = 1$
따라서 $x = -5$

3
$$\begin{cases} 0.3x - 0.4y = 0.2 & \cdots\cdots ㉠ \\ 0.1x + 0.2y = 0.4 & \cdots\cdots ㉡ \end{cases}$$
㉠×10을 하면 $3x - 4y = 2$ $\quad\cdots\cdots$ ㉢
㉡×10을 하면 $x + 2y = 4$ $\quad\cdots\cdots$ ㉣
㉢$+$㉣×2를 하면 $5x = 10$
따라서 $x = 2$
$x = 2$를 ㉣에 대입하면
$2 + 2y = 4$, $2y = 2$
따라서 $y = 1$

4
$$\begin{cases} 0.4x - 0.3y = -0.4 & \cdots\cdots ㉠ \\ 0.2x - 0.1y = -1.4 & \cdots\cdots ㉡ \end{cases}$$
㉠×10을 하면 $4x - 3y = -4$ $\quad\cdots\cdots$ ㉢
㉡×10을 하면 $2x - y = -14$ $\quad\cdots\cdots$ ㉣
㉢$-$㉣×2를 하면 $-y = 24$
따라서 $y = -24$
$y = -24$를 ㉣에 대입하면
$2x + 24 = -14$, $2x = -38$
따라서 $x = -19$

5
$$\begin{cases} 0.1x + 0.4y = 0.7 & \cdots\cdots ㉠ \\ 0.2x + 0.3y = 0.4 & \cdots\cdots ㉡ \end{cases}$$
㉠×10을 하면 $x + 4y = 7$ $\quad\cdots\cdots$ ㉢
㉡×10을 하면 $2x + 3y = 4$ $\quad\cdots\cdots$ ㉣
㉢×2$-$㉣을 하면 $5y = 10$
따라서 $y = 2$
$y = 2$를 ㉢에 대입하면
$x + 8 = 7$
따라서 $x = -1$

6
$$\begin{cases} 0.3x + 0.7y = 0.2 & \cdots\cdots ㉠ \\ 0.1x + 0.2y = 0.1 & \cdots\cdots ㉡ \end{cases}$$
㉠×10을 하면 $3x + 7y = 2$ $\quad\cdots\cdots$ ㉢

㉡×10을 하면 $x + 2y = 1$ $\quad\cdots\cdots$ ㉣
㉢$-$㉣×3을 하면 $y = -1$
$y = -1$을 ㉣에 대입하면
$x - 2 = 1$
따라서 $x = 3$

7
$$\begin{cases} 0.5x - 0.2y = 0.3 & \cdots\cdots ㉠ \\ 0.1x + 0.3y = 0.4 & \cdots\cdots ㉡ \end{cases}$$
㉠×10을 하면 $5x - 2y = 3$ $\quad\cdots\cdots$ ㉢
㉡×10을 하면 $x + 3y = 4$ $\quad\cdots\cdots$ ㉣
㉢$-$㉣×5를 하면 $-17y = -17$
따라서 $y = 1$
$y = 1$을 ㉣에 대입하면
$x + 3 = 4$
따라서 $x = 1$

8
$$\begin{cases} 0.4x + 0.5y = 0.9 & \cdots\cdots ㉠ \\ 0.2x - 0.3y = -0.1 & \cdots\cdots ㉡ \end{cases}$$
㉠×10을 하면 $4x + 5y = 9$ $\quad\cdots\cdots$ ㉢
㉡×10을 하면 $2x - 3y = -1$ $\quad\cdots\cdots$ ㉣
㉢$-$㉣×2를 하면 $11y = 11$
따라서 $y = 1$
$y = 1$을 ㉣에 대입하면
$2x - 3 = -1$, $2x = 2$
따라서 $x = 1$

9
$$\begin{cases} 0.3x + 0.4y = 0.7 & \cdots\cdots ㉠ \\ 0.2x - 0.3y = -0.1 & \cdots\cdots ㉡ \end{cases}$$
㉠×10을 하면 $3x + 4y = 7$ $\quad\cdots\cdots$ ㉢
㉡×10을 하면 $2x - 3y = -1$ $\quad\cdots\cdots$ ㉣
㉢×2$-$㉣×3을 하면 $17y = 17$
따라서 $y = 1$
$y = 1$을 ㉣에 대입하면
$2x - 3 = -1$, $2x = 2$
따라서 $x = 1$

10
$$\begin{cases} 0.2x - 0.5y = -1.4 & \cdots\cdots ㉠ \\ 0.5x - 0.3y = 0.3 & \cdots\cdots ㉡ \end{cases}$$
㉠×10을 하면 $2x - 5y = -14$ $\quad\cdots\cdots$ ㉢
㉡×10을 하면 $5x - 3y = 3$ $\quad\cdots\cdots$ ㉣
㉢×5$-$㉣×2를 하면 $-19y = -76$
따라서 $y = 4$

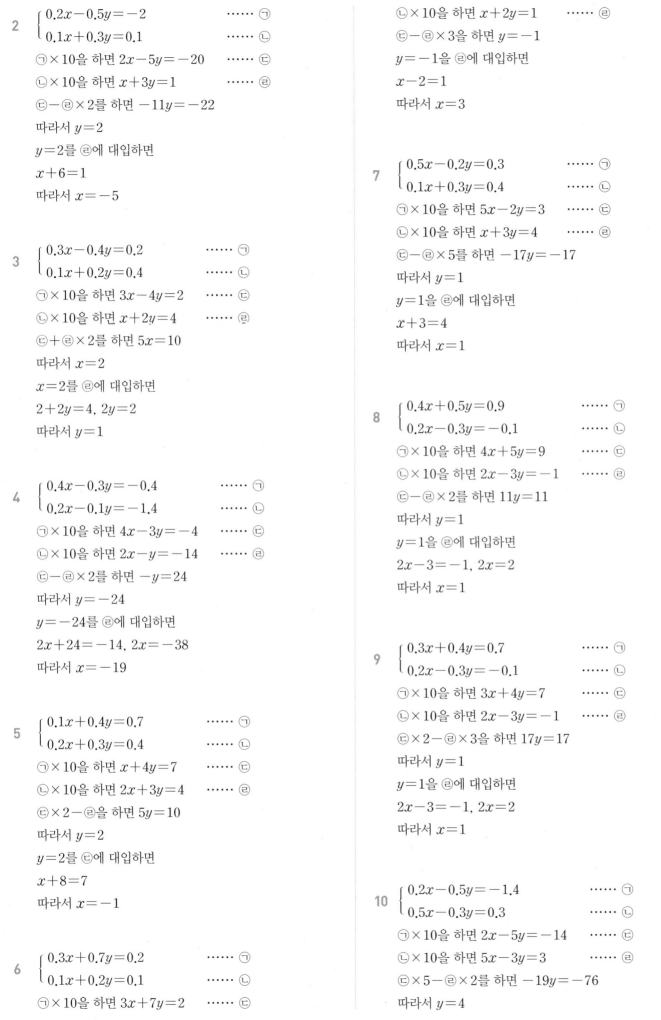

$y=4$를 ㉣에 대입하면

$5x-12=3$, $5x=15$

따라서 $x=3$

11 $\begin{cases} 0.6x-0.5y=1.3 & \cdots\cdots ㉠ \\ 0.4x-0.3y=0.9 & \cdots\cdots ㉡ \end{cases}$

㉠$\times10$을 하면 $6x-5y=13$ $\cdots\cdots ㉢$

㉡$\times10$을 하면 $4x-3y=9$ $\cdots\cdots ㉣$

㉢$\times3-$㉣$\times5$를 하면 $-2x=-6$

따라서 $x=3$

$x=3$을 ㉣에 대입하면

$12-3y=9$, $-3y=-3$

따라서 $y=1$

12 $\begin{cases} 0.18x-0.03y=0.3 & \cdots\cdots ㉠ \\ 1.1x-0.2y=2.6 & \cdots\cdots ㉡ \end{cases}$

㉠$\times100$을 하면 $18x-3y=30$ $\cdots\cdots ㉢$

㉡$\times10$을 하면 $11x-2y=26$ $\cdots\cdots ㉣$

㉢$\times2-$㉣$\times3$을 하면 $3x=-18$

따라서 $x=-6$

$x=-6$을 ㉣에 대입하면

$-66-2y=26$, $-2y=92$

따라서 $y=-46$

13 $\begin{cases} 0.05x-0.06y=0.07 & \cdots\cdots ㉠ \\ 0.1x+0.3y=1.4 & \cdots\cdots ㉡ \end{cases}$

㉠$\times100$을 하면 $5x-6y=7$ $\cdots\cdots ㉢$

㉡$\times10$을 하면 $x+3y=14$ $\cdots\cdots ㉣$

㉢$+$㉣$\times2$를 하면 $7x=35$

따라서 $x=5$

$x=5$를 ㉣에 대입하면

$5+3y=14$, $3y=9$

따라서 $y=3$

14 $\begin{cases} 0.04x-0.05y=0.09 & \cdots\cdots ㉠ \\ 0.01x-0.2y=0.21 & \cdots\cdots ㉡ \end{cases}$

㉠$\times100$을 하면 $4x-5y=9$ $\cdots\cdots ㉢$

㉡$\times100$을 하면 $x-20y=21$ $\cdots\cdots ㉣$

㉢$\times4-$㉣을 하면 $15x=15$

따라서 $x=1$

$x=1$을 ㉣에 대입하면

$1-20y=21$, $-20y=20$

따라서 $y=-1$

15 $\begin{cases} 0.22x-0.33y=0.88 & \cdots\cdots ㉠ \\ x-0.9y=2.8 & \cdots\cdots ㉡ \end{cases}$

㉠$\times100$을 하면 $22x-33y=88$에서

$2x-3y=8$ $\cdots\cdots ㉢$

㉡$\times10$을 하면 $10x-9y=28$ $\cdots\cdots ㉣$

㉢$\times3-$㉣을 하면 $-4x=-4$

따라서 $x=1$

$x=1$을 ㉢에 대입하면

$2-3y=8$, $-3y=6$

따라서 $y=-2$

16 $\begin{cases} 0.39x-0.15y=1.08 & \cdots\cdots ㉠ \\ 1.3x-0.4y=3.4 & \cdots\cdots ㉡ \end{cases}$

㉠$\times100$을 하면 $39x-15y=108$ $\cdots\cdots ㉢$

㉡$\times10$을 하면 $13x-4y=34$ $\cdots\cdots ㉣$

㉢$-$㉣$\times3$을 하면 $-3y=6$

따라서 $y=-2$

$y=-2$를 ㉣에 대입하면

$13x+8=34$, $13x=26$

따라서 $x=2$

17 $\begin{cases} 0.6x+0.2(y+5)=3.2 & \cdots\cdots ㉠ \\ \dfrac{x-1}{2}-\dfrac{y-3}{3}=\dfrac{4}{3} & \cdots\cdots ㉡ \end{cases}$

㉠$\times10$을 하여 정리하면 $6x+2y=22$ $\cdots\cdots ㉢$

㉡$\times6$을 하여 정리하면 $3x-2y=5$ $\cdots\cdots ㉣$

㉢$+$㉣을 하면 $9x=27$

따라서 $x=3$

$x=3$을 ㉣에 대입하면

$9-2y=5$, $-2y=-4$

따라서 $y=2$

---

04 본문 38쪽

$A=B=C$ 꼴의 연립방정식

원리확인

❶ $2x+4y$, $3x+y$　　　❷ $-3x+2y$, $4x-y$

❸ $6x-2y$, $3x-y$

1 $\begin{cases} 2x+5y=-8 \\ -2x+3y=-8 \end{cases}$, $x=1, y=-2$

2 $\begin{cases} 5x-3y=6 \\ 2x-y=6 \end{cases}$, $x=12, y=18$

3 $\begin{cases} x-2y=-5 \\ 3x+4y=-5 \end{cases}$, $x=-3, y=1$

4 $\begin{cases} 2x+3y=9 \\ 3x-7y+7=9 \end{cases}$, $x=3, y=1$

5 $\begin{cases} 3x-4y-1=7 \\ 2x-y=7 \end{cases}$, $x=4, y=1$

6 $\begin{cases} \dfrac{2x+3y}{3}=1 \\ \dfrac{x+y}{2}=1 \end{cases}$, $x=3, y=-1$

7 $\begin{cases} 2x+4y=x+6 \\ x+6=y+7 \end{cases}$, $x=2, y=1$

8 $\begin{cases} 3x-3y=x+3y \\ x+3y=3x+3 \end{cases}$, $x=-3, y=-1$

9 $\begin{cases} x+4y=2x+y \\ 2x+y=3x+8 \end{cases}$, $x=-12, y=-4$

10 $\begin{cases} x-3y=4x+2y-1 \\ 4x+2y-1=3x+y-2 \end{cases}$, $x=-3, y=2$

11 $\begin{cases} 4x-3y=5x-4y+1 \\ 5x-4y+1=2x+y-8 \end{cases}$, $x=2, y=3$

12 $\begin{cases} \dfrac{x-y}{2}=\dfrac{3x-2-y}{3} \\ \dfrac{3x-2-y}{3}=\dfrac{x-3y}{4} \end{cases}$, $x=2, y=-2$

13 $\begin{cases} 3x+5y=4x+6 \\ 3x+5y=x+y+2 \end{cases}$, $x=-1, y=1$

14 $\begin{cases} 5x+y+1=3x+7y-5 \\ 5x+y+1=2x+3y-8 \end{cases}$, $x=-3, y=0$

15 $\begin{cases} 2x+y+7=3x-4y \\ 2x+y+7=4x+4y+6 \end{cases}$, $x=2, y=-1$

16 $\begin{cases} \dfrac{2x+y}{4}=\dfrac{5x+3y-3}{2} \\ \dfrac{2x+y}{4}=\dfrac{x-y-1}{6} \end{cases}$, $x=2, y=-2$

17 ④

1 $\begin{cases} 2x+5y=-8 & \cdots\cdots ㉠ \\ -2x+3y=-8 & \cdots\cdots ㉡ \end{cases}$

㉠＋㉡을 하면 $8y=-16$

따라서 $y=-2$

$y=-2$를 ㉠에 대입하면

$2x-10=-8$, $2x=2$

따라서 $x=1$

2 $\begin{cases} 5x-3y=6 & \cdots\cdots ㉠ \\ 2x-y=6 & \cdots\cdots ㉡ \end{cases}$

㉠－㉡×3을 하면 $-x=-12$

따라서 $x=12$

$x=12$를 ㉡에 대입하면

$24-y=6$, $-y=-18$

따라서 $y=18$

3 $\begin{cases} x-2y=-5 & \cdots\cdots ㉠ \\ 3x+4y=-5 & \cdots\cdots ㉡ \end{cases}$

㉠×2＋㉡을 하면 $5x=-15$

따라서 $x=-3$

$x=-3$을 ㉠에 대입하면

$-3-2y=-5$, $-2y=-2$

따라서 $y=1$

4 $\begin{cases} 2x+3y=9 & \cdots\cdots ㉠ \\ 3x-7y+7=9 & \cdots\cdots ㉡ \end{cases}$

㉡을 간단히 정리하면 $3x-7y=2$ $\cdots\cdots ㉢$

㉠×3－㉢×2를 하면 $23y=23$

따라서 $y=1$

$y=1$을 ㉠에 대입하면

$2x+3=9$, $2x=6$

따라서 $x=3$

5 $\begin{cases} 3x-4y-1=7 & \cdots\cdots ㉠ \\ 2x-y=7 & \cdots\cdots ㉡ \end{cases}$

㉠을 간단히 정리하면 $3x-4y=8$ $\cdots\cdots ㉢$

㉡×4－㉢을 하면 $5x=20$

따라서 $x=4$

$x=4$를 ㉡에 대입하면

$8-y=7$, $-y=-1$

따라서 $y=1$

6
$$\begin{cases} \dfrac{2x+3y}{3}=1 & \cdots\cdots \text{㉠} \\ \dfrac{x+y}{2}=1 & \cdots\cdots \text{㉡} \end{cases}$$

㉠×3을 하면 $2x+3y=3$ $\cdots\cdots$ ㉢

㉡×2를 하면 $x+y=2$ $\cdots\cdots$ ㉣

㉢−㉣×2를 하면 $y=-1$

$y=-1$을 ㉣에 대입하면

$x-1=2$

따라서 $x=3$

7
$$\begin{cases} 2x+4y=x+6 & \cdots\cdots \text{㉠} \\ x+6=y+7 & \cdots\cdots \text{㉡} \end{cases}$$

㉠을 정리하면 $x+4y=6$ $\cdots\cdots$ ㉢

㉡을 정리하면 $x-y=1$ $\cdots\cdots$ ㉣

㉢−㉣을 하면 $5y=5$

따라서 $y=1$

$y=1$을 ㉣에 대입하면

$x-1=1$

따라서 $x=2$

8
$$\begin{cases} 3x-3y=x+3y & \cdots\cdots \text{㉠} \\ x+3y=3x+3 & \cdots\cdots \text{㉡} \end{cases}$$

㉠을 정리하면 $2x-6y=0$ $\cdots\cdots$ ㉢

㉡을 정리하면 $-2x+3y=3$ $\cdots\cdots$ ㉣

㉢+㉣을 하면 $-3y=3$

따라서 $y=-1$

$y=-1$을 ㉢에 대입하면

$2x+6=0,\ 2x=-6$

따라서 $x=-3$

9
$$\begin{cases} x+4y=2x+y & \cdots\cdots \text{㉠} \\ 2x+y=3x+8 & \cdots\cdots \text{㉡} \end{cases}$$

㉠을 정리하면 $-x+3y=0$ $\cdots\cdots$ ㉢

㉡을 정리하면 $-x+y=8$ $\cdots\cdots$ ㉣

㉢−㉣을 하면 $2y=-8$

따라서 $y=-4$

$y=-4$를 ㉢에 대입하면

$-x-12=0$

따라서 $x=-12$

10
$$\begin{cases} x-3y=4x+2y-1 & \cdots\cdots \text{㉠} \\ 4x+2y-1=3x+y-2 & \cdots\cdots \text{㉡} \end{cases}$$

㉠을 정리하면 $-3x-5y=-1$ $\cdots\cdots$ ㉢

㉡을 정리하면 $x+y=-1$ $\cdots\cdots$ ㉣

㉡+㉣×3을 하면 $-2y=-4$

따라서 $y=2$

$y=2$를 ㉣에 대입하면

$x+2=-1$

따라서 $x=-3$

11
$$\begin{cases} 4x-3y=5x-4y+1 & \cdots\cdots \text{㉠} \\ 5x-4y+1=2x+y-8 & \cdots\cdots \text{㉡} \end{cases}$$

㉠을 정리하면 $-x+y=1$ $\cdots\cdots$ ㉢

㉡을 정리하면 $3x-5y=-9$ $\cdots\cdots$ ㉣

㉢×3+㉣을 하면 $-2y=-6$

따라서 $y=3$

$y=3$을 ㉢에 대입하면

$-x+3=1$

따라서 $x=2$

12
$$\begin{cases} \dfrac{x-y}{2}=\dfrac{3x-2-y}{3} & \cdots\cdots \text{㉠} \\ \dfrac{3x-2-y}{3}=\dfrac{x-3y}{4} & \cdots\cdots \text{㉡} \end{cases}$$

㉠×6을 하면 $3(x-y)=2(3x-2-y)$에서

$3x+y=4$ $\cdots\cdots$ ㉢

㉡×12를 하면 $4(3x-2-y)=3(x-3y)$에서

$9x+5y=8$ $\cdots\cdots$ ㉣

㉢×3−㉣을 하면 $-2y=4$

따라서 $y=-2$

$y=-2$를 ㉢에 대입하면

$3x-2=4,\ 3x=6$

따라서 $x=2$

13
$$\begin{cases} 3x+5y=4x+6 & \cdots\cdots \text{㉠} \\ 3x+5y=x+y+2 & \cdots\cdots \text{㉡} \end{cases}$$

㉠을 정리하면 $x-5y=-6$ $\cdots\cdots$ ㉢

㉡을 정리하면 $2x+4y=2$

에서 $x+2y=1$ $\cdots\cdots$ ㉣

㉢−㉣을 하면 $-7y=-7$

따라서 $y=1$

$y=1$을 ㉢에 대입하면

$x-5=-6$

따라서 $x=-1$

14
$$\begin{cases} 5x+y+1=3x+7y-5 & \cdots\cdots \text{㉠} \\ 5x+y+1=2x+3y-8 & \cdots\cdots \text{㉡} \end{cases}$$

㉠을 정리하면 $2x-6y=-6$ $\cdots\cdots$ ㉢

㉡을 정리하면 $3x-2y=-9$ $\cdots\cdots$ ㉣

ⓒ−ⓔ×3을 하면 −7x=21

따라서 x=−3

x=−3을 ⓔ에 대입하면

−9−2y=−9

따라서 y=0

15
$$\begin{cases} 2x+y+7=3x-4y & \cdots\cdots\ ㉠ \\ 2x+y+7=4x+4y+6 & \cdots\cdots\ ㉡ \end{cases}$$

㉠을 정리하면 x−5y=7 ⋯⋯ ㉢

㉡을 정리하면 2x+3y=1 ⋯⋯ ㉣

㉢×2−㉣을 하면 −13y=13

따라서 y=−1

y=−1을 ㉢에 대입하면

x+5=7

따라서 x=2

16
$$\begin{cases} \dfrac{2x+y}{4}=\dfrac{5x+3y-3}{2} & \cdots\cdots\ ㉠ \\ \dfrac{2x+y}{4}=\dfrac{x-y-1}{6} & \cdots\cdots\ ㉡ \end{cases}$$

㉠×4를 하면 2x+y=2(5x+3y−3)에서

8x+5y=6 ⋯⋯ ㉢

㉡×12를 하면 3(2x+y)=2(x−y−1)에서

4x+5y=−2 ⋯⋯ ㉣

㉢−㉣을 하면 4x=8

따라서 x=2

x=2를 ㉢에 대입하면

16+5y=6, 5y=−10

따라서 y=−2

17
$$\begin{cases} 2x-3y+5=x & \cdots\cdots\ ㉠ \\ 3x-4(y-1)=x & \cdots\cdots\ ㉡ \end{cases}$$

㉠을 정리하면 x−3y=−5 ⋯⋯ ㉢

㉡을 정리하면 2x−4y=−4 ⋯⋯ ㉣

㉢×2−㉣을 하면 −2y=−6

이므로 y=3

y=3을 ㉢에 대입하면

x−9=−5

이므로 x=4

따라서 a=4, b=3이므로

a+b=4+3=7

비례식을 포함한 연립방정식

원리확인

❶ 2y, 3y+1   ❷ 3y+3, 6y   ❸ 4y, 3x−2y

1 (✎ 1, −1, −1, −2)   2 x=6, y=2

3 x=6, y=4   4 x=4, y=1

5 x=−10, y=−4   6 x=−10, y=−6

7 x=3, y=2   8 x=−5, y=−4

9 x=6, y=1   10 x=2, y=−1

11 x=2, y=2   12 x=6, y=1

13 x=−1, y=−1   14 x=−3, y=1

15 x=2, y=2   16 x=3, y=0

17 ②

2
$$\begin{cases} x:y=3:1 & \cdots\cdots\ ㉠ \\ 2x-3y=6 & \cdots\cdots\ ㉡ \end{cases}$$

㉠에서 x=3y ⋯⋯ ㉢

㉢을 ㉡에 대입하면

6y−3y=6, 3y=6

따라서 y=2

y=2를 ㉢에 대입하면 x=6

3
$$\begin{cases} x:y=3:2 & \cdots\cdots\ ㉠ \\ 2x-5y=-8 & \cdots\cdots\ ㉡ \end{cases}$$

㉠에서 2x=3y ⋯⋯ ㉢

㉢을 ㉡에 대입하면

3y−5y=−8, −2y=−8

따라서 y=4

y=4를 ㉢에 대입하면 2x=12

따라서 x=6

4
$$\begin{cases} x:y=4:1 & \cdots\cdots\ ㉠ \\ 3x-2y=10 & \cdots\cdots\ ㉡ \end{cases}$$

㉠에서 x=4y ⋯⋯ ㉢

㉢을 ㉡에 대입하면

12y−2y=10, 10y=10

따라서 y=1

y=1을 ㉢에 대입하면 x=4

5
$$\begin{cases} x:y=5:2 & \cdots\cdots \ㄱ \\ 4x-7y=-12 & \cdots\cdots \ㄴ \end{cases}$$
ㄱ에서 $2x=5y$ $\cdots\cdots$ ㄷ
ㄷ을 ㄴ에 대입하면
$10y-7y=-12,\ 3y=-12$
따라서 $y=-4$
$y=-4$를 ㄷ에 대입하면 $2x=-20$
따라서 $x=-10$

6
$$\begin{cases} x:y=5:3 & \cdots\cdots \ㄱ \\ 3x-9y=24 & \cdots\cdots \ㄴ \end{cases}$$
ㄱ에서 $3x=5y$ $\cdots\cdots$ ㄷ
ㄷ을 ㄴ에 대입하면
$5y-9y=24,\ -4y=24$
따라서 $y=-6$
$y=-6$을 ㄷ에 대입하면 $3x=-30$
따라서 $x=-10$

7
$$\begin{cases} 2(x+3)=20-4y & \cdots\cdots \ㄱ \\ x:y=3:2 & \cdots\cdots \ㄴ \end{cases}$$
ㄱ을 정리하면 $2x+4y=14$ $\cdots\cdots$ ㄷ
ㄴ에서 $2x=3y$ $\cdots\cdots$ ㄹ
ㄹ을 ㄷ에 대입하면
$3y+4y=14,\ 7y=14$
따라서 $y=2$
$y=2$를 ㄹ에 대입하면 $2x=6$
따라서 $x=3$

8
$$\begin{cases} 6(x+2)-y=4y+2 & \cdots\cdots \ㄱ \\ x:y=5:4 & \cdots\cdots \ㄴ \end{cases}$$
ㄱ을 정리하면 $6x-5y=-10$ $\cdots\cdots$ ㄷ
ㄴ에서 $4x=5y$ $\cdots\cdots$ ㄹ
ㄹ을 ㄷ에 대입하면
$6x-4x=-10,\ 2x=-10$
따라서 $x=-5$
$x=-5$를 ㄹ에 대입하면 $-20=5y$
따라서 $y=-4$

9
$$\begin{cases} (x-2):(y+1)=2:1 & \cdots\cdots \ㄱ \\ x+3y=9 & \cdots\cdots \ㄴ \end{cases}$$
ㄱ에서 $x-2=2(y+1),\ x-2=2y+2$
$x-2y=4$ $\cdots\cdots$ ㄷ
ㄴ$-$ㄷ을 하면 $5y=5$

따라서 $y=1$
$y=1$을 ㄷ에 대입하면 $x-2=4$
따라서 $x=6$

10
$$\begin{cases} x:(y+2)=2:1 & \cdots\cdots \ㄱ \\ 3x-y=7 & \cdots\cdots \ㄴ \end{cases}$$
ㄱ에서 $x=2(y+2),\ x=2y+4$
$x-2y=4$ $\cdots\cdots$ ㄷ
ㄴ$\times 2-$ㄷ을 하면 $5x=10$
따라서 $x=2$
$x=2$를 ㄷ에 대입하면 $2-2y=4,\ -2y=2$
따라서 $y=-1$

11
$$\begin{cases} x:(y+1)=2:3 & \cdots\cdots \ㄱ \\ x+2y=6 & \cdots\cdots \ㄴ \end{cases}$$
ㄱ에서 $3x=2(y+1),\ 3x=2y+2$
$3x-2y=2$ $\cdots\cdots$ ㄷ
ㄴ$+$ㄷ을 하면 $4x=8$
따라서 $x=2$
$x=2$를 ㄴ에 대입하면 $2+2y=6,\ 2y=4$
따라서 $y=2$

12
$$\begin{cases} (x-2):(y+1)=2:1 & \cdots\cdots \ㄱ \\ x+2y=8 & \cdots\cdots \ㄴ \end{cases}$$
ㄱ에서 $x-2=2(y+1),\ x-2=2y+2$
$x-2y=4$ $\cdots\cdots$ ㄷ
ㄴ$-$ㄷ을 하면 $4y=4$
따라서 $y=1$
$y=1$을 ㄴ에 대입하면 $x+2=8$
따라서 $x=6$

13
$$\begin{cases} (x+3):(y+4)=2:3 & \cdots\cdots \ㄱ \\ -x+3y=-2 & \cdots\cdots \ㄴ \end{cases}$$
ㄱ에서 $3(x+3)=2(y+4),\ 3x+9=2y+8$
$3x-2y=-1$ $\cdots\cdots$ ㄷ
ㄴ$\times 3+$ㄷ을 하면 $7y=-7$
따라서 $y=-1$
$y=-1$을 ㄴ에 대입하면 $-x-3=-2$
따라서 $x=-1$

14
$$\begin{cases} (x-3):3=(x+y):1 & \cdots\cdots \ㄱ \\ x-3y=-6 & \cdots\cdots \ㄴ \end{cases}$$
ㄱ에서 $x-3=3(x+y),\ x-3=3x+3y$
$2x+3y=-3$ $\cdots\cdots$ ㄷ

ㄴ+ㄷ을 하면 $3x=-9$

따라서 $x=-3$

$x=-3$을 ㄴ에 대입하면 $-3-3y=-6$, $-3y=-3$

따라서 $y=1$

15 $\begin{cases} (x+2):y=2:1 & \cdots\cdots ㄱ \\ 3(x+y)-4y=4 & \cdots\cdots ㄴ \end{cases}$

ㄱ에서 $x+2=2y$, $x-2y=-2$ $\cdots\cdots$ ㄷ

ㄴ을 정리하면 $3x-y=4$ $\cdots\cdots$ ㄹ

ㄷ$-$ㄹ$\times2$를 하면 $-5x=-10$

따라서 $x=2$

$x=2$를 ㄹ에 대입하면 $6-y=4$

따라서 $y=2$

16 $\begin{cases} (x+2):(y+3)=5:3 & \cdots\cdots ㄱ \\ 3x-(x-2y)=6 & \cdots\cdots ㄴ \end{cases}$

ㄱ에서 $3(x+2)=5(y+3)$, $3x+6=5y+15$

$3x-5y=9$ $\cdots\cdots$ ㄷ

ㄴ을 정리하면 $2x+2y=6$ $\cdots\cdots$ ㄹ

ㄷ$\times2-$ㄹ$\times3$을 하면 $-16y=0$

따라서 $y=0$

$y=0$을 ㄷ에 대입하면 $3x=9$

따라서 $x=3$

17 $\begin{cases} 3(x+2)=9+4y & \cdots\cdots ㄱ \\ (x+1):(y+1)=3:2 & \cdots\cdots ㄴ \end{cases}$

ㄱ을 정리하면 $3x-4y=3$ $\cdots\cdots$ ㄷ

ㄴ에서 $2(x+1)=3(y+1)$, $2x+2=3y+3$

$2x-3y=1$ $\cdots\cdots$ ㄹ

ㄷ$\times2-$ㄹ$\times3$을 하면 $y=3$

$y=3$을 ㄹ에 대입하면

$2x-9=1$, $2x=10$

이므로 $x=5$

따라서 $m=5$, $n=3$이므로

$m+n=5+3=8$

해가 특수한 연립방정식

원리확인

❶ 2, 4, 8, 무수히 많다, 2, $\dfrac{4}{8}$

❷ 2, 4, 10, 없다, 2, $\dfrac{5}{8}$

1 해가 무수히 많다.   **2** 해가 무수히 많다.

3 해가 무수히 많다.   **4** 해가 무수히 많다.

5 해가 무수히 많다.   **6** 해가 없다.

7 해가 없다.   **8** 해가 없다.

9 해가 없다.   **10** 해가 없다.

11 ②   **12** -6 **13** -6 **14** 14

15 8   **16** -2 **17** -2 **18** 12

19 -20 **20** $a\neq4$ **21** $a\neq12$

☺ 무수히 많다, 없다   **22** ②

1 $\begin{cases} x+2y=4 & \cdots\cdots ㄱ \\ 2x+4y=8 & \cdots\cdots ㄴ \end{cases}$

ㄱ$\times2$를 하면 $2x+4y=8$ $\cdots\cdots$ ㄷ

ㄴ과 ㄷ은 x, y의 계수와 상수항이 각각 같으므로 해가 무수히 많다.

2 $\begin{cases} x-2y=-5 & \cdots\cdots ㄱ \\ 2x-4y=-10 & \cdots\cdots ㄴ \end{cases}$

ㄱ$\times2$를 하면 $2x-4y=-10$ $\cdots\cdots$ ㄷ

ㄴ과 ㄷ은 x, y의 계수와 상수항이 각각 같으므로 해가 무수히 많다.

3 $\begin{cases} 3x+6y=9 & \cdots\cdots ㄱ \\ 2x+4y=6 & \cdots\cdots ㄴ \end{cases}$

ㄱ$\times2$를 하면 $6x+12y=18$ $\cdots\cdots$ ㄷ

ㄴ$\times3$을 하면 $6x+12y=18$ $\cdots\cdots$ ㄹ

ㄷ과 ㄹ은 x, y의 계수와 상수항이 각각 같으므로 해가 무수히 많다.

4 $\begin{cases} 5x-10y=15 & \cdots\cdots ㄱ \\ 2x-4y=6 & \cdots\cdots ㄴ \end{cases}$

ㄱ$\times2$를 하면 $10x-20y=30$ $\cdots\cdots$ ㄷ

$\textcircled{\tiny L}\times 5$를 하면 $10x-20y=30$ $\qquad$ $\textcircled{\tiny 己}$

$\textcircled{\tiny 己}$과 $\textcircled{\tiny 己}$은 x, y의 계수와 상수항이 각각 같으므로 해가 무수히 많다.

5 $\begin{cases} -x+3y=4 & \cdots\cdots\ \textcircled{\tiny ㄱ} \\ 2x-6y=-8 & \cdots\cdots\ \textcircled{\tiny L} \end{cases}$

$\textcircled{\tiny ㄱ}\times(-2)$를 하면 $2x-6y=-8$ $\qquad$ $\textcircled{\tiny ㄷ}$

$\textcircled{\tiny L}$과 $\textcircled{\tiny ㄷ}$은 x, y의 계수와 상수항이 각각 같으므로 해가 무수히 많다.

6 $\begin{cases} x+2y=6 & \cdots\cdots\ \textcircled{\tiny ㄱ} \\ 2x+4y=3 & \cdots\cdots\ \textcircled{\tiny L} \end{cases}$

$\textcircled{\tiny ㄱ}\times 2$를 하면 $2x+4y=12$ $\qquad$ $\textcircled{\tiny ㄷ}$

$\textcircled{\tiny L}$과 $\textcircled{\tiny ㄷ}$은 x, y의 계수가 각각 같고 상수항은 다르므로 해가 없다.

7 $\begin{cases} x-2y=4 & \cdots\cdots\ \textcircled{\tiny ㄱ} \\ 3x-6y=10 & \cdots\cdots\ \textcircled{\tiny L} \end{cases}$

$\textcircled{\tiny ㄱ}\times 3$을 하면 $3x-6y=12$ $\qquad$ $\textcircled{\tiny ㄷ}$

$\textcircled{\tiny L}$과 $\textcircled{\tiny ㄷ}$은 x, y의 계수가 각각 같고 상수항은 다르므로 해가 없다.

8 $\begin{cases} 2x-y=3 & \cdots\cdots\ \textcircled{\tiny ㄱ} \\ 6x-3y=6 & \cdots\cdots\ \textcircled{\tiny L} \end{cases}$

$\textcircled{\tiny ㄱ}\times 3$을 하면 $6x-3y=9$ $\qquad$ $\textcircled{\tiny ㄷ}$

$\textcircled{\tiny L}$과 $\textcircled{\tiny ㄷ}$은 x, y의 계수가 각각 같고 상수항은 다르므로 해가 없다.

9 $\begin{cases} -3x+5y=4 & \cdots\cdots\ \textcircled{\tiny ㄱ} \\ 9x-15y=12 & \cdots\cdots\ \textcircled{\tiny L} \end{cases}$

$\textcircled{\tiny ㄱ}\times(-3)$을 하면 $9x-15y=-12$ $\qquad$ $\textcircled{\tiny ㄷ}$

$\textcircled{\tiny L}$과 $\textcircled{\tiny ㄷ}$은 x, y의 계수가 각각 같고 상수항은 다르므로 해가 없다.

10 $\begin{cases} \dfrac{1}{2}x+\dfrac{1}{3}y=2 & \cdots\cdots\ \textcircled{\tiny ㄱ} \\ 3x+2y=6 & \cdots\cdots\ \textcircled{\tiny L} \end{cases}$

$\textcircled{\tiny ㄱ}\times 6$을 하면 $3x+2y=12$ $\qquad$ $\textcircled{\tiny ㄷ}$

$\textcircled{\tiny L}$과 $\textcircled{\tiny ㄷ}$은 x, y의 계수가 각각 같고 상수항은 다르므로 해가 없다.

11 ① $\begin{cases} 6x-12y=18 & \cdots\cdots\ \textcircled{\tiny ㄱ} \\ x-2y=3 & \cdots\cdots\ \textcircled{\tiny L} \end{cases}$

$\textcircled{\tiny L}\times 6$을 하면 $6x-12y=18$ $\qquad$ $\textcircled{\tiny ㄷ}$

$\textcircled{\tiny ㄱ}$과 $\textcircled{\tiny ㄷ}$은 x, y의 계수와 상수항이 각각 같으므로 해가 무수히 많다.

② $\begin{cases} 3x+4y=-5 & \cdots\cdots\ \textcircled{\tiny ㄱ} \\ 9x+12y=-10 & \cdots\cdots\ \textcircled{\tiny L} \end{cases}$

$\textcircled{\tiny ㄱ}\times 3$을 하면 $9x+12y=-15$ $\qquad$ $\textcircled{\tiny ㄷ}$

$\textcircled{\tiny L}$과 $\textcircled{\tiny ㄷ}$은 x, y의 계수가 각각 같고 상수항은 다르므로 해가 없다.

③ $\begin{cases} y=x+4 & \cdots\cdots\ \textcircled{\tiny ㄱ} \\ 3x-3y=-12 & \cdots\cdots\ \textcircled{\tiny L} \end{cases}$

$\textcircled{\tiny ㄱ}\times 3$을 하면 $3x-3y=-12$ $\qquad$ $\textcircled{\tiny ㄷ}$

$\textcircled{\tiny L}$과 $\textcircled{\tiny ㄷ}$은 x, y의 계수와 상수항이 각각 같으므로 해가 무수히 많다.

④ $\begin{cases} x+3y=10 & \cdots\cdots\ \textcircled{\tiny ㄱ} \\ 3x+y=6 & \cdots\cdots\ \textcircled{\tiny L} \end{cases}$

$\textcircled{\tiny ㄱ}\times 3-\textcircled{\tiny L}$을 하면 $8y=24$

따라서 $y=3$

$y=3$을 $\textcircled{\tiny ㄱ}$에 대입하면

$x+9=10$

따라서 $x=1$

즉 해의 개수가 1이다.

⑤ $\begin{cases} 4x-3y=2 & \cdots\cdots\ \textcircled{\tiny ㄱ} \\ 5x-2y=6 & \cdots\cdots\ \textcircled{\tiny L} \end{cases}$

$\textcircled{\tiny ㄱ}\times 2-\textcircled{\tiny L}\times 3$을 하면 $-7x=-14$

따라서 $x=2$

$x=2$를 $\textcircled{\tiny ㄱ}$에 대입하면

$8-3y=2$, $-3y=-6$

따라서 $y=2$

즉 해의 개수가 1이다.

따라서 연립방정식 중 해가 없는 것은 ②이다.

12 $\dfrac{-2}{-1}=\dfrac{a}{-3}=\dfrac{4}{2}$이어야 하므로

$a=-6$

13 $\dfrac{2}{a}=\dfrac{-1}{3}=\dfrac{-6}{18}$이어야 하므로

$a=-6$

14 $\dfrac{a}{7}=\dfrac{8}{4}=\dfrac{10}{5}$이어야 하므로

$a=14$

15 $\dfrac{a}{2}=\dfrac{4}{1}=\dfrac{-12}{-3}$ 이어야 하므로

$a=8$

16 $\dfrac{4}{12}=\dfrac{a}{-6}=\dfrac{5}{15}$ 이어야 하므로

$a=-2$

17 $\dfrac{1}{-5}=\dfrac{-3}{15}=\dfrac{a}{10}$ 이어야 하므로

$a=-2$

18 $\dfrac{6}{a}=\dfrac{-1}{-2}\neq\dfrac{3}{9}$ 이어야 하므로

$a=12$

19 $\dfrac{1}{4}=\dfrac{-5}{a}\neq\dfrac{2}{10}$ 이어야 하므로

$a=-20$

20 $\dfrac{1}{2}=\dfrac{2}{4}\neq\dfrac{a}{8}$ 이어야 하므로

$a\neq4$

21 $\dfrac{-3}{6}=\dfrac{9}{-18}\neq\dfrac{-6}{a}$ 이어야 하므로

$a\neq12$

22 $\dfrac{3}{-12}=\dfrac{a}{8}\neq\dfrac{5}{b}$ 이어야 하므로

$a=-2,\ b\neq-20$

TEST 2. 여러 가지 연립방정식의 풀이   본문 45쪽

| **1** ③ | **2** 3 | **3** $x=4,\ y=1$ |
| **4** ② | **5** ② | **6** -12 |

1 괄호를 풀어 정리하면

$\begin{cases} 3x-2y=-16 & \cdots\cdots\ \text{㉠} \\ 3x-y=-14 & \cdots\cdots\ \text{㉡} \end{cases}$

㉠$-$㉡을 하면 $-y=-2$

따라서 $y=2$

$y=2$를 ㉡에 대입하면

$3x-2=-14,\ 3x=-12$

따라서 $x=-4$

2 ㉠$\times6$을 하여 정리하면

$2x-3y=-4 \qquad\cdots\cdots\ \text{㉢}$

㉡$\times10$을 하면

$5x-2y=1 \qquad\cdots\cdots\ \text{㉣}$

㉢$\times2-$㉣$\times3$을 하면 $-11x=-11$

이므로 $x=1$

$x=1$을 ㉢에 대입하면

$2-3y=-4,\ -3y=-6$이므로 $y=2$

따라서 $a=1,\ b=2$이므로

$a+b=1+2=3$

3 $\begin{cases} (x+y):(y+1)=5:2 & \cdots\cdots\ \text{㉠} \\ 4x-9y=7 & \cdots\cdots\ \text{㉡} \end{cases}$

㉠에서 $2(x+y)=5(y+1),\ 2x+2y=5y+5$

$2x-3y=5 \qquad\cdots\cdots\ \text{㉢}$

㉡$-$㉢$\times2$를 하면 $-3y=-3$

따라서 $y=1$

$y=1$을 ㉡에 대입하면

$4x-9=7,\ 4x=16$

따라서 $x=4$

4 $\begin{cases} \dfrac{2x+y}{3}=\dfrac{y-1}{2} & \cdots\cdots\ \text{㉠} \\ \dfrac{y-1}{2}=3x-y+1 & \cdots\cdots\ \text{㉡} \end{cases}$

㉠$\times6$을 하여 정리하면 $4x-y=-3 \quad\cdots\cdots\ \text{㉢}$

㉡$\times2$를 하여 정리하면 $6x-3y=-3$

에서 $2x-y=-1 \qquad\cdots\cdots\ \text{㉣}$

㉢$-$㉣을 하면 $2x=-2$

따라서 $x=-1$

$x=-1$을 ㉣에 대입하면

$-2-y=-1$

따라서 $y=-1$

5 ㉢$\times5$를 하여 정리하면 $x-5y+3=0$

㉣$\times5$를 하여 정리하면 $x+5y+3=0$

이때 ㉠과 ㉢을 정리한 식은 $x,\ y$의 계수가 각각 같고 상수항은 다르므로 해가 없다.

6 $\dfrac{-2}{8}=\dfrac{a}{-12}=\dfrac{1}{b}$ 이어야 하므로

$a=3,\ b=-4$

따라서 $ab=3\times(-4)=-12$

3 연립방정식의 활용

01

본문 48쪽

연립방정식의 활용

원리확인

❶ 5600, $3y$, 4200   ❷ $y+4$, $2x+2y$

---

1 (1) $x+y$, $x-y$ (2) $x+y$, $x-y$
   (3) $x=25$, $y=17$ (4) 17, 25

2 28   **3** 26

4 (1) 2, y, $2y$ (2) $x+y$, $4x+2y$, $x+y$, $4x+2y$
   (3) $x=23$, $y=20$ (4) 23마리

5 강아지: 6마리, 앵무새: 3마리

6 3   **7** 5

8 (1) 11, $800x$, $1200y$
   (2) $x+y$, $800x+1200y$, $x+y$, $800x+1200y$
   (3) $x=3$, $y=8$ (4) 연필: 3자루, 볼펜: 8자루

9 100원짜리 동전의 개수: 9, 500원짜리 동전의 개수: 6

10 9   **11** 7700원

12 (1) x, y (2) $2x+2y$, x, y, $2x+2y$, x, y
   (3) $x=5$, $y=3$
   (4) 가로의 길이: 5 cm, 세로의 길이: 3 cm

13 204 cm^2 **14** 69 cm

15 7 cm

---

1 (3) $\begin{cases} x+y=42 & \cdots\cdots ㉠ \\ x-y=8 & \cdots\cdots ㉡ \end{cases}$

㉠＋㉡을 하면 $2x=50$, $x=25$

$x=25$를 ㉠에 대입하면

$25+y=42$, $y=17$

2 작은 수를 x, 큰 수를 y라 하면

$\begin{cases} x+y=42 & \cdots\cdots ㉠ \\ y=2x & \cdots\cdots ㉡ \end{cases}$

㉡을 ㉠에 대입하면

$x+2x=42$, $3x=42$, $x=14$

$x=14$를 ㉡에 대입하면

$y=2\times14=28$

따라서 큰 수는 28이다.

---

3 작은 수를 x, 큰 수를 y라 하면

$\begin{cases} x+y=50 & \cdots\cdots ㉠ \\ y=3x+2 & \cdots\cdots ㉡ \end{cases}$

㉡을 ㉠에 대입하면

$x+(3x+2)=50$, $4x=48$, $x=12$

$x=12$를 ㉡에 대입하면 $y=3\times12+2=38$

따라서 큰 수와 작은 수의 차는 $38-12=26$

4 (3) $\begin{cases} x+y=43 & \cdots\cdots ㉠ \\ 4x+2y=132 & \cdots\cdots ㉡ \end{cases}$

㉠$\times2-$㉡을 하면

$-2x=-46$, $x=23$

$x=23$을 ㉠에 대입하면

$23+y=43$, $y=20$

5 강아지를 x마리, 앵무새를 y마리 키우고 있다고 하면

$\begin{cases} x+y=9 & \cdots\cdots ㉠ \\ 4x+2y=30 & \cdots\cdots ㉡ \end{cases}$

㉠$\times2-$㉡을 하면

$-2x=-12$, $x=6$

$x=6$을 ㉠에 대입하면

$6+y=9$, $y=3$

따라서 지우가 키우고 있는 강아지는 6마리, 앵무새는 3마리이다.

6 모둠원이 4명인 모둠의 수를 x, 5명인 모둠의 수를 y라 하면

$\begin{cases} x+y=8 & \cdots\cdots ㉠ \\ 4x+5y=35 & \cdots\cdots ㉡ \end{cases}$

㉠$\times4-$㉡을 하면

$-y=-3$, $y=3$

$y=3$을 ㉠에 대입하면

$x+3=8$, $x=5$

따라서 모둠원이 5명인 모둠의 수는 3이다.

7 빌린 1인용 자전거의 수를 x, 2인용 자전거의 수를 y라 하면

$\begin{cases} x+y=13 & \cdots\cdots ㉠ \\ x+2y=21 & \cdots\cdots ㉡ \end{cases}$

㉠$-$㉡을 하면

$-y=-8$, $y=8$

$y=8$을 ㉠에 대입하면

$x+8=13$, $x=5$

따라서 빌린 1인용 자전거의 수는 5이다.

8 (3) $\begin{cases} x+y=11 \\ 800x+1200y=12000 \end{cases}$, 즉

$\begin{cases} x+y=11 & \cdots\cdots ㉠ \\ 2x+3y=30 & \cdots\cdots ㉡ \end{cases}$

㉠×2−㉡을 하면

$-y=-8,\ y=8$

$y=8$을 ㉠에 대입하면

$x+8=11,\ x=3$

9 민우가 모은 100원짜리 동전의 개수를 x, 500원짜리 동전의 개수를 y라 하면

$\begin{cases} x+y=15 \\ 100x+500y=3900 \end{cases}$, 즉 $\begin{cases} x+y=15 & \cdots\cdots ㉠ \\ x+5y=39 & \cdots\cdots ㉡ \end{cases}$

㉠−㉡을 하면 $-4y=-24,\ y=6$

$y=6$을 ㉠에 대입하면 $x+6=15,\ x=9$

따라서 민우가 모은 100원짜리 동전의 개수는 9, 500원짜리 동전의 개수는 6이다.

10 입장한 성인의 수를 x, 학생의 수를 y라 하면

$\begin{cases} x+y=13 \\ 5000x+1000y=29000 \end{cases}$, 즉

$\begin{cases} x+y=13 & \cdots\cdots ㉠ \\ 5x+y=29 & \cdots\cdots ㉡ \end{cases}$

㉠−㉡을 하면 $-4x=-16,\ x=4$

$x=4$를 ㉠에 대입하면 $4+y=13,\ y=9$

따라서 입장한 학생의 수는 9이다.

11 장미 한 송이의 가격을 x원, 튤립 한 송이의 가격을 y원이라 하면

$\begin{cases} 6x+3y=13500 & \cdots\cdots ㉠ \\ y=x+600 & \cdots\cdots ㉡ \end{cases}$

㉡을 ㉠에 대입하면

$6x+3(x+600)=13500,\ 6x+3x+1800=13500$

$9x=11700,\ x=1300$

$x=1300$을 ㉡에 대입하면

$y=1300+600=1900$

따라서 장미 3송이와 튤립 2송이의 가격은

$1300×3+1900×2=7700$(원)

12 (3) $\begin{cases} 2x+2y=16 & \cdots\cdots ㉠ \\ x=y+2 & \cdots\cdots ㉡ \end{cases}$

㉡을 ㉠에 대입하면

$2(y+2)+2y=16,\ 2y+4+2y=16$

$4y=12,\ y=3$

$y=3$을 ㉡에 대입하면

$x=3+2=5$

13 직사각형의 가로의 길이를 $x\,\mathrm{cm}$, 세로의 길이를 $y\,\mathrm{cm}$라 하면

$\begin{cases} 2x+2y=58 & \cdots\cdots ㉠ \\ x=y-5 & \cdots\cdots ㉡ \end{cases}$

㉡을 ㉠에 대입하면

$2(y-5)+2y=58,\ 2y-10+2y=58$

$4y=68,\ y=17$

$y=17$을 ㉡에 대입하면

$x=17-5=12$

따라서 구하는 직사각형의 넓이는

$12×17=204(\mathrm{cm}^2)$

14 짧은 줄의 길이를 $x\,\mathrm{cm}$, 긴 줄의 길이를 $y\,\mathrm{cm}$라 하면

$\begin{cases} x+y=249 & \cdots\cdots ㉠ \\ x=\dfrac{1}{3}y+9 & \cdots\cdots ㉡ \end{cases}$

㉡을 ㉠에 대입하면

$\dfrac{1}{3}y+9+y=249,\ \dfrac{4}{3}y=240,\ y=180$

$y=180$을 ㉡에 대입하면

$x=\dfrac{1}{3}×180+9=69$

따라서 짧은 줄의 길이는 $69\,\mathrm{cm}$이다.

15 사다리꼴의 윗변의 길이를 $x\,\mathrm{cm}$, 아랫변의 길이를 $y\,\mathrm{cm}$라 하면

$\begin{cases} y=x+3 \\ \dfrac{1}{2}×(x+y)×10=55 \end{cases}$, 즉 $\begin{cases} y=x+3 & \cdots\cdots ㉠ \\ x+y=11 & \cdots\cdots ㉡ \end{cases}$

㉠을 ㉡에 대입하면

$x+(x+3)=11,\ 2x=8,\ x=4$

$x=4$를 ㉠에 대입하면

$y=4+3=7$

따라서 아랫변의 길이는 $7\,\mathrm{cm}$이다.

나이에 관한 연립방정식의 활용

원리확인
❶ 2 ❷ x, x ❸ x, 20, 15

1 (1) $x+13$, $y+13$
  (2) $x+y$, $x+13$, $y+13$, $x+y$, $x+13$, $y+13$
  (3) $x=45$, $y=16$ (4) 아버지: 45세, 아들: 16세
2 (1) $x-5$, $y-5$
  (2) $x+y$, $x-5$, $y-5$, $x+y$, $x-5$, $y-5$
  (3) $x=47$, $y=11$ (4) 어머니: 47세, 딸: 11세
3 54세 4 17세 5 9세

1 (3) $\begin{cases} x+y=61 \\ x+13=2(y+13) \end{cases}$, 즉 $\begin{cases} x+y=61 & \cdots\cdots \text{㉠} \\ x-2y=13 & \cdots\cdots \text{㉡} \end{cases}$
  ㉠−㉡을 하면
  $3y=48$, $y=16$
  $y=16$을 ㉠에 대입하면
  $x+16=61$, $x=45$

2 (3) $\begin{cases} x+y=58 \\ x-5=7(y-5) \end{cases}$, 즉 $\begin{cases} x+y=58 & \cdots\cdots \text{㉠} \\ x-7y=-30 & \cdots\cdots \text{㉡} \end{cases}$
  ㉠−㉡을 하면
  $8y=88$, $y=11$
  $y=11$을 ㉠에 대입하면
  $x+11=58$, $x=47$

3 현재 이모의 나이를 x세, 조카의 나이를 y세라 하면
  $\begin{cases} x-y=30 \\ x+6=2(y+6) \end{cases}$, 즉 $\begin{cases} x-y=30 & \cdots\cdots \text{㉠} \\ x-2y=6 & \cdots\cdots \text{㉡} \end{cases}$
  ㉠−㉡을 하면
  $y=24$
  $y=24$를 ㉠에 대입하면
  $x-24=30$, $x=54$
  따라서 현재 이모의 나이는 54세이다.

4 현재 찬미의 나이를 x세, 사촌 오빠의 나이를 y세라 하면
  $\begin{cases} y=x+6 \\ y-8=3(x-8) \end{cases}$, 즉 $\begin{cases} y=x+6 & \cdots\cdots \text{㉠} \\ 3x-y=16 & \cdots\cdots \text{㉡} \end{cases}$
  ㉠을 ㉡에 대입하면

$3x-(x+6)=16$, $3x-x-6=16$
$2x=22$, $x=11$
$x=11$을 ㉠에 대입하면
$y=11+6=17$
따라서 현재 사촌 오빠의 나이는 17세이다.

5 현재 지훈이의 나이를 x세, 동생의 나이를 y세라 하면
  $\begin{cases} x-y=5 \\ x+3=4(y+3)-16 \end{cases}$, 즉
  $\begin{cases} x-y=5 & \cdots\cdots \text{㉠} \\ x-4y=-7 & \cdots\cdots \text{㉡} \end{cases}$
  ㉠−㉡을 하면
  $3y=12$, $y=4$
  $y=4$를 ㉠에 대입하면
  $x-4=5$, $x=9$
  따라서 현재 지훈이의 나이는 9세이다.

자릿수에 관한 연립방정식의 활용

원리확인
❶ x, 4, x, 4 ❷ x, 7, x, 7 ❸ 2, x, 2, x

1 (1) y, x, $10y+x$
  (2) $x+y$, $10y+x$, $10x+y$, $x+y$, $10y+x$, $10x+y$
  (3) $x=9$, $y=6$ (4) 96
2 (1) y, x, $10y+x$
  (2) y, x, $10y+x$, $10x+y$, y, x, $10y+x$, $10x+y$
  (3) $x=3$, $y=5$ (4) 53
3 15 4 29 5 38

1 (3) $\begin{cases} x+y=15 \\ 10y+x=10x+y-27 \end{cases}$, 즉
  $\begin{cases} x+y=15 & \cdots\cdots \text{㉠} \\ x-y=3 & \cdots\cdots \text{㉡} \end{cases}$
  ㉠−㉡을 하면
  $2y=12$, $y=6$
  $y=6$을 ㉠에 대입하면
  $x+6=15$, $x=9$

2 (3) $\begin{cases} y = x + 2 \\ 10y + x = 2(10x + y) - 17 \end{cases}$, 즉

$\begin{cases} y = x + 2 & \cdots\cdots \ \text{㉠} \\ 19x - 8y = 17 & \cdots\cdots \ \text{㉡} \end{cases}$

㉠을 ㉡에 대입하면

$19x - 8(x + 2) = 17, \ 19x - 8x - 16 = 17$

$11x = 33, \ x = 3$

$x = 3$을 ㉠에 대입하면

$y = 3 + 2 = 5$

3 십의 자리의 숫자를 x, 일의 자리의 숫자를 y라 하면

$\begin{cases} x + y = 6 \\ 10y + x = 10x + y + 36 \end{cases}$, 즉

$\begin{cases} x + y = 6 & \cdots\cdots \ \text{㉠} \\ x - y = -4 & \cdots\cdots \ \text{㉡} \end{cases}$

㉠ − ㉡을 하면

$2y = 10, \ y = 5$

$y = 5$를 ㉠에 대입하면

$x + 5 = 6, \ x = 1$

따라서 처음 수는 15이다.

4 십의 자리의 숫자를 x, 일의 자리의 숫자를 y라 하면

$\begin{cases} x + y = 11 & \cdots\cdots \ \text{㉠} \\ y = 4x + 1 & \cdots\cdots \ \text{㉡} \end{cases}$

㉡을 ㉠에 대입하면

$x + (4x + 1) = 11, \ 5x = 10, \ x = 2$

$x = 2$를 ㉠에 대입하면

$2 + y = 11, \ y = 9$

따라서 두 자리 자연수는 29이다.

5 십의 자리의 숫자를 x, 일의 자리의 숫자를 y라 하면

$\begin{cases} 2x = y - 2 \\ 10y + x = 10x + y + 45 \end{cases}$, 즉

$\begin{cases} y = 2x + 2 & \cdots\cdots \ \text{㉠} \\ x - y = -5 & \cdots\cdots \ \text{㉡} \end{cases}$

㉠을 ㉡에 대입하면

$x - (2x + 2) = -5, \ x - 2x - 2 = -5$

$-x = -3, \ x = 3$

$x = 3$을 ㉠에 대입하면

$y = 2 \times 3 + 2 = 8$

따라서 처음 수는 38이다.

일의 양에 관한 연립방정식의 활용

원리확인

❶ $\dfrac{1}{3}$　　　❷ $\dfrac{1}{5}$　　　❸ $\dfrac{1}{10}$

1 (1) $4x, \ 4y, \ 3x, \ 6y$

(2) $4x + 4y, \ 3x + 6y, \ 4x + 4y, \ 3x + 6y$

(3) $x = \dfrac{1}{6}, \ y = \dfrac{1}{12}$　　　(4) 12일

2 (1) $3x, \ 8y, \ 2x, \ 12y$

(2) $3x + 8y, \ 2x + 12y, \ 3x + 8y, \ 2x + 12y$

(3) $x = \dfrac{1}{5}, \ y = \dfrac{1}{20}$　　　(4) 4일

3 12일　　　**4** 6시간　　　**5** 40분

1 (3) $\begin{cases} 4x + 4y = 1 & \cdots\cdots \ \text{㉠} \\ 3x + 6y = 1 & \cdots\cdots \ \text{㉡} \end{cases}$

㉠ × 3 − ㉡ × 4를 하면 $-12y = -1, \ y = \dfrac{1}{12}$

$y = \dfrac{1}{12}$을 ㉡에 대입하면 $3x + \dfrac{1}{2} = 1, \ x = \dfrac{1}{6}$

2 (3) $\begin{cases} 3x + 8y = 1 & \cdots\cdots \ \text{㉠} \\ 2x + 12y = 1 & \cdots\cdots \ \text{㉡} \end{cases}$

㉠ × 2 − ㉡ × 3을 하면 $-20y = -1, \ y = \dfrac{1}{20}$

$y = \dfrac{1}{20}$을 ㉠에 대입하면

$3x + 8 \times \dfrac{1}{20} = 1, \ 3x = \dfrac{3}{5}, \ x = \dfrac{1}{5}$

(4) 나연이와 동우가 함께 이 일을 a일 만에 마칠 수 있다고 하면

$\dfrac{1}{5}a + \dfrac{1}{20}a = 1, \ 4a + a = 20, \ 5a = 20, \ a = 4$

따라서 이 일을 나연이와 동우가 함께 하면 4일이 걸린다.

3 전체 일의 양을 1로 놓고, 언니가 하루 동안 할 수 있는 일의 양을 x, 동생이 하루 동안 할 수 있는 일의 양을 y라 하면

$\begin{cases} 8x + 8y = 1 & \cdots\cdots \ \text{㉠} \\ 10x + 4y = 1 & \cdots\cdots \ \text{㉡} \end{cases}$

㉠ − ㉡ × 2를 하면 $-12x = -1, \ x = \dfrac{1}{12}$

$x=\dfrac{1}{12}$을 ㉠에 대입하면 $8 \times \dfrac{1}{12}+8y=1$, $y=\dfrac{1}{24}$

따라서 이 일을 언니가 혼자 하면 12일이 걸린다.

4 전체 일의 양을 1로 놓고, 우찬이와 새미가 한 시간 동안 할 수 있는 일의 양을 각각 x, y라 하면

$\begin{cases} 7x+3y=1 & \cdots\cdots ㉠ \\ 4x+12y=1 & \cdots\cdots ㉡ \end{cases}$

㉠$\times 4 -$㉡을 하면 $24x=3$, $x=\dfrac{1}{8}$

$x=\dfrac{1}{8}$을 ㉠에 대입하면 $7 \times \dfrac{1}{8}+3y=1$, $y=\dfrac{1}{24}$

우찬이와 새미가 함께 이 일을 a시간 만에 끝낼 수 있다고 하면

$\dfrac{1}{8}a+\dfrac{1}{24}a=1$, $3a+a=24$, $4a=24$, $a=6$

따라서 이 일을 우찬이와 새미가 함께 하면 6시간이 걸린다.

5 물탱크에 물을 가득 채웠을 때의 물의 양을 1로 놓고 A, B 호스로 1분 동안 넣을 수 있는 물의 양을 각각 x, y라 하면

$\begin{cases} 16x+6y=1 & \cdots\cdots ㉠ \\ 8x+8y=1 & \cdots\cdots ㉡ \end{cases}$

㉠$-$㉡$\times 2$를 하면 $-10y=-1$, $y=\dfrac{1}{10}$

$y=\dfrac{1}{10}$을 ㉠에 대입하면 $16x+6 \times \dfrac{1}{10}=1$, $x=\dfrac{1}{40}$

따라서 A 호스만으로 이 물통을 가득 채우는 데에는 40분이 걸린다.

05

본문 58쪽

증가와 감소에 관한 연립방정식의 활용

원리확인

❶ $\dfrac{3}{100}$, $\dfrac{3}{100}$　　❷ $\dfrac{7}{100}$, $\dfrac{7}{100}$　　❸ $\dfrac{11}{100}$, $\dfrac{11}{100}$

1 (1) 4, 450, $\dfrac{4}{100}$, $\dfrac{3}{100}$

(2) 450, $\dfrac{4}{100}x-\dfrac{3}{100}y$, 450, $\dfrac{4}{100}x-\dfrac{3}{100}y$

(3) $x=250$, $y=200$　　(4) 194

---

2 (1) x, y, $\dfrac{5}{100}$, $\dfrac{10}{100}$

(2) 850, $-\dfrac{5}{100}x+\dfrac{10}{100}y$, 850, $-\dfrac{5}{100}x+\dfrac{10}{100}y$

(3) $x=460$, $y=390$

(4) 남자 입장객 수: 437명, 여자 입장객 수: 429명

3 100명　　　　　　　　**4** 240개

5 사과: 837 kg, 배: 483 kg

---

1 (3) $\begin{cases} x+y=450 \\ \dfrac{4}{100}x-\dfrac{3}{100}y=4 \end{cases}$, 즉

$\begin{cases} x+y=450 & \cdots\cdots ㉠ \\ 4x-3y=400 & \cdots\cdots ㉡ \end{cases}$

㉠$\times 3 +$㉡을 하면 $7x=1750$, $x=250$

$x=250$을 ㉠에 대입하면 $250+y=450$, $y=200$

(4) 올해의 여학생 수는

$200-200 \times \dfrac{3}{100}=200-6=194$

2 (3) $\begin{cases} x+y=850 \\ -\dfrac{5}{100}x+\dfrac{10}{100}y=16 \end{cases}$, 즉

$\begin{cases} x+y=850 & \cdots\cdots ㉠ \\ -x+2y=320 & \cdots\cdots ㉡ \end{cases}$

㉠$+$㉡을 하면 $3y=1170$, $y=390$

$y=390$을 ㉠에 대입하면 $x+390=850$, $x=460$

(4) 오늘 남자 입장객 수는

$460-460 \times \dfrac{5}{100}=437$(명)

오늘 여자 입장객 수는

$390+390 \times \dfrac{10}{100}=429$(명)

3 작년 신입생의 남학생 수를 x명, 여학생 수를 y명이라 하면

$\begin{cases} x+y=280 \\ -\dfrac{15}{100}x+\dfrac{10}{100}y=-17 \end{cases}$, 즉

$\begin{cases} x+y=280 & \cdots\cdots ㉠ \\ -3x+2y=-340 & \cdots\cdots ㉡ \end{cases}$

㉠$\times 2 -$㉡을 하면 $5x=900$, $x=180$

$x=180$을 ㉠에 대입하면 $180+y=280$, $y=100$

따라서 작년 신입생의 여학생 수는 100명이다.

4 지난 달의 A 제품의 생산량을 x개, B 제품의 생산량을 y개라 하면

$$\begin{cases} x+y=1700 \\ \dfrac{10}{100}x-\dfrac{20}{100}y=80 \end{cases}, \ \text{즉}$$

$$\begin{cases} x+y=1700 & \cdots\cdots\ \text{㉠} \\ x-2y=800 & \cdots\cdots\ \text{㉡} \end{cases}$$

㉠－㉡을 하면 $3y=900$, $y=300$

$y=300$을 ㉠에 대입하면 $x+300=1700$, $x=1400$

따라서 이번 달의 B 제품의 생산량은

$$300-300\times\frac{20}{100}=300-60=240(\text{개})$$

5 작년 사과의 수확량을 $x\,\text{kg}$, 배의 수확량을 $y\,\text{kg}$이라 하면

$$\begin{cases} x+y=1200 \\ \dfrac{24}{100}x-\dfrac{8}{100}y=1200\times\dfrac{10}{100} \end{cases}, \ \text{즉}$$

$$\begin{cases} x+y=1200 & \cdots\cdots\ \text{㉠} \\ 3x-y=1500 & \cdots\cdots\ \text{㉡} \end{cases}$$

㉠＋㉡을 하면 $4x=2700$, $x=675$

$x=675$를 ㉠에 대입하면 $675+y=1200$, $y=525$

따라서 올해 사과의 수확량은

$$675+675\times\frac{24}{100}=675+162=837(\text{kg})$$

배의 수확량은

$$525-525\times\frac{8}{100}=525-42=483(\text{kg})$$

06

속력에 관한 연립방정식의 활용

원리확인

❶ $\dfrac{x}{4}$　　　❷ $2x$　　　❸ $\dfrac{x}{3}$

1 (1) 3, 4, 3, 4　(2) $x+y$, 3, 4, 2, $x+y$, 3, 4, 2

(3) $x=3$, $y=4$

(4) 걸어간 거리: 3 km, 달려간 거리: 4 km

2 (1) 2, 4, 2, 4　(2) 3, 2, 4, 3, 3, 2, 4, 3

(3) $x=3$, $y=6$　(4) 3 km

3 $\dfrac{x}{50}$시간, $\dfrac{y}{80}$시간, 80 km

4 $\dfrac{x}{3}$시간, $\dfrac{y}{4}$시간, 8 km

5 $\dfrac{x}{4}$시간, $\dfrac{y}{60}$시간, 1 km

6 (1) x, y, $400x$, $700y$

(2) x, y, $400x$, $700y$, x, y, $400x$, $700y$

(3) $x=35$, $y=20$　(4) 35분 후

7 (1) $20x$, $20y$, $8x$, $8y$

(2) $20x-20y$, $8x+8y$, $20x-20y$, $8x+8y$

(3) $x=105$, $y=45$

(4) 은우: 분속 105 m, 희원: 분속 45 m

8 $300x\,\text{m}$, $500y\,\text{m}$, 15분 후

9 $\dfrac{x}{5}$시간, $\dfrac{y}{4}$시간, 8 km

10 $10x\,\text{m}$, $10y\,\text{m}$, $50x\,\text{m}$, $50y\,\text{m}$

현진: 분속 80 m, 규호: 분속 120 m

11 $x\,\text{m}$, $y\,\text{m}$, $\dfrac{1}{3}x\,\text{m}$, $\dfrac{1}{3}y\,\text{m}$

채원: 분속 200 m, 성재: 분속 400 m

12 (1) $x-y$, $x+y$

(2) $4(x-y)$, $3(x+y)$, $4(x-y)$, $3(x+y)$

(3) $x=7$, $y=1$　(4) 시속 7 km

13 시속 $(x+y)\,\text{km}$, 시속 $(x-y)\,\text{km}$, 시속 22 km

14 시속 $(x-y)\,\text{km}$, 시속 $(x+y)\,\text{km}$, 시속 2 km

15 (1) $x+3000$, $x+1200$

(2) $x+3000$, $x+1200$, $x+3000$, $x+1200$

(3) $x=700$, $y=100$

(4) 열차의 길이: 700 m, 속력: 초속 100 m

16 $(x+4300)\,\text{m}$, $(x+2700)\,\text{m}$

기차의 길이: 500 m, 속력: 분속 1600 m

17 $(x+5700)\,\text{m}$, $(x+4600)\,\text{m}$, 1분

1 (3) $\begin{cases} x+y=7 \\ \dfrac{x}{3}+\dfrac{y}{4}=2 \end{cases}$, 즉 $\begin{cases} x+y=7 & \cdots\cdots\ \text{㉠} \\ 4x+3y=24 & \cdots\cdots\ \text{㉡} \end{cases}$

㉠$\times 3-$㉡을 하면 $-x=-3$, $x=3$

$x=3$을 ㉠에 대입하면 $3+y=7$, $y=4$

2 (3) $\begin{cases} y=x+3 \\ \dfrac{x}{2}+\dfrac{y}{4}=3 \end{cases}$, 즉 $\begin{cases} y=x+3 & \cdots\cdots\ \text{㉠} \\ 2x+y=12 & \cdots\cdots\ \text{㉡} \end{cases}$

㉠을 ㉡에 대입하면

$2x+(x+3)=12,\ 3x=9,\ x=3$

$x=3$을 ㉠에 대입하면 $y=3+3=6$

3 시외버스가 시속 $50\,\mathrm{km}$로 달린 거리를 $x\,\mathrm{km}$, 시속 $80\,\mathrm{km}$로 달린 거리를 $y\,\mathrm{km}$라 하면

$\begin{cases} x+y=180 \\ \dfrac{x}{50}+\dfrac{y}{80}=3 \end{cases}$, 즉 $\begin{cases} x+y=180 & \cdots\cdots ㉠ \\ 8x+5y=1200 & \cdots\cdots ㉡ \end{cases}$

㉠$\times 5-$㉡을 하면 $-3x=-300,\ x=100$

$x=100$을 ㉠에 대입하면 $100+y=180,\ y=80$

따라서 시외버스가 시속 $80\,\mathrm{km}$로 달린 거리는 $80\,\mathrm{km}$이다.

4 올라간 거리를 $x\,\mathrm{km}$, 내려온 거리를 $y\,\mathrm{km}$라 하면

$\begin{cases} x+y=14 \\ \dfrac{x}{3}+\dfrac{y}{4}=4 \end{cases}$, 즉 $\begin{cases} x+y=14 & \cdots\cdots ㉠ \\ 4x+3y=48 & \cdots\cdots ㉡ \end{cases}$

㉠$\times 3-$㉡을 하면 $-x=-6,\ x=6$

$x=6$을 ㉠에 대입하면 $6+y=14,\ y=8$

따라서 내려온 거리는 $8\,\mathrm{km}$이다.

5 재경이가 달려간 거리를 $x\,\mathrm{km}$, 버스를 타고 간 거리를 $y\,\mathrm{km}$라 하면

$\begin{cases} x+y=11 \\ \dfrac{x}{4}+\dfrac{1}{12}+\dfrac{y}{60}=\dfrac{1}{2} \end{cases}$, 즉 $\begin{cases} x+y=11 & \cdots\cdots ㉠ \\ 15x+y=25 & \cdots\cdots ㉡ \end{cases}$

㉠$-$㉡을 하면 $-14x=-14,\ x=1$

$x=1$을 ㉠에 대입하면 $1+y=11,\ y=10$

따라서 재경이가 달려간 거리는 $1\,\mathrm{km}$이다.

6 (3) $\begin{cases} x=y+15 \\ 400x=700y \end{cases}$, 즉 $\begin{cases} x=y+15 & \cdots\cdots ㉠ \\ 4x=7y & \cdots\cdots ㉡ \end{cases}$

㉠을 ㉡에 대입하면 $4(y+15)=7y,\ 4y+60=7y$

$3y=60,\ y=20$

$y=20$을 ㉠에 대입하면 $x=20+15=35$

7 (3) $\begin{cases} 20x-20y=1200 \\ 8x+8y=1200 \end{cases}$, 즉 $\begin{cases} x-y=60 & \cdots\cdots ㉠ \\ x+y=150 & \cdots\cdots ㉡ \end{cases}$

㉠$+$㉡을 하면 $2x=210,\ x=105$

$x=105$를 ㉠에 대입하면 $105-y=60,\ y=45$

8 동생이 출발한 지 x분 후, 소윤이가 출발한 지 y분 후에 두 사람이 만난다고 하면

$\begin{cases} x=y+10 \\ 300x=500y \end{cases}$, 즉 $\begin{cases} x=y+10 & \cdots\cdots ㉠ \\ 3x=5y & \cdots\cdots ㉡ \end{cases}$

㉠을 ㉡에 대입하면 $3(y+10)=5y,\ 3y+30=5y$

$-2y=-30,\ y=15$

$y=15$를 ㉠에 대입하면 $x=15+10=25$

따라서 두 사람이 만난 시간은 소윤이가 출발한 지 15분 후이다.

9 민아가 걸은 거리를 $x\,\mathrm{km}$, 지원이가 걸은 거리를 $y\,\mathrm{km}$라 하면

$\begin{cases} x+y=18 \\ \dfrac{x}{5}=\dfrac{y}{4} \end{cases}$, 즉 $\begin{cases} x+y=18 & \cdots\cdots ㉠ \\ 4x=5y & \cdots\cdots ㉡ \end{cases}$

㉠에서 $y=18-x$를 ㉡에 대입하면

$4x=5(18-x),\ 9x=90,\ x=10$

$x=10$을 ㉠에 대입하면 $10+y=18,\ y=8$

따라서 지원이가 걸은 거리는 $8\,\mathrm{km}$이다.

10 현진이의 속력을 분속 $x\,\mathrm{m}$, 규호의 속력를 분속 $y\,\mathrm{m}$라 하면

$\begin{cases} 10x+10y=2000 \\ 50y-50x=2000 \end{cases}$, 즉 $\begin{cases} x+y=200 & \cdots\cdots ㉠ \\ -x+y=40 & \cdots\cdots ㉡ \end{cases}$

㉠$+$㉡을 하면 $2y=240,\ y=120$

$y=120$을 ㉠에 대입하면 $x+120=200,\ x=80$

따라서 현진이의 속력은 분속 $80\,\mathrm{m}$, 규호의 속력은 분속 $120\,\mathrm{m}$이다.

11 채원이의 속력을 분속 $x\,\mathrm{m}$, 성재의 속력을 분속 $y\,\mathrm{m}$라 하면

$\begin{cases} y-x=200 \\ \dfrac{1}{3}x+\dfrac{1}{3}y=200 \end{cases}$, 즉 $\begin{cases} -x+y=200 & \cdots\cdots ㉠ \\ x+y=600 & \cdots\cdots ㉡ \end{cases}$

㉠$+$㉡을 하면 $2y=800,\ y=400$

$y=400$을 ㉡에 대입하면 $x+400=600,\ x=200$

따라서 채원이의 속력은 분속 $200\,\mathrm{m}$, 성재의 속력은 분속 $400\,\mathrm{m}$이다.

12 (3) $\begin{cases} 4(x-y)=24 \\ 3(x+y)=24 \end{cases}$, 즉 $\begin{cases} x-y=6 & \cdots\cdots ㉠ \\ x+y=8 & \cdots\cdots ㉡ \end{cases}$

㉠$+$㉡을 하면 $2x=14,\ x=7$

$x=7$을 ㉡에 대입하면 $7+y=8,\ y=1$

13 정지한 물에서의 배의 속력을 시속 $x\,\mathrm{km}$, 강물의 속력을 시속 $y\,\mathrm{km}$라 하면

$\begin{cases} \dfrac{1}{2}(x+y)=16 \\ \dfrac{4}{3}(x-y)=16 \end{cases}$, 즉 $\begin{cases} x+y=32 & \cdots\cdots ㉠ \\ x-y=12 & \cdots\cdots ㉡ \end{cases}$

$\bigcirc+\bigcirc$을 하면 $2x=44$, $x=22$

$x=22$를 $\bigcirc$에 대입하면 $22+y=32$, $y=10$

따라서 정지한 물에서의 배의 속력은 시속 $22\,\text{km}$이다.

14 정지한 물에서의 유람선의 속력을 시속 $x\,\text{km}$, 강물의 속력을 시속 $y\,\text{km}$라 하면

$$\begin{cases} \dfrac{5}{3}(x-y)=20 \\ \dfrac{5}{4}(x+y)=20 \end{cases}, \ \text{즉} \ \begin{cases} x-y=12 & \cdots\cdots\ \bigcirc \\ x+y=16 & \cdots\cdots\ \bigcirc \end{cases}$$

$\bigcirc+\bigcirc$을 하면 $2x=28$, $x=14$

$x=14$를 $\bigcirc$에 대입하면 $14+y=16$, $y=2$

따라서 강물의 속력은 시속 $2\,\text{km}$이다.

15 (3) $\begin{cases} x+3000=37y & \cdots\cdots\ \bigcirc \\ x+1200=19y & \cdots\cdots\ \bigcirc \end{cases}$

$\bigcirc-\bigcirc$을 하면 $1800=18y$, $y=100$

$y=100$을 $\bigcirc$에 대입하면 $x+1200=1900$, $x=700$

16 기차의 길이를 $x\,\text{m}$, 속력을 분속 $y\,\text{m}$라 하면

$\begin{cases} x+4300=3y & \cdots\cdots\ \bigcirc \\ x+2700=2y & \cdots\cdots\ \bigcirc \end{cases}$

$\bigcirc-\bigcirc$을 하면 $1600=y$

$y=1600$을 $\bigcirc$에 대입하면 $x+2700=3200$, $x=500$

따라서 기차의 길이는 $500\,\text{m}$, 속력은 분속 $1600\,\text{m}$이다.

17 열차의 길이를 $x\,\text{m}$, 속력을 분속 $y\,\text{m}$라 하면

$\begin{cases} x+5700=3y & \cdots\cdots\ \bigcirc \\ x+4600=\dfrac{5}{2}y & \cdots\cdots\ \bigcirc \end{cases}$

$\bigcirc-\bigcirc$을 하면 $1100=\dfrac{1}{2}y$, $y=2200$

$y=2200$을 $\bigcirc$에 대입하면 $x+5700=6600$, $x=900$

즉 열차의 길이는 $900\,\text{m}$, 속력은 분속 $2200\,\text{m}$이다.

따라서 길이가 $900\,\text{m}$인 열차가 분속 $2200\,\text{m}$의 속력으로 길이가 $1.3\,\text{km}$인 다리를 완전히 통과하는 데 걸리는

시간은 $\dfrac{900+1300}{2200}=1$(분)

농도에 관한 연립방정식의 활용

원리확인

❶ 15, 15 ❷ 10, 25 ❸ 8, 32

1 (1) $\dfrac{10}{100}$, $\dfrac{18}{100}$, $\dfrac{12}{100}$

(2) x, y, $\dfrac{10}{100}$, $\dfrac{18}{100}$, $\dfrac{12}{100}$

(3) $x=300$, $y=100$

(4) $10\,\%$의 소금물: $300\,\text{g}$, $18\,\%$의 소금물: $100\,\text{g}$

2 (1) $\dfrac{6}{100}$, $\dfrac{11}{100}$, $\dfrac{10}{100}$

(2) x, y, $\dfrac{6}{100}$, $\dfrac{11}{100}$, $\dfrac{10}{100}$

(3) $x=50$, $y=200$ (4) $150\,\text{g}$

3 $\dfrac{14}{100}$, $\dfrac{19}{100}$, $\dfrac{17}{100}$,

$14\,\%$의 설탕물: $200\,\text{g}$, $19\,\%$의 설탕물: $300\,\text{g}$

4 $\dfrac{20}{100}$, $\dfrac{25}{100}$, $\dfrac{23}{100}$, $140\,\text{g}$

5 $\dfrac{4}{100}$, $\dfrac{10}{100}$, $\dfrac{8}{100}$, $100\,\text{g}$

6 $\dfrac{15}{100}$, $\dfrac{24}{100}$, $\dfrac{20}{100}$,

$24\,\%$의 소금물을 $50\,\text{g}$ 더 많이 섞어야 한다.

7 (1) $2x$, $3y$, 50, $3x$, $2y$, 60

(2) $2x$, $3y$, 50, $3x$, $2y$, 60

(3) $x=16$, $y=6$

(4) 소금물 A: $16\,\%$, 소금물 B: $6\,\%$

8 (1) $\dfrac{9}{100}$, $\dfrac{12}{100}$, $\dfrac{10}{100}$

(2) x, y, 30, $\dfrac{9}{100}$, $\dfrac{12}{100}$, $\dfrac{10}{100}$

(3) $x=40$, $y=170$ (4) $40\,\text{g}$

9 $\dfrac{3}{2}x$, $\dfrac{5}{2}y$, 56, $\dfrac{5}{2}x$, $\dfrac{3}{2}y$, 64, $19\,\%$

10 $\dfrac{10}{100}$, $\dfrac{15}{100}$, $\dfrac{7}{100}$, $60\,\text{g}$

11 (1) x, x, y, y

(2) $\dfrac{10}{100}$, $\dfrac{30}{100}$, $\dfrac{20}{100}$, $\dfrac{10}{100}$, $x+3y$, $2x+y$

(3) $x=50$, $y=50$

(4) 합금 A: $50\,\text{kg}$, 합금 B: $50\,\text{kg}$

1 (3) $\begin{cases} x+y=400 \\ \dfrac{10}{100}x+\dfrac{18}{100}y=\dfrac{12}{100}\times 400 \end{cases}$, 즉

$\begin{cases} x+y=400 & \cdots\cdots\ \text{㉠} \\ 5x+9y=2400 & \cdots\cdots\ \text{㉡} \end{cases}$

㉠$\times 5-$㉡을 하면 $-4y=-400,\ y=100$

$y=100$을 ㉠에 대입하면

$x+100=400,\ x=300$

2 (3) $\begin{cases} x+y=250 \\ \dfrac{6}{100}x+\dfrac{11}{100}y=\dfrac{10}{100}\times 250 \end{cases}$, 즉

$\begin{cases} x+y=250 & \cdots\cdots\ \text{㉠} \\ 6x+11y=2500 & \cdots\cdots\ \text{㉡} \end{cases}$

㉠$\times 6-$㉡을 하면 $-5y=-1000,\ y=200$

$y=200$을 ㉠에 대입하면

$x+200=250,\ x=50$

(4) 6 %의 설탕물의 양은 50 g이고, 11 %의 설탕물의 양
은 200 g이므로 두 양의 차는

$200-50=150\,(\text{g})$

3 14 %의 설탕물의 양을 x g, 19 %의 설탕물의 양을 y g
이라 하면

$\begin{cases} x+y=500 \\ \dfrac{14}{100}x+\dfrac{19}{100}y=\dfrac{17}{100}\times 500 \end{cases}$, 즉

$\begin{cases} x+y=500 & \cdots\cdots\ \text{㉠} \\ 14x+19y=8500 & \cdots\cdots\ \text{㉡} \end{cases}$

㉠$\times 14-$㉡을 하면 $-5y=-1500,\ y=300$

$y=300$을 ㉠에 대입하면 $x+300=500,\ x=200$

따라서 14 %의 설탕물을 200 g, 19 %의 설탕물을 300 g
섞어야 한다.

4 20 %의 소금물의 양을 x g, 25 %의 소금물의 양을 y g
이라 하면

$\begin{cases} x+y=350 \\ \dfrac{20}{100}x+\dfrac{25}{100}y=\dfrac{23}{100}\times 350 \end{cases}$, 즉

$\begin{cases} x+y=350 & \cdots\cdots\ \text{㉠} \\ 4x+5y=1610 & \cdots\cdots\ \text{㉡} \end{cases}$

㉠$\times 4-$㉡을 하면 $-y=-210,\ y=210$

$y=210$을 ㉠에 대입하면 $x+210=350,\ x=140$

따라서 20 %의 소금물을 140 g 섞어야 한다.

5 4 %의 소금물의 양을 x g, 10 %의 소금물의 양을 y g이
라 하면

$\begin{cases} x+y=300 \\ \dfrac{4}{100}x+\dfrac{10}{100}y=\dfrac{8}{100}\times 300 \end{cases}$, 즉

$\begin{cases} x+y=300 & \cdots\cdots\ \text{㉠} \\ 2x+5y=1200 & \cdots\cdots\ \text{㉡} \end{cases}$

㉠$\times 2-$㉡을 하면 $-3y=-600,\ y=200$

$y=200$을 ㉠에 대입하면 $x+200=300,\ x=100$

따라서 두 소금물의 양의 차는 $200-100=100\,(\text{g})$

6 15 %의 소금물의 양을 x g, 24 %의 소금물의 양을 y g
이라 하면

$\begin{cases} x+y=450 \\ \dfrac{15}{100}x+\dfrac{24}{100}y=\dfrac{20}{100}\times 450 \end{cases}$, 즉

$\begin{cases} x+y=450 & \cdots\cdots\ \text{㉠} \\ 5x+8y=3000 & \cdots\cdots\ \text{㉡} \end{cases}$

㉠$\times 5-$㉡을 하면 $-3y=-750,\ y=250$

$y=250$을 ㉠에 대입하면 $x+250=450,\ x=200$

따라서 24 %의 소금물을 $250-200=50\,(\text{g})$ 더 많이 섞
어야 한다.

7 (3) $\begin{cases} 2x+3y=50 & \cdots\cdots\ \text{㉠} \\ 3x+2y=60 & \cdots\cdots\ \text{㉡} \end{cases}$

㉠$\times 3-$㉡$\times 2$를 하면 $5y=30,\ y=6$

$y=6$을 ㉠에 대입하면

$2x+18=50,\ 2x=32,\ x=16$

8 (3) $\begin{cases} x+y+30=240 \\ \dfrac{9}{100}x+\dfrac{12}{100}y=\dfrac{10}{100}\times 240 \end{cases}$, 즉

$\begin{cases} x+y=210 & \cdots\cdots\ \text{㉠} \\ 3x+4y=800 & \cdots\cdots\ \text{㉡} \end{cases}$

㉠$\times 3-$㉡을 하면 $-y=-170,\ y=170$

$y=170$을 ㉠에 대입하면 $x+170=210,\ x=40$

9 소금물 A의 농도를 x %, 소금물 B의 농도를 y %라 하면

$\begin{cases} \dfrac{3}{2}x+\dfrac{5}{2}y=56 \\ \dfrac{5}{2}x+\dfrac{3}{2}y=64 \end{cases}$, 즉 $\begin{cases} 3x+5y=112 & \cdots\cdots\ \text{㉠} \\ 5x+3y=128 & \cdots\cdots\ \text{㉡} \end{cases}$

㉠$\times 5-$㉡$\times 3$을 하면 $16y=176,\ y=11$

$y=11$을 ㉠에 대입하면

$3x+55=112$, $3x=57$, $x=19$

따라서 소금물의 A의 농도는 $19\,\%$이다.

10 $10\,\%$의 소금물의 양을 $x\,\mathrm{g}$, $15\,\%$의 소금물의 양을 $y\,\mathrm{g}$
   이라 하면

$$\begin{cases} x+y+90=200 \\ \dfrac{10}{100}x+\dfrac{15}{100}y=\dfrac{7}{100}\times200 \end{cases},\ \text{즉}$$

$$\begin{cases} x+y=110 & \cdots\cdots\ ㉠ \\ 2x+3y=280 & \cdots\cdots\ ㉡ \end{cases}$$

㉠$\times2-$㉡을 하면 $-y=-60$, $y=60$

$y=60$을 ㉠에 대입하면 $x+60=110$, $x=50$

따라서 $15\,\%$의 소금물은 $60\,\mathrm{g}$ 섞어야 한다.

11 (3) $\begin{cases} x+3y=200 & \cdots\cdots\ ㉠ \\ 2x+y=150 & \cdots\cdots\ ㉡ \end{cases}$

   ㉠$\times2-$㉡을 하면 $5y=250$, $y=50$

   $y=50$을 ㉠에 대입하면 $x+150=200$, $x=50$

12 $\begin{cases} \dfrac{25}{100}x+\dfrac{20}{100}y=45 \\ \dfrac{25}{100}x+\dfrac{30}{100}y=50 \end{cases},\ \text{즉}$

$\begin{cases} 5x+4y=900 & \cdots\cdots\ ㉠ \\ 5x+6y=1000 & \cdots\cdots\ ㉡ \end{cases}$

㉠$-$㉡을 하면 $-2y=-100$, $y=50$

$y=50$을 ㉠에 대입하면

$5x+200=900$, $5x=700$, $x=140$

따라서 합금 A는 $140\,\mathrm{g}$이 필요하다.

13 $\begin{cases} \dfrac{40}{100}x+\dfrac{20}{100}y=40 \\ \dfrac{10}{100}x+\dfrac{30}{100}y=25 \end{cases},\ \text{즉}\ \begin{cases} 2x+y=200 & \cdots\cdots\ ㉠ \\ x+3y=250 & \cdots\cdots\ ㉡ \end{cases}$

㉠$-$㉡$\times2$를 하면 $-5y=-300$, $y=60$

$y=60$을 ㉠에 대입하면

$2x+60=200$, $2x=140$, $x=70$

따라서 식품 A와 식품 B를 합하여 $70+60=130(\mathrm{g})$을
섭취해야 한다.

1 16마리	2 ③	3 28
4 ⑤	5 9 km	6 5 %

1 소를 x마리, 오리를 y마리라 하면

$$\begin{cases} x+y=24 & \cdots\cdots\ ㉠ \\ 4x+2y=64 & \cdots\cdots\ ㉡ \end{cases}$$

㉠$\times2-$㉡을 하면 $-2x=-16$, $x=8$

$x=8$을 ㉠에 대입하면 $8+y=24$, $y=16$

따라서 오리는 16마리이다.

2 현재 아버지의 나이를 x세, 딸의 나이를 y세라 하면

$$\begin{cases} x+y=61 \\ x+10=2(y+10) \end{cases},\ \text{즉}\ \begin{cases} x+y=61 & \cdots\cdots\ ㉠ \\ x-2y=10 & \cdots\cdots\ ㉡ \end{cases}$$

㉠$-$㉡을 하면

$3y=51$, $y=17$

$y=17$을 ㉠에 대입하면

$x+17=61$, $x=44$

따라서 현재 아버지의 나이는 44세이다.

3 십의 자리의 숫자를 x, 일의 자리의 숫자를 y라 하면

$$\begin{cases} x+y=10 \\ 10y+x=3(10x+y)-2 \end{cases},\ \text{즉}$$

$$\begin{cases} x+y=10 & \cdots\cdots\ ㉠ \\ 29x-7y=2 & \cdots\cdots\ ㉡ \end{cases}$$

㉠$\times7+$㉡을 하면 $36x=72$, $x=2$

$x=2$를 ㉠에 대입하면 $2+y=10$, $y=8$

따라서 처음 수는 28이다.

4 전체 일의 양을 1로 놓고, 찬희가 1분 동안 할 수 있는 일의
양을 x, 현아가 1분 동안 할 수 있는 일의 양을 y라 하면

$$\begin{cases} 20x+20y=1 & \cdots\cdots\ ㉠ \\ 10x+40y=1 & \cdots\cdots\ ㉡ \end{cases}$$

㉠$\times2-$㉡을 하면

$30x=1$, $x=\dfrac{1}{30}$

$x=\dfrac{1}{30}$을 ㉠에 대입하면

$20\times\dfrac{1}{30}+20y=1$, $y=\dfrac{1}{60}$

따라서 이 일을 현아가 혼자 하면 60분이 걸린다.

5 올라간 거리를 x km, 내려온 거리를 y km라 하면

$\begin{cases} y=x+1 \\ \dfrac{x}{4}+\dfrac{y}{3}=5 \end{cases}$, 즉 $\begin{cases} y=x+1 & \cdots\cdots \ \text{㉠} \\ 3x+4y=60 & \cdots\cdots \ \text{㉡} \end{cases}$

㉠을 ㉡에 대입하면

$3x+4(x+1)=60,\ 7x=56,\ x=8$

$x=8$을 ㉠에 대입하면

$y=8+1=9$

따라서 내려온 거리는 9 km이다.

6 소금물 A의 농도를 $x\,\%$, 소금물 B의 농도를 $y\,\%$라 하면

$\begin{cases} \dfrac{x}{100}\times300+\dfrac{y}{100}\times200=\dfrac{5}{100}\times500 \\ \dfrac{x}{100}\times100+\dfrac{y}{100}\times400=\dfrac{7}{100}\times500 \end{cases}$, 즉

$\begin{cases} 3x+2y=25 & \cdots\cdots \ \text{㉠} \\ x+4y=35 & \cdots\cdots \ \text{㉡} \end{cases}$

㉠$\times2-$㉡을 하면

$5x=15,\ x=3$

$x=3$을 ㉡에 대입하면

$3+4y=35,\ 4y=32,\ y=8$

따라서 두 소금물 A, B의 농도의 차는

$8-3=5\,(\%)$

1 ③	**2** ③	**3** ①
4 ⑤	**5** $a=-1,\ b=3$	**6** ②
7 ④	**8** ①	**9** $60\ \text{cm}^2$
10 ④	**11** ⑤	**12** ④
13 ②	**14** ⑤	**15** 6분

1 ③ $5+2\times1\ne10$

따라서 순서쌍 $(5,\ 1)$은 일차방정식 $x+2y=10$의 해가 아니다.

2 $(1,\ 5),\ (2,\ 3),\ (3,\ 1)$의 3개

3 $x=5,\ y=3$을 $2x+ay=7$에 대입하면

$10+3a=7,\ 3a=-3$, 즉 $a=-1$

따라서 $x=4$를 $2x-y=7$에 대입하면

$8-y=7,\ -y=-1$, 즉 $y=1$

4 ① $\begin{cases} x+2y=12 & \cdots\cdots \ \text{㉠} \\ x-y=-3 & \cdots\cdots \ \text{㉡} \end{cases}$

㉠$+$㉡$\times2$를 하면 $3x=6,\ x=2$

$x=2$를 ㉠에 대입하면 $2+2y=12,\ 2y=10$

즉 $y=5$

② $\begin{cases} 4x-y=3 & \cdots\cdots \ \text{㉠} \\ x+y=7 & \cdots\cdots \ \text{㉡} \end{cases}$

㉠$+$㉡을 하면 $5x=10,\ x=2$

$x=2$를 ㉡에 대입하면 $2+y=7,\ y=5$

③ $\begin{cases} x-2y=-8 & \cdots\cdots \ \text{㉠} \\ 3x+y=11 & \cdots\cdots \ \text{㉡} \end{cases}$

㉠$+$㉡$\times2$를 하면 $7x=14,\ x=2$

$x=2$를 ㉡에 대입하면 $6+y=11,\ y=5$

④ $\begin{cases} 5x-3y=-5 & \cdots\cdots \ \text{㉠} \\ y=x+3 & \cdots\cdots \ \text{㉡} \end{cases}$

㉡을 ㉠에 대입하면 $5x-3(x+3)=-5$

$5x-3x-9=-5,\ 2x=4$, 즉 $x=2$

$x=2$를 ㉡에 대입하면 $y=2+3=5$

⑤ $\begin{cases} 2x+3y=16 & \cdots\cdots \ \text{㉠} \\ y=-x+6 & \cdots\cdots \ \text{㉡} \end{cases}$

㉡을 ㉠에 대입하면 $2x+3(-x+6)=16$

$2x-3x+18=16,\ -x=-2$, 즉 $x=2$

$x=2$를 ㉡에 대입하면 $y=-2+6=4$

따라서 해가 나머지 넷과 다른 하나는 ⑤이다.

5 $x=b,\ y=7$을 $2x-y=-1$에 대입하면

$2b-7=-1,\ 2b=6$, 즉 $b=3$

$x=3,\ y=7$을 $3x+ay=2$에 대입하면

$9+7a=2,\ 7a=-7$, 즉 $a=-1$

6 $\begin{cases} x-y=8 & \cdots\cdots \ \text{㉠} \\ 2x-y=10 & \cdots\cdots \ \text{㉡} \end{cases}$

㉡$-$㉠을 하면 $x=2$

$x=2$를 ㉠에 대입하면 $2-y=8,\ y=-6$

따라서 $x=2,\ y=-6$을 $2x+y=a,\ x+by=-4$에 각각 대입하면

$4-6=a,\ 2-6b=-4$

즉 $a=-2,\ b=1$이므로

$a+b=-2+1=-1$

7 ④ $\begin{cases} 4x-2y=-6 \\ y=2x+3 \end{cases}$ 에서 $\begin{cases} 4x-2y=-6 \\ 4x-2y=-6 \end{cases}$ 이므로

해가 무수히 많다.

8 강아지를 x마리, 닭을 y마리라 하면

$\begin{cases} x+y=30 \\ 4x+2y=80 \end{cases}$ 에서 $\begin{cases} x+y=30 \\ 2x+y=40 \end{cases}$

즉 $x=10$, $y=20$

따라서 강아지는 10마리, 닭은 20마리이다.

9 가로의 길이를 x cm, 세로의 길이를 y cm로 놓으면

$\begin{cases} 2x+2y=34 \\ x=2y+2 \end{cases}$ 에서 $\begin{cases} x+y=17 \\ x=2y+2 \end{cases}$

즉 $x=12$, $y=5$

따라서 직사각형의 가로의 길이가 12 cm, 세로의 길이가 5 cm이므로

(넓이)$=12 \times 5=60\,(\text{cm}^2)$

10 작년의 남학생 수를 x명, 여학생 수를 y명이라 하면

$\begin{cases} x+y=420 \\ \dfrac{4}{100}x+\dfrac{5}{100}y=19 \end{cases}$ 에서 $\begin{cases} x+y=420 \\ 4x+5y=1900 \end{cases}$

즉 $x=200$, $y=220$

따라서 올해의 여학생 수는

$220+220 \times \dfrac{5}{100}=231\,(\text{명})$

11 올라간 거리를 x km, 내려온 거리를 y km라 하면

$\begin{cases} y=x+3 \\ \dfrac{x}{3}+\dfrac{y}{4}=6 \end{cases}$ 에서 $\begin{cases} y=x+3 \\ 4x+3y=72 \end{cases}$

즉 $x=9$, $y=12$

따라서 내려온 거리는 12 km이다.

12 6 %의 소금물의 양을 x g, 3 %의 소금물의 양을 y g이라 하면

$\begin{cases} x+y=900 \\ \dfrac{6}{100}x+\dfrac{3}{100}y=\dfrac{4}{100} \times 900 \end{cases}$ 에서 $\begin{cases} x+y=900 \\ 2x+y=1200 \end{cases}$

즉 $x=300$, $y=600$

따라서 3 %의 소금물의 양은 600 g이다.

13 x의 값이 y의 값보다 1만큼 작으므로

$x=y-1$

$\begin{cases} 0.3x-0.1y=0.3 \\ x=y-1 \end{cases}$ 에서 $\begin{cases} 3x-y=3 & \cdots\cdots \text{㉠} \\ x=y-1 & \cdots\cdots \text{㉡} \end{cases}$

㉡을 ㉠에 대입하면

$3(y-1)-y=3$, $3y-3-y=3$, $2y=6$, 즉 $y=3$

$y=3$을 ㉡에 대입하면 $x=2$

따라서 $x=2$, $y=3$을 $\dfrac{x+1}{3}+\dfrac{y-1}{2}=k$에 대입하면

$\dfrac{2+1}{3}+\dfrac{3-1}{2}=k$, $k=2$

14 $\begin{cases} \dfrac{2x+ay}{3}=\dfrac{3x-2y}{2} \\ \dfrac{3x-2y}{2}=\dfrac{bx+2y}{4} \end{cases}$ 에 $x=2$, $y=1$을 대입하면

$\dfrac{4+a}{3}=\dfrac{6-2}{2}$, $4+a=6$, 즉 $a=2$

$\dfrac{6-2}{2}=\dfrac{2b+2}{4}$, $2b+2=8$, 즉 $b=3$

따라서 $a+b=2+3=5$

15 양동이에 물을 가득 채웠을 때의 물의 양을 1이라 하고, A 수도꼭지, B 수도꼭지로 1분 동안 채울 수 있는 물의 양을 각각 x, y라 하면

$\begin{cases} 3x+6y=1 \\ 2x+8y=1 \end{cases}$ 에서 $x=\dfrac{1}{6}$, $y=\dfrac{1}{12}$

따라서 A 수도꼭지로만 양동이에 물을 가득 채우려면 6분이 걸린다.

4 일차함수와 그 그래프(1)

01

본문 78쪽

함수의 뜻

원리확인

❶ (1) 3000, 4000 (2) 정해지므로, 함수이다

❷ (1) 없다. / 2 / 2, 3

  (2) 정해지지 않으므로, 함수가 아니다

❸ (1) 4, 8, 12, 16 (2) 정해지므로, 함수이다

❹ (1) 1, 2, 3, 4 (2) 정해지므로, 함수이다

1 ○, 8, 16, 24, 32

2 ×, 1 / 1, 2 / 1, 3 / 1, 2, 4

3 ○, 5000, 10000, 15000, 20000

4 ×, −1, 1 / −2, 2 / −3, 3 / −4, 4

5 ○, π, 4π, 9π, 16π

6 ○, 6, 7, 8, 9

7 ○, 1, 2, 2, 3

8 ×, 1, 2, 3, 4, ⋯ / 1, 3, 5, ⋯ / 1, 2, 4, ⋯

9 (1) 60, 120 (2) 함수이다. (3) (✏ 30)

10 (1) 10, 15, 20 (2) 함수이다. (3) $y=5x$

11 (1) 4π, 6π, 8π (2) 함수이다. (3) $y=2\pi x$

12 (1) 1800, 2200, 2600 (2) 함수이다.

  (3) $y=400x+1000$

13 (1) 36, 29, 22 (2) 함수이다. (3) $y=50-7x$

14 (1) 6, 5, 3 (2) 함수이다. (3) $y=\dfrac{300}{x}$

15 (1) 8000, 9000, 10000 (2) 함수이다.

  (3) $y=6000+1000x$

16 (1) 4, 9, 16 (2) 함수이다. (3) $y=x^2$

17 (1) × (2) ○ (3) × (4) ○

18 ②, ③

1 x의 값이 하나 정해지면 y의 값은
  하나로 정해지므로 y는 x의 함수이다.

2 x의 값이 하나 정해지면 y의 값은
  하나로 정해지지 않으므로 y는 x의 함수가 아니다.

3 x의 값이 하나 정해지면 y의 값은
  하나로 정해지므로 y는 x의 함수이다.

4 x의 값이 하나 정해지면 y의 값은
  하나로 정해지지 않으므로 y는 x의 함수가 아니다.

5 x의 값이 하나 정해지면 y의 값은
  하나로 정해지므로 y는 x의 함수이다.

6 x의 값이 하나 정해지면 y의 값은
  하나로 정해지므로 y는 x의 함수이다.

7 1의 약수의 개수는 1의 1, 2의 약수의 개수는 1, 2의 2,
  3의 약수의 개수는 1, 3의 2, 4의 약수의 개수는 1, 2, 4
  의 3이다. 즉 x의 값이 하나 정해지면 y의 값은
  하나로 정해지므로 y는 x의 함수이다.

8 x의 값이 하나 정해지면 y의 값은
  하나로 정해지지 않으므로 y는 x의 함수가 아니다.

17 (1) $x=1$일 때, 1보다 작은 자연수는 없으므로 y는 x의
    함수가 아니다.
  (2) (거리)=(속력)×(시간)이므로 x와 y 사이의 관계식은
    $y=30x$
    이때 x의 값이 하나 정해지면 y의 값은 하나로 정해지
    므로 y는 x의 함수이다.
  (3) $x=1$일 때, 1에 가장 가까운 정수는 0, 2로 y의 값은
    하나로 정해지지 않는다. 즉 y는 x의 함수가 아니다.
  (4) (소금의 양)=(소금물의 양)×$\dfrac{(농도)}{100}$이므로

    $y=100\times\dfrac{x}{100}$에서 $y=x$

    이때 x의 값이 하나 정해지면 y의 값은 하나로 정해지
    므로 y는 x의 함수이다.

18 ① $y=45x$
  ② $x=1$일 때, 2보다 큰 자연수는 3, 4, ⋯로 y의 값은 하
    나로 정해지지 않으므로 y는 x의 함수가 아니다.
  ③ $x=150$일 때, 키가 150 cm인 사람의 몸무게는 여러
    값이 가능하므로 y는 x의 함수가 아니다.
  ④ $y=4x$
  ⑤ $y=3x$

본문 82쪽

함숫값

1 (1) (✎ -2, -4) (2) 0 (3) 2 (4) 5 (5) $-\dfrac{1}{2}$

2 (1) 1 (2) 2 (3) $-\dfrac{3}{2}$ (4) -6 (5) -3

3 (1) 3 (2) 2 (3) 0 (4) -1 (5) $\dfrac{2}{3}$

4 14, 14, -4, -4, $\dfrac{5}{2}$, $\dfrac{5}{2}$, -3, -3

5 -15, -15, 9, 9, $-\dfrac{7}{3}$, $-\dfrac{7}{3}$, 14, 14

6 -13, -13, 10, 10, 1, 1

⌣ a, a 7 (1) $230x$ (2) 920

8 (1) $\dfrac{800}{x}$ (2) 160   9 (1) $1000x+50$ (2) 6050

10 ⑤

1 (2) $f(0)=2\times 0=0$
 (3) $f(1)=2\times 1=2$
 (4) $f\left(\dfrac{5}{2}\right)=2\times\dfrac{5}{2}=5$
 (5) $f\left(-\dfrac{1}{4}\right)=2\times\left(-\dfrac{1}{4}\right)=-\dfrac{1}{2}$

2 (1) $f(6)=\dfrac{6}{6}=1$
 (2) $f(3)=\dfrac{6}{3}=2$
 (3) $f(-4)=\dfrac{6}{-4}=-\dfrac{3}{2}$
 (4) $f(-1)=\dfrac{6}{-1}=-6$
 (5) $f(-2)=\dfrac{6}{-2}=-3$

3 (1) $f(-2)=-(-2)+1=3$
 (2) $f(-1)=-(-1)+1=2$
 (3) $f(1)=-1+1=0$
 (4) $f(2)=-2+1=-1$
 (5) $f\left(\dfrac{1}{3}\right)=-\dfrac{1}{3}+1=\dfrac{2}{3}$

7 (1) $f(x)=230x$
 (2) $f(4)=230\times 4=920$

8 (1) $f(x)=\dfrac{800}{x}$
 (2) $f(5)=\dfrac{800}{5}=160$

9 (1) $f(x)=1000x+50$
 (2) $f(6)=1000\times 6+50=6050$

10 $f(7)=(7$을 4로 나눈 나머지$)=3$,
 $f(18)=(18$을 4로 나눈 나머지$)=2$이므로
 $f(7)+f(18)=3+2=5$

본문 84쪽

함숫값을 이용한 미지수의 값

원리확인

❶ a, 6, a, 6, 3

❷ a, -8, a, -8, -4

❸ a, 14, a, 14, 7

1 (1) -5 (2) 2 (3) $-\dfrac{1}{15}$ (4) $\dfrac{1}{6}$

2 (1) 7 (2) $-\dfrac{5}{2}$ (3) $\dfrac{1}{2}$ (4) $\dfrac{3}{4}$

3 (1) 16 (2) -2 (3) -12 (4) -18

4 (1) 5 (2) -7 (3) -4 (4) 7

5 (1) -20 (2) 3   6 (1) $\dfrac{2}{3}$ (2) 2

7 ⑤

1 (1) $-3a=15$이므로 $a=-5$
 (2) $-3a=-6$이므로 $a=2$
 (3) $-3a=\dfrac{1}{5}$이므로 $a=-\dfrac{1}{15}$
 (4) $-3a=-\dfrac{1}{2}$이므로 $a=\dfrac{1}{6}$

2 (1) $2a-1=13$에서 $2a=14$이므로
   $a=7$
 (2) $2a-1=-6$에서 $2a=-5$이므로
   $a=-\dfrac{5}{2}$
 (3) $2a-1=0$에서 $2a=1$이므로
   $a=\dfrac{1}{2}$

(4) $2a-1=\dfrac{1}{2}$에서 $2a=\dfrac{3}{2}$이므로

$a=\dfrac{3}{4}$

3 (1) $\dfrac{a}{2}=8$이므로 $a=16$

(2) $\dfrac{a}{-2}=1$이므로 $a=-2$

(3) $\dfrac{a}{6}=-2$이므로 $a=-12$

(4) $\dfrac{a}{-6}=3$이므로 $a=-18$

4 (1) $3a+1=16$에서 $3a=15$이므로

$a=5$

(2) $-3a+1=22$에서 $-3a=21$이므로

$a=-7$

(3) $5a+1=-19$에서 $5a=-20$이므로

$a=-4$

(4) $-5a+1=-34$에서 $-5a=-35$이므로

$a=7$

5 (1) $f(-2)=10$에서 $-2a=10$이므로 $a=-5$

따라서 $f(x)=-5x$이므로

$f(4)=-5\times4=-20$

(2) $f(6)=-2$에서 $6a=-2$이므로 $a=-\dfrac{1}{3}$

따라서 $f(x)=-\dfrac{1}{3}x$이므로

$f(-9)=-\dfrac{1}{3}\times(-9)=3$

6 (1) $f(2)=5$에서 $-\dfrac{a}{2}=5$이므로 $a=-10$

따라서 $f(x)=\dfrac{10}{x}$이므로 $f(15)=\dfrac{10}{15}=\dfrac{2}{3}$

(2) $f(-6)=-1$에서 $-\dfrac{a}{-6}=-1$이므로 $a=-6$

따라서 $f(x)=\dfrac{6}{x}$이므로 $f(3)=\dfrac{6}{3}=2$

7 $f(x)=\dfrac{a}{x}-1$에 대하여 $f(-1)=3$에서

$-a-1=3$, $-a=4$이므로 $a=-4$

즉 $f(x)=-\dfrac{4}{x}-1$이고 $f(b)=7$에서

$-\dfrac{4}{b}-1=7$, $-\dfrac{4}{b}=8$이므로 $b=-\dfrac{1}{2}$

따라서 $ab=-4\times\left(-\dfrac{1}{2}\right)=2$

일차함수의 뜻

1 (1) ○ (2) × (3) × (4) ○ (5) × (6) ○ (7) ○ (8) ○

(9) ×

2 ②

3 (1) $y=850x$, ○ (2) $y=1000x+100$, ○

(3) $y=4\pi x^2$, × (4) $y=\dfrac{10}{x}$, × (5) $y=20x$, ○

(6) $y=50-x$, ○ (7) $y=\dfrac{x^2}{16}$, × (8) $y=360$, ×

(9) $y=500x+300$, ○

1 (7) $x+y=3x-9$에서 y항은 좌변으로, 나머지 항은 우변으로 이항하면

$y=3x-9-x$에서 $y=2x-9$

따라서 일차함수이다.

(8) $2x-y=x+6$에서 y항은 좌변으로, 나머지 항은 우변으로 이항하면 $-y=x+6-2x$에서

$-y=-x+6$이므로 $y=x-6$

따라서 일차함수이다.

(9) $x+2y=y+x-3$에서 y항은 좌변으로, 나머지 항은 우변으로 이항하면 $2y-y=x-3-x$에서

$y=-3$

따라서 일차함수가 아니다.

2 ㄱ. $y=-\dfrac{3}{2}x+3$ ㄴ. $y=x^2+2x$ ㄷ. $y=5$

ㄹ. $y=\dfrac{1}{2}x+\dfrac{3}{2}$ ㅁ. $y=2x+4$ ㅂ. $y=x^2+6$

따라서 일차함수인 것은 ㄱ, ㄹ, ㅁ이다.

3 (7) 둘레의 길이가 $x\,\text{cm}$인 정사각형의 한 변의 길이는

$\dfrac{x}{4}\,\text{cm}$이므로 넓이는 $y=\dfrac{x^2}{16}$이다.

05

일차함수 $y=ax$의 그래프

1 (1) $-4, -2, 2, 4$ (2)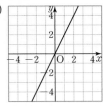

2 (1) $4, 2, -2, -4$ (2)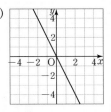

☺ $0, 0$, 위, 아래

3 (1) $0, 1$ (2) $0, 2$ (3) $0, 4$ (4)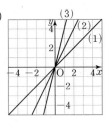

4 (1) $0, -1$ (2) $0, -2$ (3) $0, -4$ (4)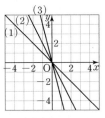

☺ y

5 2

6 $-\dfrac{1}{3}$

7 $\dfrac{1}{3}$

8 ⑤

5 일차함수 $y=ax$의 그래프가 점 $(2, 4)$를 지나므로
$y=ax$에 $x=2$, $y=4$를 대입하면
$4=2a$에서 $a=2$

6 일차함수 $y=ax$의 그래프가 점 $(3, -1)$을 지나므로
$y=ax$에 $x=3$, $y=-1$을 대입하면
$-1=3a$에서 $a=-\dfrac{1}{3}$

7 일차함수 $y=ax$의 그래프가 점 $(6, 2)$를 지나므로
$y=ax$에 $x=6$, $y=2$를 대입하면
$2=6a$에서 $a=\dfrac{1}{3}$

8 ⑤ a의 절댓값이 클수록 그래프는 y축에 가까우므로
$y=2x$의 그래프가 $y=-x$의 그래프보다 y축에 가깝다.

06

일차함수 $y=ax+b$의 그래프

원리확인

❶ 5 ❷ -3 ❸ -4

1 (1) $-2, -1, 1, 2, 0, 1, 3, 4$

(2) 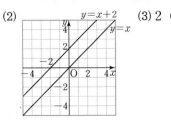   (3) 2 (4) 2

2 (1) $-2, -1, 0, 1, 2, -4, -3, -2, -1, 0$

(2) 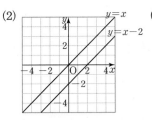   (3) -2 (4) 2

☺ 양, 음

3 $3, 3$

4 $1, -\dfrac{1}{2}x+1$

5 $-2, 2x-2$

6 (✏ $-3, 3$)

7 $y=4x+2$

8 $y=-7x-5$

9 $y=-3x+1$

10 $y=\dfrac{1}{2}x-2$

11 $y=\dfrac{3}{4}x+4$

12 $y=-\dfrac{1}{3}x+\dfrac{2}{3}$

13 $y=-\dfrac{7}{5}x-\dfrac{4}{5}$

14 $y=-x+5$

15 $y=3x-7$

16 $y=\dfrac{3}{4}x-4$

17 $y=-\dfrac{2}{5}x+5$

☺ c

18 ③

19 -2, 4,

20 -2, 4,

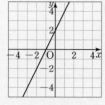

21 3, -1,

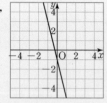

22 0, 3,

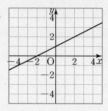

23 1, -3,

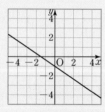

24 -1, 2,

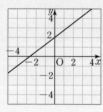

14 $y=-x+3+2$이므로 $y=-x+5$

15 $y=3x-5-2$이므로 $y=3x-7$

16 $y=\dfrac{3}{4}x+1-5$이므로 $y=\dfrac{3}{4}x-4$

17 $y=-\dfrac{2}{5}x-4+9$이므로 $y=-\dfrac{2}{5}x+5$

18 $y=-2x+3$의 그래프를 y축의 방향으로 -5만큼
평행이동한 그래프의 식은
$y=-2x+3-5$에서 $y=-2x-2$
따라서 $a=-2$, $b=-2$이므로
$a+b=-2+(-2)=-4$

일차함수 $y=ax+b$의 그래프 위의 점

원리확인

❶ ○, 2, 1, $=$ 　　　❷ ×, -1, -1, $\neq$

❸ ○, 3, 3, $=$ 　　　❹ ×, $\dfrac{1}{2}$, -3, $\neq$

1 ($\diagup a$, -5, -5, a, -2) 　　　**2** -4

3 4 　　　**4** -10 　　　**5** 3

6 ($\diagup 1$, -5, -5, a, -5) 　　　**7** $-\dfrac{8}{3}$

8 6 　　　**9** -50 　　　**10** $-\dfrac{1}{12}$

11 ($\diagup 3$, -2, -2, 3, 10) 　　　**12** -7

13 20 　　　**14** -12 　　　**15** ②

2 $y=-\dfrac{2}{3}x+2$에 $x=9$, $y=a$를 대입하면
$a=-\dfrac{2}{3}\times 9+2=-4$

3 $y=-5x-1$에 $x=-1$, $y=a$를 대입하면
$a=-5\times(-1)-1=4$

4 $y=\dfrac{4}{5}x-2$에 $x=a$, $y=-10$을 대입하면
$-10=\dfrac{4}{5}\times a-2$, $\dfrac{4}{5}a=-8$이므로 $a=-10$

5 $y=-2x+6$에 $x=a$, $y=0$을 대입하면
$0=-2a+6$, $2a=6$이므로 $a=3$

7 $y=ax$에 $x=-3$, $y=8$을 대입하면
$8=a\times(-3)$이므로 $a=-\dfrac{8}{3}$

8 $y=ax$에 $x=\dfrac{1}{2}$, $y=3$을 대입하면
$3=a\times\dfrac{1}{2}$이므로 $a=6$

9 $y=ax$에 $x=-\dfrac{1}{5}$, $y=10$을 대입하면
$10=a\times\left(-\dfrac{1}{5}\right)$이므로 $a=-50$

10 $y=ax$에 $x=-6$, $y=\dfrac{1}{2}$을 대입하면

$\dfrac{1}{2}=a\times(-6)$이므로 $a=-\dfrac{1}{12}$

12 $y=ax+3$에 $x=2$, $y=-11$을 대입하면

$-11=a\times2+3$, $2a=-14$이므로 $a=-7$

13 $y=6x+a$에 $x=-2$, $y=8$을 대입하면

$8=6\times(-2)+a$이므로 $a=20$

14 $y=ax-7$에 $x=-1$, $y=5$를 대입하면

$5=a\times(-1)-7$, $-a=12$이므로 $a=-12$

15 $y=-3x+a$의 그래프가 점 $(-1,8)$을 지나므로

$y=-3x+a$에 $x=-1$, $y=8$을 대입하면

$8=-3\times(-1)+a$이므로 $a=5$

$y=-3x+5$의 그래프가 점 $(4,k)$를 지나므로

$y=-3x+5$에 $x=4$, $y=k$를 대입하면

$k=-3\times4+5=-7$

08

본문 96쪽

평행이동한 그래프 위의 점

1 ○ (✎ 5, 5, 1)   **2** ×   **3** ○

4 ×   **5** ○   **6** ×   **7** ○

8 (1) $y=x+2$ (2) 0   **9** (1) $y=-\dfrac{1}{2}x+2$ (2) 10

10 (1) $y=3x-6$ (2) -1 **11** (1) $y=\dfrac{2}{3}x+6$ (2) 4

12 (1) $y=-5x-5$ (2) 0   **13** ⑤

14 (1) $y=-6x+a-4$ (2) -4

15 (1) $y=\dfrac{2}{3}x+a+6$ (2) 8

16 (1) $y=ax-5$ (2) -6 **17** (1) $y=ax-2$ (2) 5

18 (1) $y=ax+7$ (2) 2   **19** ④

2 평행이동한 그래프의 식은 $y=-\dfrac{2}{3}x-5$

$y=-\dfrac{2}{3}x-5$에서 $x=12$일 때, y의 값은

$y=-\dfrac{2}{3}\times12-5=-13$

따라서 $(12,-8)$은 이 그래프 위의 점이 아니다.

3 평행이동한 그래프의 식은 $y=-\dfrac{2}{3}x-5$

$y=-\dfrac{2}{3}x-5$에서 $x=-1$일 때, y의 값은

$y=-\dfrac{2}{3}\times(-1)-5=-\dfrac{13}{3}$

따라서 $\left(-1,-\dfrac{13}{3}\right)$은 이 그래프 위의 점이다.

4 평행이동한 그래프의 식은 $y=-\dfrac{2}{3}x-5$

$y=-\dfrac{2}{3}x-5$에서 $x=7$일 때, y의 값은

$y=-\dfrac{2}{3}\times7-5=-\dfrac{29}{3}$

따라서 $\left(7,-\dfrac{1}{3}\right)$은 이 그래프 위의 점이 아니다.

5 평행이동한 그래프의 식은 $y=-\dfrac{2}{3}x-5$

$y=-\dfrac{2}{3}x-5$에서 $x=6$일 때, y의 값은

$y=-\dfrac{2}{3}\times6-5=-9$

따라서 $(6,-9)$는 이 그래프 위의 점이다.

6 평행이동한 그래프의 식은 $y=-\dfrac{2}{3}x-5$

$y=-\dfrac{2}{3}x-5$에서 $x=-4$일 때, y의 값은

$y=-\dfrac{2}{3}\times(-4)-5=-\dfrac{7}{3}$

따라서 $\left(-4,-\dfrac{8}{3}\right)$은 이 그래프 위의 점이 아니다.

7 평행이동한 그래프의 식은 $y=-\dfrac{2}{3}x-5$

$y=-\dfrac{2}{3}x-5$에서 $x=\dfrac{3}{2}$일 때, y의 값은

$y=-\dfrac{2}{3}\times\dfrac{3}{2}-5=-6$

따라서 $\left(\dfrac{3}{2},-6\right)$은 이 그래프 위의 점이다.

8 (1) $y=x+4$의 그래프를 y축의 방향으로 -2만큼
　　평행이동한 그래프의 식은 $y=x+4-2$이므로
　　$y=x+2$

　　(2) $y=x+2$의 그래프가 점 $(-2, a)$를 지나므로
　　$y=x+2$에 $x=-2$, $y=a$를 대입하면
　　$a=-2+2=0$

9 (1) $y=-\dfrac{1}{2}x+6$의 그래프를 y축의 방향으로 -4만큼
　　평행이동한 그래프의 식은 $y=-\dfrac{1}{2}x+6-4$이므로
　　$y=-\dfrac{1}{2}x+2$

　　(2) $y=-\dfrac{1}{2}x+2$의 그래프가 점 $(a, -3)$을 지나므로
　　$y=-\dfrac{1}{2}x+2$에 $x=a$, $y=-3$을 대입하면
　　$-3=-\dfrac{1}{2}a+2$, $\dfrac{1}{2}a=5$에서 $a=10$

10 (1) $y=3x-12$의 그래프를 y축의 방향으로 6만큼
　　평행이동한 그래프의 식은 $y=3x-12+6$이므로
　　$y=3x-6$

　　(2) $y=3x-6$의 그래프가 점 $(a, -9)$를 지나므로
　　$y=3x-6$에 $x=a$, $y=-9$를 대입하면
　　$-9=3a-6$, $3a=-3$에서 $a=-1$

11 (1) $y=\dfrac{2}{3}x-1$의 그래프를 y축의 방향으로 7만큼
　　평행이동한 그래프의 식은 $y=\dfrac{2}{3}x-1+7$이므로
　　$y=\dfrac{2}{3}x+6$

　　(2) $y=\dfrac{2}{3}x+6$의 그래프가 점 $(-3, a)$를 지나므로
　　$y=\dfrac{2}{3}x+6$에 $x=-3$, $y=a$를 대입하면
　　$a=\dfrac{2}{3}\times(-3)+6=4$

12 (1) $y=-5x-2$의 그래프를 y축의 방향으로 -3만큼
　　평행이동한 그래프의 식은 $y=-5x-2-3$이므로
　　$y=-5x-5$

　　(2) $y=-5x-5$의 그래프가 점 $(-1, a)$를 지나므로
　　$y=-5x-5$에 $x=-1$, $y=a$를 대입하면
　　$a=-5\times(-1)-5=0$

13 $y=-3x+2$의 그래프를 y축의 방향으로 k만큼
　평행이동한 그래프의 식은 $y=-3x+2+k$
　이 그래프가 점 $(2, 8)$을 지나므로
　$8=-3\times2+2+k$, $8=-4+k$에서 $k=12$

14 (1) $y=-6x+a$의 그래프를 y축의 방향으로 -4만큼
　　평행이동한 그래프의 식은
　　$y=-6x+a-4$

　　(2) $y=-6x+a-4$의 그래프가 점 $(-2, 4)$를 지나므로
　　$y=-6x+a-4$에 $x=-2$, $y=4$를 대입하면
　　$4=-6\times(-2)+a-4$, $a+8=4$에서 $a=-4$

15 (1) $y=\dfrac{2}{3}x+a$의 그래프를 y축의 방향으로 6만큼
　　평행이동한 그래프의 식은 $y=\dfrac{2}{3}x+a+6$

　　(2) $y=\dfrac{2}{3}x+a+6$의 그래프가 점 $(-6, 10)$을 지나므로
　　$y=\dfrac{2}{3}x+a+6$에 $x=-6$, $y=10$을 대입하면
　　$10=\dfrac{2}{3}\times(-6)+a+6$, $a+2=10$에서 $a=8$

16 (1) $y=ax+3$의 그래프를 y축의 방향으로 -8만큼
　　평행이동한 그래프의 식은 $y=ax+3-8$이므로
　　$y=ax-5$

　　(2) $y=ax-5$의 그래프가 점 $(3, -23)$을 지나므로
　　$y=ax-5$에 $x=3$, $y=-23$을 대입하면
　　$-23=3a-5$, $3a=-18$에서 $a=-6$

17 (1) $y=ax-5$의 그래프를 y축의 방향으로 3만큼
　　평행이동한 그래프의 식은 $y=ax-5+3$이므로
　　$y=ax-2$

　　(2) $y=ax-2$의 그래프가 점 $(1, 3)$을 지나므로
　　$y=ax-2$에 $x=1$, $y=3$을 대입하면
　　$3=a-2$에서 $a=5$

18 (1) $y=ax+2$의 그래프를 y축의 방향으로 5만큼
　　평행이동한 그래프의 식은 $y=ax+2+5$이므로
　　$y=ax+7$

　　(2) $y=ax+7$의 그래프가 점 $(6, 19)$를 지나므로
　　$y=ax+7$에 $x=6$, $y=19$를 대입하면
　　$19=6a+7$, $6a=12$에서 $a=2$

19 $y=ax+4$의 그래프가 점 $(-2, 8)$을 지나므로

$y=ax+4$에 $x=-2$, $y=8$을 대입하면

$8=-2a+4$, $2a=-4$에서 $a=-2$

$y=-2x+4$의 그래프를 y축의 방향으로 b만큼

평행이동한 그래프의 식은 $y=-2x+4+b$

이 그래프가 점 $(4, 1)$을 지나므로

$y=-2x+4+b$에 $x=4$, $y=1$을 대입하면

$1=-2\times4+4+b$, $-4+b=1$에서 $b=5$

따라서 $a+b=-2+5=3$

TEST
4. 일차함수와 그 그래프 (1)

본문 99쪽

1 ③	**2** ②	**3** ③, ⑤
4 ⑤	**5** -18	**6** 5

1 ③ x의 값이 1일 때, y의 값이 없으므로 함수가 아니다.

2 $f(-3)=\dfrac{a}{-3}=6$에서 $a=-18$

즉 $f(x)=-\dfrac{18}{x}$이므로

$f(1)=-18$, $f(-6)=-\dfrac{18}{-6}=3$

따라서 $f(1)+2f(-6)=-18+2\times3=-12$

3 y가 x의 일차함수인 것은 $y=ax+b$

(a, b는 상수, $a\ne0$)꼴이어야 하므로 ③, ⑤이다.

4 $y=\dfrac{5}{6}x+3$의 그래프는 $y=-\dfrac{5}{6}x$의 그래프를 y축의

방향으로 3만큼 평행이동한 것이므로 ⑤이다.

5 $y=\dfrac{1}{3}x+5$의 그래프가 점 $(a, -1)$을 지나므로

$y=\dfrac{1}{3}x+5$에 $x=a$, $y=-1$을 대입하면

$-1=\dfrac{1}{3}a+5$, $\dfrac{1}{3}a=-6$에서 $a=-18$

6 $y=-4x-3$의 그래프를 y축의 방향으로 b만큼

평행이동하면 $y=-4x-3+b$

이 식이 $y=ax+6$과 같으므로

$-4=a$, $-3+b=6$에서 $a=-4$, $b=9$

따라서 $a+b=-4+9=5$

---

5 일차함수와 그 그래프 (2)

01

본문 102쪽

일차함수의 그래프의 x절편과 y절편

원리확인

❶ (1) 1, 1　(2) 2, 2　(3) 1, 2

❷ (1) -1, -1　(2) 4, 4　(3) -1, 4

❸ (1) -3, -3　(2) 1, 1　(3) -3, 1

1 (1) $(3, 0)$　(2) 3　(3) $(0, 3)$　(4) 3

2 (1) $(-4, 0)$　(2) -4　(3) $(0, 2)$　(4) 2

3 (1) $(1, 0)$　(2) 1　(3) $(0, 3)$　(4) 3

4 (1) $(2, 0)$　(2) 2　(3) $(0, 2)$　(4) 2

☺ 0, 0	**5** 2, 1	**6** 3, -3
7 1, -4	**8** -3, -2	**9** -1, -1
10 2, 4	**11** -5, 5	**12** 4, -1
13 $-\dfrac{2}{3}$, -2	**14** 4, 2	**15** 2, -3
16 2, -4	**17** $-\dfrac{1}{3}$, 1	**18** -5, 1
19 -4, -1	☺ 0, b	**20** ②

11 $y=0$을 대입하면 $0=x+5$, $x=-5$

$x=0$을 대입하면 $y=0+5$, $y=5$

12 $y=0$을 대입하면 $0=\dfrac{1}{4}x-1$, $-\dfrac{1}{4}x=-1$, $x=4$

$x=0$을 대입하면 $y=\dfrac{1}{4}\times0-1$, $y=-1$

13 $y=0$을 대입하면 $0=-3x-2$, $3x=-2$, $x=-\dfrac{2}{3}$

$x=0$을 대입하면 $y=-3\times0-2$, $y=-2$

14 $y=0$을 대입하면 $0=-\dfrac{1}{2}x+2$, $\dfrac{1}{2}x=2$, $x=4$

$x=0$을 대입하면 $y=-\dfrac{1}{2}\times0+2$, $y=2$

15 $y=0$을 대입하면 $0=\dfrac{3}{2}x-3$, $-\dfrac{3}{2}x=-3$, $x=2$

$x=0$을 대입하면 $y=\dfrac{3}{2}\times0-3$, $y=-3$

16 $y=0$을 대입하면 $0=2x-4$, $-2x=-4$, $x=2$
 $x=0$을 대입하면 $y=2\times0-4$, $y=-4$

17 $y=0$을 대입하면 $0=3x+1$, $-3x=1$, $x=-\dfrac{1}{3}$
 $x=0$을 대입하면 $y=3\times0+1$, $y=1$

18 $y=0$을 대입하면 $0=\dfrac{1}{5}x+1$, $-\dfrac{1}{5}x=1$, $x=-5$
 $x=0$을 대입하면 $y=\dfrac{1}{5}\times0+1$, $y=1$

19 $y=0$을 대입하면 $0=-\dfrac{1}{4}x-1$, $\dfrac{1}{4}x=-1$, $x=-4$
 $x=0$을 대입하면 $y=-\dfrac{1}{4}\times0-1$, $y=-1$

20 $y=ax+6$의 그래프가 점 $(-1, 3)$을 지나므로
 $3=-a+6$, $a=3$
 즉 일차함수 $y=3x+6$의 그래프의 x절편을 구하면
 $0=3x+6$, $3x=-6$, $x=-2$
 따라서 이 그래프의 x절편은 -2이다.

02

본문 106쪽

절편을 이용하여 그래프 그리기

1
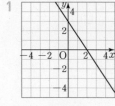
2
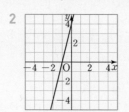

3
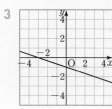
4
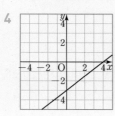

5
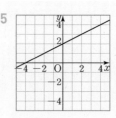
6
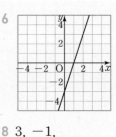

7 4, 4,
8 3, -1,
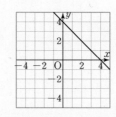
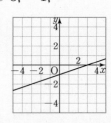

9 2, -2,
10 -4, 1,
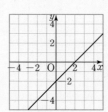
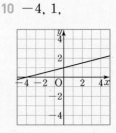

11 1, -3,
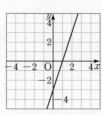

☺ x, y

12 ④

7 $y=0$을 대입하면 $0=-x+4$, $x=4$
 $x=0$을 대입하면 $y=4$
 따라서 (x절편)$=4$, (y절편)$=4$

8 $y=0$을 대입하면 $0=\dfrac{1}{3}x-1$, $x=3$
 $x=0$을 대입하면 $y=-1$
 따라서 (x절편)$=3$, (y절편)$=-1$

9 $y=0$을 대입하면 $0=x-2$, $x=2$
 $x=0$을 대입하면 $y=-2$
 따라서 (x절편)$=2$, (y절편)$=-2$

10 $y=0$을 대입하면 $0=\dfrac{1}{4}x+1$, $x=-4$
 $x=0$을 대입하면 $y=1$
 따라서 (x절편)$=-4$, (y절편)$=1$

11 $y=0$을 대입하면 $0=3x-3$, $x=1$

$x=0$을 대입하면 $y=-3$

따라서 $(x$절편$)=1$, $(y$절편$)=-3$

12 $y=0$을 대입하면 $0=-\dfrac{2}{3}x+2$, $\dfrac{2}{3}x=2$, $x=3$

$x=0$을 대입하면 $y=2$

따라서 $(x$절편$)=3$, $(y$절편$)=2$이므로

일차함수 $y=-\dfrac{2}{3}x+2$의 그래프는 ④이다.

03

본문 108쪽

절편을 이용한 미지수의 값과 넓이

1 ($\diagup$0, 2, -6)	**2** 10	**3** -1
4 2	**5** -3	
6 ($\diagup$0, -1, -6, 6, 0, 6)		**7** -4
8 1	**9** 4	**10** -3
11 4, 3, 6	**12** 2, -4, 4	**13** -4, -2, 4
14 32	**15** 4	**16** 6
17 9	**18** 48	**19** 12
20 ③		

2 $0=-5\times2+a$, $a=10$

3 $0=2a+2$, $2a=-2$, $a=-1$

4 $0=2a-4$, $2a=4$, $a=2$

5 $0=2a+6$, $2a=-6$, $a=-3$

7 $0=-4\times(-1)+a$, $a=-4$

$y=-4x-4$의 그래프의 y절편을 구하면

$y=-4\times0-4$, $y=-4$

8 $0=-1-a$, $a=-1$

$y=x+1$의 그래프의 y절편을 구하면

$y=0+1$, $y=1$

9 $0=4\times(-1)+a$, $a=4$

$y=4x+4$의 그래프의 y절편을 구하면

$y=4\times0+4$, $y=4$

10 $0=-3\times(-1)+a$, $a=-3$

$y=-3x-3$의 그래프의 y절편을 구하면

$y=-3\times0-3$, $y=-3$

11 x절편은 4, y절편은 3이므로 그래프와 x축, y축으로 둘러싸인 도형의 넓이는

$\dfrac{1}{2}\times4\times3=6$

12 x절편은 2, y절편은 -4이므로 그래프와 x축, y축으로 둘러싸인 도형의 넓이는

$\dfrac{1}{2}\times2\times4=4$

13 x절편은 -4, y절편은 -2이므로 그래프와 x축, y축으로 둘러싸인 도형의 넓이는

$\dfrac{1}{2}\times4\times2=4$

14 x절편은 8, y절편은 8이므로 구하는 넓이는

$\dfrac{1}{2}\times8\times8=32$

15 x절편은 -2, y절편은 4이므로 구하는 넓이는

$\dfrac{1}{2}\times2\times4=4$

16 x절편은 2, y절편은 6이므로 구하는 넓이는

$\dfrac{1}{2}\times2\times6=6$

17 x절편은 -6, y절편은 3이므로 구하는 넓이는

$\dfrac{1}{2}\times6\times3=9$

18 x절편은 12, y절편은 8이므로 구하는 넓이는

$\dfrac{1}{2}\times12\times8=48$

19 x절편은 4, y절편은 6이므로 구하는 넓이는

$\dfrac{1}{2}\times4\times6=12$

20 $y=-2x+2$의 그래프의 x절편은 1, y절편은 2이므로

구하는 넓이는 $\dfrac{1}{2}\times1\times2=1$

본문 110쪽

일차함수의 그래프의 기울기 (1)

원리확인

1, 1, 1, 3, 3, 3, 3, 1, 3

1 2 / 1, 3, 5 (✐1, 2, 1, 2, 2)

2 −3 / −2, −5, −8, −11

3 5 / 1, 6, 11, 16

4 −2 / −4, −6, −8, −10

5 1 / 7, 8, 9, 10

6 −4 / 3, −1, −5, −9

7 3 / 3, 6, 9, 12 8 5 / −4, 1, 6, 11

9 6, −3 $\left(✐-3, -\dfrac{1}{2}\right)$ 10 3, 2, $\dfrac{2}{3}$

11 4, −3, $-\dfrac{3}{4}$ 12 2, −4, −2

13 2, 6, 3 14 1, 5, 5

15 2, −4, −2 16 6, −2, $-\dfrac{1}{3}$

17 4, 3, $\dfrac{3}{4}$ ☺ 4, 4, 4, −3

18 (✐6) 19 $\dfrac{1}{3}$ 20 −4 21 −1

22 $-\dfrac{1}{4}$ 23 3 24 $\dfrac{2}{5}$ 25 −5

26 $\dfrac{1}{6}$ 27 7 28 $-\dfrac{2}{5}$ ☺ a, b

29 ④

2 $(기울기)=\dfrac{-5-(-2)}{1-0}=\dfrac{-3}{1}=-3$

3 $(기울기)=\dfrac{6-1}{1-0}=\dfrac{5}{1}=5$

4 $(기울기)=\dfrac{-6-(-4)}{1-0}=\dfrac{-2}{1}=-2$

5 $(기울기)=\dfrac{8-7}{1-0}=\dfrac{1}{1}=1$

6 $(기울기)=\dfrac{-1-3}{1-0}=\dfrac{-4}{1}=-4$

7 $(기울기)=\dfrac{6-3}{1-0}=\dfrac{3}{1}=3$

8 $(기울기)=\dfrac{1-(-4)}{1-0}=\dfrac{5}{1}=5$

10 $(기울기)=\dfrac{(y의\ 값의\ 증가량)}{(x의\ 값의\ 증가량)}=\dfrac{2}{3}$

11 $(기울기)=\dfrac{(y의\ 값의\ 증가량)}{(x의\ 값의\ 증가량)}=\dfrac{-3}{4}=-\dfrac{3}{4}$

12 $(기울기)=\dfrac{(y의\ 값의\ 증가량)}{(x의\ 값의\ 증가량)}=\dfrac{-4}{2}=-2$

13 $(기울기)=\dfrac{(y의\ 값의\ 증가량)}{(x의\ 값의\ 증가량)}=\dfrac{6}{2}=3$

14 $(기울기)=\dfrac{(y의\ 값의\ 증가량)}{(x의\ 값의\ 증가량)}=\dfrac{5}{1}=5$

15 $(기울기)=\dfrac{(y의\ 값의\ 증가량)}{(x의\ 값의\ 증가량)}=\dfrac{-4}{2}=-2$

16 $(기울기)=\dfrac{(y의\ 값의\ 증가량)}{(x의\ 값의\ 증가량)}=\dfrac{-2}{6}=-\dfrac{1}{3}$

17 $(기울기)=\dfrac{(y의\ 값의\ 증가량)}{(x의\ 값의\ 증가량)}=\dfrac{3}{4}$

29 $(기울기)=\dfrac{(y의\ 값의\ 증가량)}{(x의\ 값의\ 증가량)}=\dfrac{2}{4}=\dfrac{1}{2}$

따라서 기울기가 $\dfrac{1}{2}$인 그래프는 ④이다.

본문 114쪽

일차함수의 그래프의 기울기 (2)

1 4 (✐2, 4) 2 6 3 −10

4 8 5 −4 6 9 (✐3, 9)

7 −12 8 −6 9 ④

10 5, 4, 1, 1 11 5, 1, 4, 2

12 7, 2, 5, −5 13 6, −4, 10, 2

14 2, 8, −6, −3 15 5, −3, 8, −4

16 1 17 −2 18 2

19 −3 20 ④

2 $\dfrac{(y\text{의 값의 증가량})}{2}=3$이므로

$(y\text{의 값의 증가량})=6$

3 $\dfrac{(y\text{의 값의 증가량})}{2}=-5$이므로

$(y\text{의 값의 증가량})=-10$

4 $\dfrac{(y\text{의 값의 증가량})}{2}=4$이므로

$(y\text{의 값의 증가량})=8$

5 $\dfrac{(y\text{의 값의 증가량})}{2}=-2$이므로

$(y\text{의 값의 증가량})=-4$

7 $\dfrac{(y\text{의 값의 증가량})}{4-1}=\dfrac{(y\text{의 값의 증가량})}{3}=-4$이므로

$(y\text{의 값의 증가량})=-12$

8 $\dfrac{(y\text{의 값의 증가량})}{4-1}=\dfrac{(y\text{의 값의 증가량})}{3}=-2$이므로

$(y\text{의 값의 증가량})=-6$

9 $(\text{기울기})=\dfrac{(y\text{의 값의 증가량})}{1-(-4)}$

$\quad\quad\quad=\dfrac{(y\text{의 값의 증가량})}{5}=-2$이므로

$(y\text{의 값의 증가량})=-10$

16 $(\text{기울기})=\dfrac{6-3}{2-(-1)}=\dfrac{3}{3}=1$

17 $(\text{기울기})=\dfrac{9-5}{-6-(-4)}=\dfrac{4}{-2}=-2$

18 $(\text{기울기})=\dfrac{3-(-5)}{1-(-3)}=\dfrac{8}{4}=2$

19 $(\text{기울기})=\dfrac{10-4}{-8-(-6)}=\dfrac{6}{-2}=-3$

20 $(\text{기울기})=\dfrac{2-(-2)}{-3-(-1)}=\dfrac{4}{-2}=-2$이므로

$\dfrac{(y\text{의 값의 증가량})}{-2-(-6)}=\dfrac{(y\text{의 값의 증가량})}{4}=-2$

따라서 $(y\text{의 값의 증가량})=-8$

---

y절편과 기울기를 이용하여 그래프 그리기

1 (1) 1, 1 (2) -4, 1, 4, 1, -3

(3)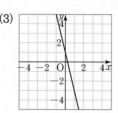

2 (1) -1, -1 (2) $\dfrac{2}{3}$, -1, 2, 3, 1

(3)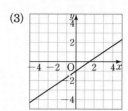

3 (1) 2, 2 (2) $-\dfrac{3}{4}$, 2, 3, 4, -1

(3)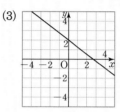

4 3, -4,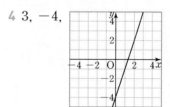

5 $\dfrac{1}{2}$, 4,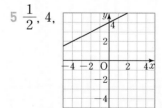

6 -5, -2,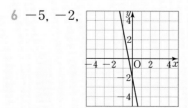

7 1, -5,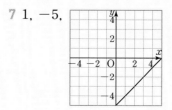

8 $-\dfrac{2}{3}$, 3,

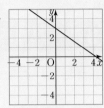

9 $\dfrac{1}{5}$, -1,

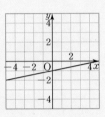

10 -4, -4,

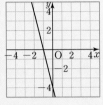

11 $\dfrac{3}{4}$, -3,

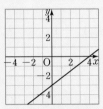

12 $-\dfrac{1}{5}$, -2,

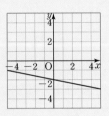

13 $\dfrac{2}{5}$, 2,

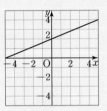

14 -6, 3,

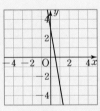

15 ②

15 기울기는 $\dfrac{1}{3}$, y절편은 -2이므로

그래프는 오른쪽 그림과 같다.
따라서 이 그래프가 지나지 않는
사분면은 제2사분면이다.

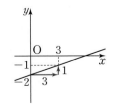

---

1 ④	**2** ⑤	**3** ④
4 $\dfrac{4}{3}$	**5** ②	**6** 1

1 $y=-4x+8$에

$y=0$을 대입하면

$0=-4x+8$, $x=2$이므로 즉 $a=2$

$x=0$을 대입하면 $y=8$이므로 $b=8$

따라서 $a+b=2+8=10$

2 $(기울기)=\dfrac{(y의\ 값의\ 증가량)}{(x의\ 값의\ 증가량)}=\dfrac{-6}{2}=-3$

따라서 기울기가 -3인 것은 ⑤이다.

3 x절편이 -2이므로 $y=\dfrac{3}{2}x+a$에 $x=-2$, $y=0$을 대

입하면

$0=\dfrac{3}{2}\times(-2)+a$, $0=-3+a$, $a=3$

$y=\dfrac{3}{2}x+3$에 $x=4$, $y=k$를 대입하면

$k=\dfrac{3}{2}\times4+3=9$

4 주어진 그래프의 기울기가 $\dfrac{4}{3}$이므로 평행한 그래프의 기

울기도 $\dfrac{4}{3}$이다.

5 두 점 $(-3, 1)$, $(1, -7)$을 지나는 직선의 기울기는

$\dfrac{-7-1}{1-(-3)}=\dfrac{-8}{4}=-2$

따라서 일차함수 $y=ax+5$의 그래프가 이 직선과 평행

하므로 $a=-2$

6 $y=ax+6$의 그래프의 y절편은 6이므로

$\triangle AOB=\dfrac{1}{2}\times\overline{OA}\times6=18$, $\overline{OA}=6$

따라서 점 A의 좌표는 $(-6, 0)$이므로

$y=ax+6$ …… ㉠

㉠에 $x=-6$ $y=0$을 대입하면

$0=-6a+6$, $a=1$

6 일차함수의 그래프의 성질과 식의 활용

01

본문 122쪽

일차함수의 그래프의 성질

원리확인

❶ 양수, 양수, >, >　　❷ 음수, 양수, <, >

❸ 음수, 음수, <, <　　❹ 양수, 음수, >, <

1 (1) 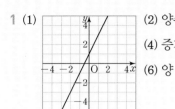 (2) 양수 (3) 위
　(4) 증가 (5) 양수
　(6) 양

2 (1) (2) 양수 (3) 위
　(4) 증가 (5) 음수
　(6) 음

3 (1) (2) 음수 (3) 아래
　(4) 감소 (5) 양수
　(6) 양

4 (1) (2) 음수 (3) 아래
　(4) 감소 (5) 음수
　(6) 음

5 (1) ㄴ, ㄷ (2) ㄱ, ㄹ (3) ㄴ, ㄷ (4) ㄱ, ㄹ (5) ㄱ, ㄷ
　(6) ㄴ, ㄹ

6 (1) ㄱ, ㄷ (2) ㄴ, ㄹ (3) ㄱ, ㄷ (4) ㄴ, ㄹ (5) ㄴ, ㄷ
　(6) ㄱ, ㄹ

7 ⑤

8 (1) >, < (2) <, < (3) <, > (4) >, >

9 (1) <, > (2) >, > (3) >, < (4) <, <

10 　　　, 제1사분면, 제3사분면, 제4사분면

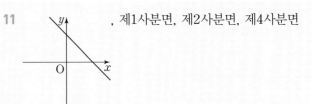 11 　　　, 제1사분면, 제2사분면, 제4사분면

12 　　　, 제1사분면, 제2사분면, 제3사분면
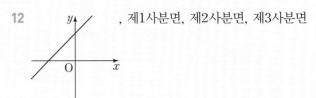

13 　　　, 제2사분면, 제3사분면, 제4사분면
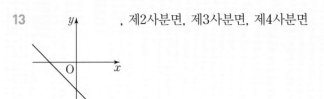

14 <, >, 　　　, 1, 2, 4
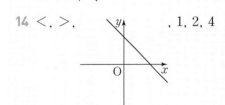

15 <, <, 　　　, 2, 3, 4
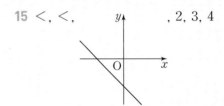

16 >, >, 　　　, 1, 2, 3
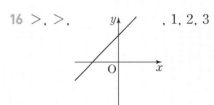

17 ④

5 (1) 오른쪽 위로 향하는 직선은 기울기가 양수인 일차함수
　　이므로 ㄴ, ㄷ이다.

　(2) 오른쪽 아래로 향하는 직선은 기울기가 음수인 일차함
　　수이므로 ㄱ, ㄹ이다.

　(3) x의 값이 증가할 때, y의 값도 증가하는 직선은 기울
　　기가 양수인 일차함수이므로 ㄴ, ㄷ이다.

　(4) x의 값이 증가할 때, y의 값이 감소하는 직선은 기울
　　기가 음수인 일차함수이므로 ㄱ, ㄹ이다.

　(5) y축과 양의 부분에서 만나는 직선은 y절편이 양수인
　　일차함수이므로 ㄱ, ㄷ이다.

　(6) y축과 음의 부분에서 만나는 직선은 y절편이 음수인
　　일차함수이므로 ㄴ, ㄹ이다.

6 (1) 오른쪽 위로 향하는 직선은 기울기가 양수인 일차함수 이므로 ㄱ, ㄷ이다.

(2) 오른쪽 아래로 향하는 직선은 기울기가 음수인 일차함 수이므로 ㄴ, ㄹ이다.

(3) x의 값이 증가할 때, y의 값도 증가하는 직선은 기울 기가 양수인 일차함수이므로 ㄱ, ㄷ이다.

(4) x의 값이 증가할 때, y의 값이 감소하는 직선은 기울 기가 음수인 일차함수이므로 ㄴ, ㄹ이다.

(5) y축과 양의 부분에서 만나는 직선은 y절편이 양수인 일차함수이므로 ㄴ, ㄷ이다.

(6) y축과 음의 부분에서 만나는 직선은 y절편이 음수인 일차함수이므로 ㄱ, ㄹ이다.

7 ① $y=-\dfrac{3}{5}x+9$에 점 $(-5, 12)$를 대입하면

$12=-\dfrac{3}{5}\times(-5)+9$로 성립한다.

② $y=-\dfrac{3}{5}x+9$에 $y=0$을 대입하면

$0=-\dfrac{3}{5}x+9$, $\dfrac{3}{5}x=9$에서 $x=15$이므로

x절편은 15이다.

③ $y=-\dfrac{3}{5}x+9$에 $x=0$을 대입하면

$y=9$이므로 y절편은 9이다.

④ 기울기가 음수이므로 주어진 그래프는 오른쪽 아래로 향하는 직선이다.

⑤ (기울기)$=-\dfrac{3}{5}$이므로 x의 값이 10만큼 증가하면 y의 값은 6만큼 감소한다.

따라서 옳지 않은 것은 ⑤이다.

8 (1) 주어진 그래프가 오른쪽 위로 향하므로 $a>0$
y축과 양의 부분에서 만나므로 $-b>0$, $b<0$

(2) 주어진 그래프가 오른쪽 아래로 향하므로 $a<0$
y축과 양의 부분에서 만나므로 $-b>0$, $b<0$

(3) 주어진 그래프가 오른쪽 아래로 향하므로 $a<0$
y축과 음의 부분에서 만나므로 $-b<0$, $b>0$

(4) 주어진 그래프가 오른쪽 위로 향하므로 $a>0$
y축과 음의 부분에서 만나므로 $-b<0$, $b>0$

9 (1) 주어진 그래프가 오른쪽 위로 향하므로 $-a>0$, $a<0$
y축과 양의 부분에서 만나므로 $b>0$

(2) 주어진 그래프가 오른쪽 아래로 향하므로 $-a<0$, $a>0$
y축과 양의 부분에서 만나므로 $b>0$

(3) 주어진 그래프가 오른쪽 아래로 향하므로 $-a<0$, $a>0$
y축과 음의 부분에서 만나므로 $b<0$

(4) 주어진 그래프가 오른쪽 위로 향하므로 $-a>0$, $a<0$
y축과 음의 부분에서 만나므로 $b<0$

17 $y=-ax-b$에서
$a<0$, $b>0$이므로
(기울기)$=-a>0$,
(y절편)$=-b<0$
즉 $y=-ax-b$의 그래프는 오른쪽
그림과 같으므로 제1, 3, 4사분면을 지난다.

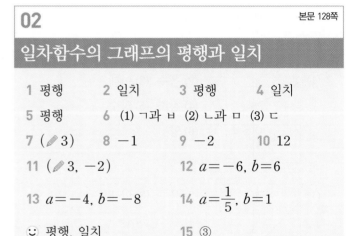

본문 128쪽

02

일차함수의 그래프의 평행과 일치

| 1 | 평행 | 2 | 일치 | 3 | 평행 | 4 | 일치 |

5 평행　　　　6 (1) ㄱ과 ㅂ (2) ㄴ과 ㅁ (3) ㄷ

7 (✏3)　　8 -1　　9 -2　　10 12

11 (✏3, -2)　　12 $a=-6$, $b=6$

13 $a=-4$, $b=-8$　　14 $a=\dfrac{1}{5}$, $b=1$

☺ 평행, 일치　　　　15 ③

1 기울기가 3으로 같고 y절편은 다르므로 두 일차함수의 그 래프는 서로 평행하다.

2 $y=\dfrac{1}{2}(4x+2)$에서 $y=2x+1$

즉 기울기가 2로 같고 y절편도 같으므로 두 일차함수의 그래프는 일치한다.

3 기울기가 $-\dfrac{1}{3}$로 같고 y절편은 다르므로 두 일차함수의 그래프는 서로 평행하다.

4 $y=2(-x+2)$에서 $y=-2x+4$

즉 기울기가 -2로 같고 y절편도 같으므로 두 일차함수의 그래프는 일치한다.

5 $y=-\dfrac{1}{5}(x+10)$에서 $y=-\dfrac{1}{5}x-2$

즉 기울기가 $-\dfrac{1}{5}$로 같고 y절편은 다르므로 두 일차함수의 그래프는 서로 평행하다.

6 (1) ㅂ에서 $y=\dfrac{1}{2}(2x+2)=x+1$이므로 ㄱ의 그래프와 기울기가 같고 y의 절편은 다르므로 서로 평행하다.

(2) ㅁ에서 $y=3(x-4)=3x-12$이므로 ㄴ의 그래프와 기울기가 같고 y절편도 같으므로 일치한다.

(3) 주어진 그래프는 두 점 $(0, 3)$, $(2, 0)$을 지나므로

(기울기)$=\dfrac{0-3}{2-0}=-\dfrac{3}{2}$, ($y$절편)$=3$

이 그래프와 평행한 것은 (기울기)$=-\dfrac{3}{2}$이고 (y절편)$\neq3$인 일차함수이므로 ㄴ이다.

8 두 일차함수의 그래프가 서로 평행하려면 기울기가 같아야 하므로 $a=-1$

9 $y=2(5-x)$에서 $y=-2x+10$

즉 두 일차함수 $y=-2x+10$, $y=ax+4$의 그래프가 서로 평행하려면 기울기가 같아야 하므로 $a=-2$

10 두 일차함수의 그래프가 서로 평행하려면 기울기가 같아야 하므로 $\dfrac{a}{2}=6$에서 $a=12$

12 두 일차함수의 그래프가 일치하려면 기울기와 y절편이 각각 같아야 하므로 $a=-6$, $b=6$

13 두 일차함수의 그래프가 일치하려면 기울기와 y절편이 각각 같아야 하므로 $a=-4$이고 $-b=8$에서 $b=-8$

14 두 일차함수의 그래프가 일치하려면 기울기와 y절편이 각각 같아야 하므로 $5a=1$에서 $a=\dfrac{1}{5}$이고 $b=1$

15 두 일차함수의 그래프가 만나지 않으려면 서로 평행해야 하므로 기울기는 같고, y절편은 같지 않아야 한다. 즉

$a=-\dfrac{1}{8}$, $b\neq5$

기울기와 y절편이 주어졌을 때 일차함수의 식 구하기

원리확인

❶ 2, $-\dfrac{2}{5}$, 3, 3, $-\dfrac{2}{5}$, 3

❷ 1, $\dfrac{1}{3}$, -2, -2, $\dfrac{1}{3}$, 2

❸ 3, $-\dfrac{3}{2}$, -3, -3, $-\dfrac{3}{2}$, 3

1 $y=2x+6$ **2** $y=-x+5$

3 $y=\dfrac{3}{7}x-1$ **4** $y=-6x-10$

5 $y=8x+11$ **6** $y=-\dfrac{1}{3}x+\dfrac{3}{5}$

7 $y=5x-7$ **8** $y=3x+5$

9 $y=-\dfrac{1}{3}x-\dfrac{3}{4}$ **10** $y=-4x+9$

11 $y=8x-\dfrac{1}{11}$ ☺ $y=ax+b$

12 $y=5x-7$ **13** $y=-3x+1$

14 $y=-\dfrac{1}{6}x-5$ **15** $y=9x-10$

16 $y=-7x+40$ **17** $y=-2x+5$

18 $y=4x-3$ **19** $y=5x-\dfrac{1}{2}$

20 $y=-7x-1$ **21** $y=-6x+16$

22 $y=x-1$ **23** $y=\dfrac{1}{2}x-\dfrac{1}{2}$

24 $y=-6x+18$ **25** $y=-9x-15$

26 $y=4x+5$ **27** $y=2x-3$

28 $y=-\dfrac{2}{5}x+4$ **29** $y=-2x+2$

30 ⑤

12 (기울기)$=\dfrac{10}{2}=5$이고 y절편은 -7이므로

주어진 직선을 그래프로 하는 일차함수의 식은 $y=5x-7$

13 (기울기)$=\dfrac{-9}{3}=-3$이고 y절편은 1이므로

주어진 직선을 그래프로 하는 일차함수의 식은 $y=-3x+1$

14 $(기울기) = \dfrac{-1}{6} = -\dfrac{1}{6}$이고 y절편은 -5이므로

주어진 직선을 그래프로 하는 일차함수의 식은

$y = -\dfrac{1}{6}x - 5$

15 $(기울기) = \dfrac{36}{4} = 9$이고 y절편은 -10이므로

주어진 직선을 그래프로 하는 일차함수의 식은

$y = 9x - 10$

16 $(기울기) = \dfrac{-49}{7} = -7$이고 y절편은 40이므로

주어진 직선을 그래프로 하는 일차함수의 식은

$y = -7x + 40$

17 $(기울기) = \dfrac{-8}{4} = -2$이고 y절편은 5이므로

주어진 직선을 그래프로 하는 일차함수의 식은

$y = -2x + 5$

18 $(기울기) = \dfrac{12}{3} = 4$이고 y절편은 -3이므로

주어진 직선을 그래프로 하는 일차함수의 식은

$y = 4x - 3$

19 $(기울기) = \dfrac{60}{12} = 5$이고 y절편은 $-\dfrac{1}{2}$이므로

주어진 직선을 그래프로 하는 일차함수의 식은

$y = 5x - \dfrac{1}{2}$

20 $(기울기) = \dfrac{-14}{2} = -7$이고 y절편은 -1이므로

주어진 직선을 그래프로 하는 일차함수의 식은

$y = -7x - 1$

21 $(기울기) = \dfrac{-30}{5} = -6$이고 y절편은 16이므로

주어진 직선을 그래프로 하는 일차함수의 식은

$y = -6x + 16$

22 $y = x + 2$의 그래프와 평행하므로 기울기는 1이다.
즉 기울기가 1이고 y절편이 -1인 직선을 그래프로 하는
일차함수의 식은 $y = x - 1$

23 $y = \dfrac{1}{2}x + 5$의 그래프와 평행하므로 기울기는 $\dfrac{1}{2}$이다.

즉 기울기가 $\dfrac{1}{2}$이고 y절편이 $-\dfrac{1}{2}$인 직선을 그래프로 하

는 일차함수의 식은 $y = \dfrac{1}{2}x - \dfrac{1}{2}$

24 $y = -6x + 1$의 그래프와 평행하므로 기울기는 -6이
다. 즉 기울기가 -6이고 y절편이 18인 직선을 그래프로
하는 일차함수의 식은 $y = -6x + 18$

25 $y = -9x - 3$의 그래프와 평행하므로 기울기는 -9이
다. 즉 기울기가 -9이고 y절편이 -15인 직선을 그래프
로 하는 일차함수의 식은 $y = -9x - 15$

26 $y = 4x - 2$의 그래프와 평행하므로 기울기는 4이다. 즉
기울기가 4이고 y절편이 5인 직선을 그래프로 하는 일차
함수의 식은 $y = 4x + 5$

27 $(기울기) = \dfrac{6}{3} = 2$이고 y절편은 -3이므로 주어진 직선을

그래프로 하는 일차함수의 식은 $y = 2x - 3$

28 $(기울기) = \dfrac{-2}{5} = -\dfrac{2}{5}$이고 y절편은 4이므로

주어진 직선을 그래프로 하는 일차함수의 식은

$y = -\dfrac{2}{5}x + 4$

29 $(기울기) = \dfrac{-4}{2} = -2$이고 y절편은 2이므로

주어진 직선을 그래프로 하는 일차함수의 식은

$y = -2x + 2$

30 기울기가 $-\dfrac{1}{3}$이고 y절편이 -2인 직선을 그래프로 하

는 일차함수의 식은 $y = -\dfrac{1}{3}x - 2$

$y = -\dfrac{1}{3}x - 2$의 그래프가 점 $(2a, 3-a)$를 지나므로

$x = 2a$, $y = 3-a$를 대입하면

$3 - a = -\dfrac{1}{3} \times 2a - 2$, $\dfrac{1}{3}a = 5$

따라서 $a = 15$

04

기울기와 한 점이 주어졌을 때 일차함수의 식 구하기

원리확인

❶ 2, 2, −3, $y=2x-3$

❷ −5, 3, −5, −2, $y=-5x-2$

❸ a, q, p, ap, q, ap, q, p, q

1 $y=-3x+4$	2 $y=8x-4$
3 $y=\dfrac{1}{2}x+2$	4 $y=-\dfrac{1}{6}x+3$
5 $y=7x+1$	6 $y=-4x-8$
7 $y=\dfrac{2}{3}x-10$	8 $y=-x+5$
9 $y=3x+12$	10 $y=-\dfrac{1}{4}x-2$
11 $y=-3x-5$	12 $y=7x-17$
13 $y=-\dfrac{1}{4}x+7$	14 $y=6x+4$
15 $y=\dfrac{3}{4}x+5$	16 $y=x+7$
17 $y=-2x+4$	18 $y=\dfrac{1}{3}x+1$
19 $y=-5x-10$	20 $y=-\dfrac{3}{2}x+12$
21 $y=\dfrac{2}{3}x-6$	22 $y=-\dfrac{5}{3}x+8$
23 $y=x+5$	24 $y=-\dfrac{5}{2}x+23$
25 $y=-\dfrac{2}{3}x-1$	26 $y=\dfrac{7}{4}x+2$
27 $y=-\dfrac{1}{2}x-4$	28 ④

1 그래프의 기울기가 −3인 일차함수의 식을
$$y=-3x+b \quad \cdots\cdots \ ㉠$$
로 놓고, 이 일차함수의 그래프가 점 $(2, -2)$를 지나므로
㉠에 $x=2$, $y=-2$를 대입하면
$$-2=-3\times 2+b, \ b=4$$
따라서 구하는 일차함수의 식은 $y=-3x+4$

2 그래프의 기울기가 8인 일차함수의 식을
$$y=8x+b \quad \cdots\cdots \ ㉠$$
로 놓고, 이 일차함수의 그래프가 점 $(1, 4)$를 지나므로

㉠에 $x=1$, $y=4$를 대입하면
$$4=8\times 1+b, \ b=-4$$
따라서 구하는 일차함수의 식은 $y=8x-4$

3 그래프의 기울기가 $\dfrac{1}{2}$인 일차함수의 식을
$$y=\dfrac{1}{2}x+b \quad \cdots\cdots \ ㉠$$
로 놓고, 이 일차함수의 그래프가 점 $(-2, 1)$을 지나므로
㉠에 $x=-2$, $y=1$을 대입하면
$$1=\dfrac{1}{2}\times(-2)+b, \ b=2$$
따라서 구하는 일차함수의 식은 $y=\dfrac{1}{2}x+2$

4 그래프의 기울기가 $-\dfrac{1}{6}$인 일차함수의 식을
$$y=-\dfrac{1}{6}x+b \quad \cdots\cdots \ ㉠$$
로 놓고, 이 일차함수의 그래프가 점 $(6, 2)$를 지나므로
㉠에 $x=6$, $y=2$를 대입하면
$$2=-\dfrac{1}{6}\times 6+b, \ b=3$$
따라서 구하는 일차함수의 식은 $y=-\dfrac{1}{6}x+3$

5 그래프의 기울기가 7인 일차함수의 식을
$$y=7x+b \quad \cdots\cdots \ ㉠$$
로 놓고, 이 일차함수의 그래프가 점 $(3, 22)$를 지나므로
㉠에 $x=3$, $y=22$를 대입하면
$$22=7\times 3+b, \ b=1$$
따라서 구하는 일차함수의 식은 $y=7x+1$

6 그래프의 기울기가 −4인 일차함수의 식을
$$y=-4x+b \quad \cdots\cdots \ ㉠$$
로 놓고, x절편이 −2이므로 ㉠에 $x=-2$, $y=0$을 대
입하면
$$0=-4\times(-2)+b, \ b=-8$$
따라서 구하는 일차함수의 식은 $y=-4x-8$

7 그래프의 기울기가 $\dfrac{2}{3}$인 일차함수의 식을
$$y=\dfrac{2}{3}x+b \quad \cdots\cdots \ ㉠$$
로 놓고, x절편이 15이므로 ㉠에 $x=15$, $y=0$을 대입
하면
$$0=\dfrac{2}{3}\times 15+b, \ b=-10$$

따라서 구하는 일차함수의 식은 $y = \dfrac{2}{3}x - 10$

8 그래프의 기울기가 -1인 일차함수의 식을
$$y = -x + b \quad \cdots\cdots \text{㉠}$$
로 놓고, x절편이 5이므로 ㉠에 $x=5$, $y=0$을 대입하면
$$0 = -5 + b, \ b = 5$$
따라서 구하는 일차함수의 식은 $y = -x + 5$

9 그래프의 기울기가 3인 일차함수의 식을
$$y = 3x + b \quad \cdots\cdots \text{㉠}$$
로 놓고, x절편이 -4이므로 ㉠에 $x=-4$, $y=0$을 대입하면
$$0 = 3 \times (-4) + b, \ b = 12$$
따라서 구하는 일차함수의 식은 $y = 3x + 12$

10 그래프의 기울기가 $-\dfrac{1}{4}$인 일차함수의 식을
$$y = -\dfrac{1}{4}x + b \quad \cdots\cdots \text{㉠}$$
로 놓고, x절편이 -8이므로 ㉠에 $x=-8$, $y=0$을 대입하면
$$0 = -\dfrac{1}{4} \times (-8) + b, \ b = -2$$
따라서 구하는 일차함수의 식은 $y = -\dfrac{1}{4}x - 2$

11 $(\text{기울기}) = \dfrac{-6}{2} = -3$이므로
그래프의 기울기가 -3인 일차함수의 식을
$$y = -3x + b \quad \cdots\cdots \text{㉠}$$
로 놓자. 이 일차함수의 그래프가 점 $(-3, 4)$를 지나므로
㉠에 $x=-3$, $y=4$를 대입하면
$$4 = -3 \times (-3) + b, \ b = -5$$
따라서 구하는 일차함수의 식은 $y = -3x - 5$

12 $(\text{기울기}) = \dfrac{7}{1} = 7$이므로
그래프의 기울기가 7인 일차함수의 식을
$$y = 7x + b \quad \cdots\cdots \text{㉠}$$
로 놓자. 이 일차함수의 그래프가 점 $(2, -3)$을 지나므로
㉠에 $x=2$, $y=-3$을 대입하면
$$-3 = 7 \times 2 + b, \ b = -17$$
따라서 구하는 일차함수의 식은 $y = 7x - 17$

13 $(\text{기울기}) = \dfrac{-2}{8} = -\dfrac{1}{4}$이므로
그래프의 기울기가 $-\dfrac{1}{4}$인 일차함수의 식을
$$y = -\dfrac{1}{4}x + b \quad \cdots\cdots \text{㉠}$$
로 놓자. 이 일차함수의 그래프가 점 $(-8, 9)$를 지나므로
㉠에 $x=-8$, $y=9$를 대입하면
$$9 = -\dfrac{1}{4} \times (-8) + b, \ b = 7$$
따라서 구하는 일차함수의 식은 $y = -\dfrac{1}{4}x + 7$

14 $(\text{기울기}) = \dfrac{18}{3} = 6$이므로
그래프의 기울기가 6인 일차함수의 식을
$$y = 6x + b \quad \cdots\cdots \text{㉠}$$
로 놓자. 이 일차함수의 그래프가 점 $(-1, -2)$를 지나므로 ㉠에 $x=-1$, $y=-2$를 대입하면
$$-2 = 6 \times (-1) + b, \ b = 4$$
따라서 구하는 일차함수의 식은 $y = 6x + 4$

15 $(\text{기울기}) = \dfrac{3}{4}$이므로
그래프의 기울기가 $\dfrac{3}{4}$인 일차함수의 식을
$$y = \dfrac{3}{4}x + b \quad \cdots\cdots \text{㉠}$$
로 놓자. 이 일차함수의 그래프가 점 $(8, 11)$을 지나므로
㉠에 $x=8$, $y=11$을 대입하면
$$11 = \dfrac{3}{4} \times 8 + b, \ b = 5$$
따라서 구하는 일차함수의 식은 $y = \dfrac{3}{4}x + 5$

16 $(\text{기울기}) = 1$이므로
그래프의 기울기가 1인 일차함수의 식을
$$y = x + b \quad \cdots\cdots \text{㉠}$$
로 놓자. 이 일차함수의 그래프가 점 $(6, 13)$을 지나므로
㉠에 $x=6$, $y=13$을 대입하면 $13 = 6 + b, \ b = 7$
따라서 구하는 일차함수의 식은 $y = x + 7$

17 $(\text{기울기}) = -2$이므로
그래프의 기울기가 -2인 일차함수의 식을
$$y = -2x + b \quad \cdots\cdots \text{㉠}$$
로 놓자. 이 일차함수의 그래프가 점 $(-2, 8)$을 지나므로
㉠에 $x=-2$, $y=8$을 대입하면
$$8 = -2 \times (-2) + b, \ b = 4$$
따라서 구하는 일차함수의 식은 $y = -2x + 4$

18 (기울기)$=\dfrac{1}{3}$이므로

그래프의 기울기가 $\dfrac{1}{3}$인 일차함수의 식을

$$y=\dfrac{1}{3}x+b \quad \cdots\cdots \ \boxdot$$

로 놓자. x절편이 -3이므로 $\boxdot$에 $x=-3$, $y=0$을 대입하면

$$0=\dfrac{1}{3}\times(-3)+b, \ b=1$$

따라서 구하는 일차함수의 식은 $y=\dfrac{1}{3}x+1$

19 (기울기)$=-5$이므로

그래프의 기울기가 -5인 일차함수의 식을

$$y=-5x+b \quad \cdots\cdots \ \boxdot$$

로 놓자. x절편이 -2이므로 $\boxdot$에 $x=-2$, $y=0$을 대입하면

$$0=-5\times(-2)+b, \ b=-10$$

따라서 구하는 일차함수의 식은 $y=-5x-10$

20 (기울기)$=-\dfrac{3}{2}$이므로

그래프의 기울기가 $-\dfrac{3}{2}$인 일차함수의 식을

$$y=-\dfrac{3}{2}x+b \quad \cdots\cdots \ \boxdot$$

로 놓자. x절편이 8이므로 $\boxdot$에 $x=8$, $y=0$을 대입하면

$$0=-\dfrac{3}{2}\times8+b, \ b=12$$

따라서 구하는 일차함수의 식은 $y=-\dfrac{3}{2}x+12$

21 (기울기)$=\dfrac{2}{3}$이므로

그래프의 기울기가 $\dfrac{2}{3}$인 일차함수의 식을

$$y=\dfrac{2}{3}x+b \quad \cdots\cdots \ \boxdot$$

로 놓자. 이 일차함수의 그래프가 점 $(15, \ 4)$를 지나므로 $\boxdot$에 $x=15$, $y=4$를 대입하면

$$4=\dfrac{2}{3}\times15+b, \ b=-6$$

따라서 구하는 일차함수의 식은 $y=\dfrac{2}{3}x-6$

22 (기울기)$=-\dfrac{5}{3}$이므로

그래프의 기울기가 $-\dfrac{5}{3}$인 일차함수의 식을

$$y=-\dfrac{5}{3}x+b \quad \cdots\cdots \ \boxdot$$

로 놓자. 이 일차함수의 그래프가 점 $(6, \ -2)$를 지나므로 $\boxdot$에 $x=6$, $y=-2$를 대입하면

$$-2=-\dfrac{5}{3}\times6+b, \ b=8$$

따라서 구하는 일차함수의 식은 $y=-\dfrac{5}{3}x+8$

23 (기울기)$=\dfrac{3}{3}=1$이므로

그래프의 기울기가 1인 일차함수의 식을
$$y=x+b \quad \cdots\cdots \ \boxdot$$
로 놓자. 이 일차함수의 그래프가 점 $(-2, \ 3)$을 지나므로 $\boxdot$에 $x=-2$, $y=3$을 대입하면 $3=-2+b$, $b=5$
따라서 구하는 일차함수의 식은 $y=x+5$

24 (기울기)$=-\dfrac{5}{2}$이므로

그래프의 기울기가 $-\dfrac{5}{2}$인 일차함수의 식을

$$y=-\dfrac{5}{2}x+b \quad \cdots\cdots \ \boxdot$$

로 놓자. 이 일차함수의 그래프가 점 $(4, \ 13)$을 지나므로 $\boxdot$에 $x=4$, $y=13$을 대입하면

$$13=-\dfrac{5}{2}\times4+b, \ b=23$$

따라서 구하는 일차함수의 식은 $y=-\dfrac{5}{2}x+23$

25 (기울기)$=\dfrac{-4}{6}=-\dfrac{2}{3}$이므로

그래프의 기울기가 $-\dfrac{2}{3}$인 일차함수의 식을

$$y=-\dfrac{2}{3}x+b \quad \cdots\cdots \ \boxdot$$

로 놓자. 이 일차함수의 그래프가 점 $(-3, \ 1)$을 지나므로 $\boxdot$에 $x=-3$, $y=1$을 대입하면

$$1=-\dfrac{2}{3}\times(-3)+b, \ b=-1$$

따라서 구하는 일차함수의 식은 $y=-\dfrac{2}{3}x-1$

26 (기울기)$=\dfrac{7}{4}$이므로

그래프의 기울기가 $\dfrac{7}{4}$인 일차함수의 식을

$$y=\dfrac{7}{4}x+b \quad \cdots\cdots \ \boxdot$$

로 놓자. 이 일차함수의 그래프가 점 $(-4, \ -5)$를 지나므로 $\boxdot$에 $x=-4$, $y=-5$를 대입하면

$-5=\dfrac{7}{4}\times(-4)+b,\ b=2$

따라서 구하는 일차함수의 식은 $y=\dfrac{7}{4}x+2$

27 $(기울기)=\dfrac{-3}{6}=-\dfrac{1}{2}$이므로

그래프의 기울기가 $-\dfrac{1}{2}$인 일차함수의 식을

$y=-\dfrac{1}{2}x+b$ ...... ㉠

로 놓자. 이 일차함수의 그래프가 점 $(-2,\ -3)$을 지나

므로 ㉠에 $x=-2,\ y=-3$을 대입하면

$-3=-\dfrac{1}{2}\times(-2)+b,\ b=-4$

따라서 구하는 일차함수의 식은 $y=-\dfrac{1}{2}x-4$

28 $(기울기)=-\dfrac{1}{7}$이므로

그래프의 기울기가 $-\dfrac{1}{7}$인 일차함수의 식을

$y=-\dfrac{1}{7}x+b$ ...... ㉠

로 놓자. 이 일차함수의 그래프가 점 $(-14,\ 1)$을 지나

므로 ㉠에 $x=-14,\ y=1$을 대입하면

$1=-\dfrac{1}{7}\times(-14)+b,\ b=-1$

즉 구하는 일차함수의 식은 $y=-\dfrac{1}{7}x-1$이므로

$y=-\dfrac{1}{7}x-1$에 보기의 점의 좌표를 각각 대입하면

① $-1\neq-\dfrac{1}{7}\times(-14)-1$

② $\dfrac{2}{7}\neq-\dfrac{1}{7}\times(-5)-1$

③ $\dfrac{6}{7}\neq-\dfrac{1}{7}\times(-1)-1$

④ $-\dfrac{9}{7}=-\dfrac{1}{7}\times2-1$

⑤ $5\neq-\dfrac{1}{7}\times7-1$

따라서 $y=-\dfrac{1}{7}x-1$의 그래프 위의 점은 ④이다.

서로 다른 두 점이 주어졌을 때 일차함수의 식 구하기

원리확인

$5,\ 2,\ 3,\ 3,\ 3,\ -1,\ y=3x-1$

1 $y=-9x+37$	2 $y=2x+3$
3 $y=2x$	4 $y=-\dfrac{1}{2}x-9$
5 $y=-x+3$	6 $y=-\dfrac{4}{3}x+\dfrac{7}{3}$
7 $y=2x-1$	8 $y=\dfrac{1}{2}x+\dfrac{5}{2}$
9 $y=-\dfrac{1}{2}x+\dfrac{3}{2}$	10 $y=\dfrac{2}{3}x+4$
11 $y=-2x+2$	12 $y=-x-2$

13 ⑤

1 $(기울기)=\dfrac{-8-1}{5-4}=-9$이므로

$y=-9x+b$로 놓고 $x=4,\ y=1$을 대입하면

$1=-9\times4+b,\ b=37$

따라서 구하는 일차함수의 식은 $y=-9x+37$

2 $(기울기)=\dfrac{7-1}{2-(-1)}=2$이므로

$y=2x+b$로 놓고 $x=2,\ y=7$을 대입하면

$7=2\times2+b,\ b=3$

따라서 구하는 일차함수의 식은 $y=2x+3$

3 $(기울기)=\dfrac{-6-6}{-3-3}=2$이므로

$y=2x+b$로 놓고 $x=3,\ y=6$을 대입하면

$6=2\times3+b,\ b=0$

따라서 구하는 일차함수의 식은 $y=2x$

4 $(기울기)=\dfrac{-6-(-8)}{-6-(-2)}=-\dfrac{1}{2}$이므로

$y=-\dfrac{1}{2}x+b$로 놓고 $x=-2,\ y=-8$을 대입하면

$-8=-\dfrac{1}{2}\times(-2)+b,\ b=-9$

따라서 구하는 일차함수의 식은 $y=-\dfrac{1}{2}x-9$

5 (기울기)$=\dfrac{-1-2}{4-1}=-1$이므로

$y=-x+b$로 놓고 $x=1$, $y=2$를 대입하면

$2=-1+b$, $b=3$

따라서 구하는 일차함수의 식은 $y=-x+3$

6 주어진 그래프가 두 점 $(-2, 5)$, $(1, 1)$을 지나므로

(기울기)$=\dfrac{1-5}{1-(-2)}=-\dfrac{4}{3}$

$y=-\dfrac{4}{3}x+b$로 놓고 $x=1$, $y=1$을 대입하면

$1=-\dfrac{4}{3}+b$, $b=\dfrac{7}{3}$

따라서 구하는 일차함수의 식은 $y=-\dfrac{4}{3}x+\dfrac{7}{3}$

7 주어진 그래프가 두 점 $(1, 1)$, $(4, 7)$을 지나므로

(기울기)$=\dfrac{7-1}{4-1}=2$

$y=2x+b$로 놓고 $x=1$, $y=1$을 대입하면

$1=2+b$, $b=-1$

따라서 구하는 일차함수의 식은 $y=2x-1$

8 주어진 그래프가 두 점 $(-3, 1)$, $(3, 4)$를 지나므로

(기울기)$=\dfrac{4-1}{3-(-3)}=\dfrac{1}{2}$

$y=\dfrac{1}{2}x+b$로 놓고 $x=-3$, $y=1$을 대입하면

$1=\dfrac{1}{2}\times(-3)+b$, $b=\dfrac{5}{2}$

따라서 구하는 일차함수의 식은 $y=\dfrac{1}{2}x+\dfrac{5}{2}$

9 주어진 그래프가 두 점 $(-3, 3)$, $(5, -1)$을 지나므로

(기울기)$=\dfrac{-1-3}{5-(-3)}=-\dfrac{1}{2}$

$y=-\dfrac{1}{2}x+b$로 놓고 $x=-3$, $y=3$을 대입하면

$3=-\dfrac{1}{2}\times(-3)+b$, $b=\dfrac{3}{2}$

따라서 구하는 일차함수의 식은 $y=-\dfrac{1}{2}x+\dfrac{3}{2}$

10 주어진 그래프가 두 점 $(-9, -2)$, $(3, 6)$을 지나므로

(기울기)$=\dfrac{6-(-2)}{3-(-9)}=\dfrac{2}{3}$

$y=\dfrac{2}{3}x+b$로 놓고 $x=3$, $y=6$을 대입하면

$6=\dfrac{2}{3}\times3+b$, $b=4$

따라서 구하는 일차함수의 식은 $y=\dfrac{2}{3}x+4$

11 주어진 그래프가 두 점 $(-2, 6)$, $(4, -6)$을 지나므로

(기울기)$=\dfrac{-6-6}{4-(-2)}=-2$

$y=-2x+b$로 놓고 $x=-2$, $y=6$을 대입하면

$6=-2\times(-2)+b$, $b=2$

따라서 구하는 일차함수의 식은 $y=-2x+2$

12 주어진 그래프가 두 점 $(-4, 2)$, $(1, -3)$을 지나므로

(기울기)$=\dfrac{-3-2}{1-(-4)}=-1$

$y=-x+b$로 놓고 $x=-4$, $y=2$를 대입하면

$2=-(-4)+b$, $b=-2$

따라서 구하는 일차함수의 식은 $y=-x-2$

13 주어진 그래프가 두 점 $(-3, 9)$, $(6, -6)$을 지나므로

(기울기)$=\dfrac{-6-9}{6-(-3)}=-\dfrac{5}{3}$

$y=-\dfrac{5}{3}x+b$로 놓고 $x=-3$, $y=9$를 대입하면

$9=-\dfrac{5}{3}\times(-3)+b$, $b=4$

즉 주어진 그래프의 일차함수의 식은 $y=-\dfrac{5}{3}x+4$이므로

$y=-\dfrac{5}{3}x+4$에 $x=3$, $y=k$를 대입하면

$k=-\dfrac{5}{3}\times3+4=-1$

06

x절편과 y절편이 주어졌을 때 일차함수의 식 구하기

원리확인

$2, 4, 4, 2, -2, y=-2x+4$

1 $y=3x+6$	**2** $y=-\dfrac{1}{5}x-3$
3 $y=-4x+16$	**4** $y=\dfrac{7}{11}x-7$
5 $y=8x+8$	**6** $y=-3x+3$
7 $y=\dfrac{7}{5}x+7$	**8** $y=-x-3$
9 $y=-\dfrac{2}{5}x+2$	**10** $y=\dfrac{8}{3}x+8$
11 $y=-\dfrac{2}{3}x-4$	**12** $y=\dfrac{1}{2}x-2$

13 ④

1 x절편이 -2, y절편이 6인 직선은 두 점 $(-2, 0)$, $(0, 6)$을 지나므로

$$(기울기)=\frac{6-0}{0-(-2)}=3$$

따라서 구하는 일차함수의 식은 $y=3x+6$

2 x절편이 -15, y절편이 -3인 직선은 두 점 $(-15, 0)$, $(0, -3)$을 지나므로

$$(기울기)=\frac{-3-0}{0-(-15)}=-\frac{1}{5}$$

따라서 구하는 일차함수의 식은 $y=-\dfrac{1}{5}x-3$

3 x절편이 4, y절편이 16인 직선은 두 점 $(4, 0)$, $(0, 16)$을 지나므로

$$(기울기)=\frac{16-0}{0-4}=-4$$

따라서 구하는 일차함수의 식은 $y=-4x+16$

4 x절편이 11, y절편이 -7인 직선은 두 점 $(11, 0)$, $(0, -7)$을 지나므로

$$(기울기)=\frac{-7-0}{0-11}=\frac{7}{11}$$

따라서 구하는 일차함수의 식은 $y=\dfrac{7}{11}x-7$

5 x절편이 -1, y절편이 8인 직선은 두 점 $(-1, 0)$, $(0, 8)$을 지나므로

$$(기울기)=\frac{8-0}{0-(-1)}=8$$

따라서 구하는 일차함수의 식은 $y=8x+8$

6 x절편이 1, y절편이 3이므로 두 점 $(1, 0)$, $(0, 3)$을 지난다.

즉 $(기울기)=\dfrac{3-0}{0-1}=-3$

따라서 구하는 일차함수의 식은 $y=-3x+3$

7 x절편이 -5, y절편이 7이므로 두 점 $(-5, 0)$, $(0, 7)$을 지난다.

즉 $(기울기)=\dfrac{7-0}{0-(-5)}=\dfrac{7}{5}$

따라서 구하는 일차함수의 식은 $y=\dfrac{7}{5}x+7$

8 x절편이 -3, y절편이 -3이므로 두 점 $(-3, 0)$, $(0, -3)$을 지난다.

즉 $(기울기)=\dfrac{-3-0}{0-(-3)}=-1$

따라서 구하는 일차함수의 식은 $y=-x-3$

9 x절편이 5, y절편이 2이므로 두 점 $(5, 0)$, $(0, 2)$를 지난다.

즉 $(기울기)=\dfrac{2-0}{0-5}=-\dfrac{2}{5}$

따라서 구하는 일차함수의 식은 $y=-\dfrac{2}{5}x+2$

10 x절편이 -3, y절편이 8이므로 두 점 $(-3, 0)$, $(0, 8)$을 지난다.

즉 $(기울기)=\dfrac{8-0}{0-(-3)}=\dfrac{8}{3}$

따라서 구하는 일차함수의 식은 $y=\dfrac{8}{3}x+8$

11 x절편이 -6, y절편이 -4이므로 두 점 $(-6, 0)$, $(0, -4)$를 지난다.

즉 $(기울기)=\dfrac{-4-0}{0-(-6)}=-\dfrac{2}{3}$

따라서 구하는 일차함수의 식은 $y=-\dfrac{2}{3}x-4$

12 x절편이 4, y절편이 -2이므로 두 점 $(4, 0)$, $(0, -2)$를 지난다.

즉 (기울기)$=\dfrac{-2-0}{0-4}=\dfrac{1}{2}$

따라서 구하는 일차함수의 식은 $y=\dfrac{1}{2}x-2$

13 일차함수 $y=4x+12$의 그래프와 x축에서 만나므로

(x절편)$=-3$

일차함수 $y=-5x+9$의 그래프와 y축에서 만나므로

(y절편)$=9$

즉 두 점 $(-3,\,0)$, $(0,\,9)$를 지나므로

(기울기)$=\dfrac{9-0}{0-(-3)}=3$

따라서 구하는 일차함수의 식은 $y=3x+9$

07 일차함수의 활용

본문 142쪽

원리확인

❶ 20, 5   ❷ 13, 2   ❸ 100, 4

1 (1) 28, 31, 34, 37 (2) $3x$ (3) $y=3x+25$

(4) 7, 25, 46 (5) 3, 25, 13

2 (1) 26, 22, 18, 14 (2) 2 (3) $2x$ (4) $y=-2x+30$

(5) 8, 30, 14 (6) -2, 30, 15

3 (1) $y=8x+90$ (2) 114 cm (3) 5년 후

4 (1) $\dfrac{1}{3}$ cm (2) $y=15-\dfrac{1}{3}x$ (3) 10 cm (4) 45분

☺ a, k

5 (1) 3 (2) $3x$ (3) $y=3x+16$ (4) 3, 16, 46

(5) 3, 16, 25

6 (1) 6 (2) $6x$ (3) $y=12-6x$ (4) 12, 6, -6

(5) 12, 6, 7

7 (1) $y=4x+30$ (2) 10분 후

8 (1) $y=20-6x$ (2) 2 ℃   ☺ a, k

9 (1) 9 (2) $9x$ (3) $y=9x+120$ (4) 9, 120, 228

(5) 9, 120, 20

10 (1) $y=36-3x$ (2) 15 L (3) 12분

11 (1) $\dfrac{1}{11}$ L (2) $y=35-\dfrac{1}{11}x$ (3) 27 L

☺ a, k

12 (1) $80x$ (2) $y=350-80x$ (3) 350, 80, 190

(4) 350, 80, 4

13 (1) $80x$ (2) $y=4000-80x$ (3) 4000, 80, 2800

(4) 4000, 80, 30 (5) 4000, 80, 50

14 (1) $y=420-70x$ (2) 210 km (3) 5시간

15 (1) $y=40-8x$ (2) 24 km (3) 5시간

16 (1) $3x$ (2) $3x$, $30x$ (3) 30, 150 (4) 30, 7, 21

17 (1) $y=140-5x$ (2) 100 cm^2

18 (1) $y=12x$ (2) 48 cm^2

2 (2) 양초의 길이가 2분에 4 cm씩 짧아지므로 양초의 길이는 1분에 $\dfrac{4}{2}=2$(cm)씩 짧아진다.

3 (1) 나무가 1년에 8 cm씩 자라므로 x년 후에 나무는 $8x$ cm 자란다.

따라서 $y=8x+90$

(2) $y=8x+90$에 $x=3$을 대입하면

$y=8\times3+90=114$

따라서 3년 후의 나무의 높이는 114 cm이다.

(3) $y=8x+90$에 $y=130$을 대입하면

$130=8x+90$에서 $8x=40$이므로 $x=5$

따라서 5년 후에 나무의 높이가 130 cm가 된다.

4 (1) 얼음의 길이가 3분마다 1 cm씩 짧아지므로 1분마다 $\dfrac{1}{3}$ cm씩 짧아진다.

(2) 얼음의 길이가 1분마다 $\dfrac{1}{3}$ cm씩 짧아지므로 x분 후에 얼음의 길이는 $\dfrac{1}{3}x$ cm 짧아진다.

따라서 $y=15-\dfrac{1}{3}x$

(3) $y=15-\dfrac{1}{3}x$에 $x=15$를 대입하면

$y=15-\dfrac{1}{3}\times15=10$

따라서 15분 후의 얼음의 길이는 10 cm이다.

(4) $y=15-\dfrac{1}{3}x$에 $y=0$을 대입하면

$\dfrac{1}{3}x=15$이므로 $x=45$

따라서 얼음이 다 녹는데 걸리는 시간은 45분이다.

6 (1) 높이가 100 m 높아질 때마다 기온이 0.6 ℃씩 내려가므로 높이가 1 km 높아질 때마다 기온은 $0.6\times10=6$(℃)씩 내려간다.

7 (1) 물의 온도가 2분마다 $8\,^\circ\!\text{C}$씩 올라가므로 1분마다 온도는 $4\,^\circ\!\text{C}$씩 올라가고, x분 후에 물의 온도는 $4x\,^\circ\!\text{C}$ 올라간다.

따라서 $y=4x+30$

(2) $y=4x+30$에 $y=70$을 대입하면

$70=4x+30$, $4x=40$이므로 $x=10$

따라서 10분 후에 물의 온도가 $70\,^\circ\!\text{C}$가 된다.

8 (1) 지면으로부터의 높이가 $1\,\text{km}$ 높아질 때마다 기온이 $6\,^\circ\!\text{C}$씩 내려가므로 $x\,\text{km}$의 높이에서는 기온이 $6x\,^\circ\!\text{C}$ 내려간다.

따라서 $y=20-6x$

(2) $y=20-6x$에 $x=3$을 대입하면

$y=20-6\times3=2$

따라서 높이가 $3\,\text{km}$인 지점의 기온은 $2\,^\circ\!\text{C}$이다.

9 (1) 물탱크에 물을 5분마다 $45\,\text{L}$씩 넣으므로 1분마다 넣는 물의 양은 $\dfrac{45}{5}=9(\text{L})$

10 (1) 물이 1분마다 $3\,\text{L}$씩 흘러나가므로 x분 후에 물은 $3x\,\text{L}$ 흘러나간다.

따라서 $y=36-3x$

(2) $y=36-3x$에 $x=7$을 대입하면

$y=36-3\times7=15$

따라서 물이 흘러나가기 시작한 지 7분 후에 욕조에 남아 있는 물의 양은 $15\,\text{L}$이다.

(3) $y=36-3x$에 $y=0$을 대입하면

$0=36-3x$에서 $3x=36$이므로 $x=12$

따라서 물이 모두 흘러나가는 데 걸리는 시간은 12분이다.

11 (1) $1\,\text{L}$의 휘발유로 $11\,\text{km}$를 달릴 수 있으므로 $1\,\text{km}$를 달리는 데 필요한 휘발유의 양은 $\dfrac{1}{11}\text{L}$이다.

(2) $1\,\text{km}$를 달리는 데 $\dfrac{1}{11}\text{L}$의 휘발유가 필요하므로

$x\,\text{km}$를 달리는 데 필요한 휘발유의 양은 $\dfrac{1}{11}x\,\text{L}$이다.

따라서 $y=35-\dfrac{1}{11}x$

(3) $y=35-\dfrac{1}{11}x$에 $x=88$을 대입하면

$y=35-\dfrac{1}{11}\times88=27$

따라서 $88\,\text{km}$를 달린 후에 남아 있는 휘발유의 양은 $27\,\text{L}$이다.

14 (1) 자동차의 속력이 시속 $70\,\text{km}$이므로 x시간 동안 간 거리는 $70x\,\text{km}$이다.

따라서 $y=420-70x$

(2) $y=420-70x$에 $x=3$을 대입하면

$y=420-70\times3=210$

따라서 출발한 지 3시간 후에 용석이네 집까지 남은 거리는 $210\,\text{km}$이다.

(3) $y=420-70x$에 $y=70$을 대입하면

$70=420-70x$에서 $70x=350$이므로 $x=5$

따라서 용석이네 집까지 남은 거리가 $70\,\text{km}$일 때, 걸린 시간은 5시간이다.

15 (1) 자전거의 속력이 시속 $8\,\text{km}$이므로 x시간 동안 간 거리는 $8x\,\text{km}$이다.

따라서 $y=40-8x$

(2) $y=40-8x$에 $x=2$를 대입하면

$y=40-8\times2=24$

따라서 출발한 지 2시간 후에 도서관까지 남은 거리는 $24\,\text{km}$이다.

(3) $y=40-8x$에 $y=0$을 대입하면

$0=40-8x$에서 $8x=40$이므로 $x=5$

따라서 도서관에 도착할 때까지 걸리는 시간은 5시간이다.

17 (1) $y=14\times10-\dfrac{1}{2}\times x\times10$이므로 $y=140-5x$

(2) $y=140-5x$에 $x=8$을 대입하면

$y=140-5\times8=100$

따라서 $\overline{\text{BP}}=8\,\text{cm}$일 때, 사다리꼴 APCD의 넓이는 $100\,\text{cm}^2$이다.

18 (1) 점 P가 1초에 $2\,\text{cm}$씩 움직이므로 x초 후의 $\overline{\text{BP}}$의 길이는 $2x\,\text{cm}$이다.

따라서 $y=\dfrac{1}{2}\times2x\times12$이므로 $y=12x$

(2) $y=12x$에 $x=4$를 대입하면

$y=12\times4=48$

따라서 점 P가 점 B를 출발한 지 4초 후의 삼각형 ABP의 넓이는 $48\,\text{cm}^2$이다.

1 제3사분면	**2** ⑤	**3** $y=\dfrac{1}{3}x+3$
4 -14	**5** ⑤	**6** 초속 343 m

1 $a>0$, $ab<0$에서 $a>0$, $b<0$이므로
(기울기)$=-a<0$,
(y절편)$=-b>0$
따라서 $y=-ax-b$의 그래프는 오
른쪽 그림과 같으므로 제3사분면을
지나지 않는다.

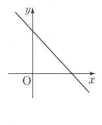

2 두 점 $(4, 0)$, $(0, 8)$을 지나는 직선의 기울기는
$\dfrac{8-0}{0-4}=-2$
즉 기울기가 -2이고 y절편이 8인 직선을 그래프로 하는
일차함수의 식은 $y=-2x+8$
직선 $y=-2x+8$과 일차함수 $y=ax+b$의 그래프가
일치하므로 $a=-2$, $b=8$
따라서 $a+b=-2+8=6$

3 두 점 $(-6, 0)$, $(0, 2)$를 지나는 직선의 기울기는
$\dfrac{2-0}{0-(-6)}=\dfrac{1}{3}$
따라서 기울기가 $\dfrac{1}{3}$이고 y절편이 3인 직선을 그래프로
하는 일차함수의 식은 $y=\dfrac{1}{3}x+3$

4 조건 ㈎에서 (기울기)$=\dfrac{-15}{3}=-5$이므로
일차함수의 식을 $y=-5x+b$로 놓는다.
조건 ㈏에서 점 $(-3, 11)$을 지나므로
$y=-5x+b$에 $x=-3$, $y=11$을 대입하면
$11=-5\times(-3)+b$, $b=-4$
즉 주어진 조건을 만족시키는 일차함수의 식은
$y=-5x-4$
따라서 $f(x)=-5x-4$에서
$f(2)=-5\times2-4=-14$

5 두 점 $(-1, 12)$, $(3, -4)$를 지나므로
(기울기)$=\dfrac{-4-12}{3-(-1)}=-4$
즉 일차함수의 식을 $y=-4x+b$로 놓고
$x=-1$, $y=12$를 대입하면

$12=-4\times(-1)+b$, $b=8$
$y=-4x+8$에 $y=0$을 대입하면
$0=-4x+8$, $x=2$
따라서 x절편이 2이므로 그래프가 x축과 만나는 점의 좌
표는 $(2, 0)$이다.

6 기온이 x ℃인 곳에서의 소리의 속력을 초속 y m라 하면
$y=0.6x+331$
$y=0.6x+331$에 $x=20$을 대입하면
$y=0.6\times20+331=343$
따라서 기온이 20 ℃인 곳에서의 소리의 속력은 초속
343 m이다.

7 일차함수와 일차방정식의 관계

01

본문 152쪽

미지수가 2개인 일차방정식의 그래프

1 (1) 3, 2, 1, 0 (2), (3)

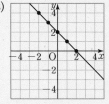

2 (1) −3, −1, 1, 3 (2), (3)

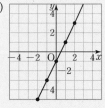

3 ×(✏ −4, −16)　　4 ×　　5 ○
6 ○　　7 ×　　8 ○　　☺ p, q
9 (✏ −3, 6)　　10 −3　　11 4
12 −1　　13 5　　14 ②

4 $x+2y-10=0$에 $x=-3$, $y=6$을 대입하면
$-3+2\times6-10=-1\neq0$
이므로 점 $(-3, 6)$은 일차방정식 $x+2y-10=0$의 그래프 위의 점이 아니다.

5 $x+2y-10=0$에 $x=-4$, $y=7$을 대입하면
$-4+2\times7-10=0$
이므로 점 $(-4, 7)$은 일차방정식 $x+2y-10=0$의 그래프 위의 점이다.

6 $x+2y-10=0$에 $x=8$, $y=1$을 대입하면
$8+2\times1-10=0$
이므로 점 $(8, 1)$은 일차방정식 $x+2y-10=0$의 그래프 위의 점이다.

7 $x+2y-10=0$에 $x=-2$, $y=-6$을 대입하면
$-2+2\times(-6)-10=-24\neq0$
이므로 점 $(-2, -6)$은 일차방정식 $x+2y-10=0$의 그래프 위의 점이 아니다.

8 $x+2y-10=0$에 $x=18$, $y=-4$를 대입하면
$18+2\times(-4)-10=0$
이므로 점 $(18, -4)$는 일차방정식 $x+2y-10=0$의 그래프 위의 점이다.

10 $3x+ay-15=0$에 $x=2$, $y=-3$을 대입하면
$6-3a-15=0$, $-3a=9$
따라서 $a=-3$

11 $ax-4y-20=0$에 $x=2$, $y=-3$을 대입하면
$2a+12-20=0$, $2a=8$
따라서 $a=4$

12 $-5x+ay+7=0$에 $x=2$, $y=-3$을 대입하면
$-10-3a+7=0$, $-3a=3$
따라서 $a=-1$

13 $ax+6y+8=0$에 $x=2$, $y=-3$을 대입하면
$2a-18+8=0$, $2a=10$
따라서 $a=5$

14 $6x+y-5=0$에 $x=a$, $y=-7$을 대입하면
$6a-7-5=0$, $6a=12$
따라서 $a=2$

일차방정식과 일차함수의 관계

원리확인

❶ (1) $2x+1$ (2) $2, -\dfrac{1}{2}, 1$ (3)

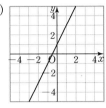

❷ (1) $-3x+6, -\dfrac{3}{2}x+3$ (2) $-\dfrac{3}{2}, 2, 3$

(3)

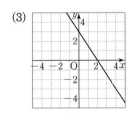

1 $y=-x+5$ **2** $y=x+6$ **3** $y=\dfrac{1}{2}x+2$

4 $y=3x+3$ **5** $y=\dfrac{2}{3}x-2$ **6** $y=-4x+8$

7 $y=\dfrac{2}{5}x-2$ **8** $y=-2x+3$

9 $-x-6, -1, -6, -6$

10 $x+4, 1, -4, 4$

11 $-3x-9, -3, -3, -9$

12 $2x-6, 2, 3, -6$ **13** ①

14 $3, 3,$ **15** $-4, 2,$

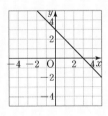   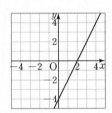

16 $3, 2,$ **17** $-3, 1,$

18 $-2, 1,$

19 ㉡   **20** ㉠, ㉢, ㉣

21 ㉢   **22** ㉡, ㉢

23 ㉢   **24** ㉢, ㉣

25 ×   **26** ◯

27 ×   **28** ◯

29 ◯   **30** ②, ⑤

---

3 $-2y=-x-4, \ y=\dfrac{1}{2}x+2$

5 $-3y=-2x+6, \ y=\dfrac{2}{3}x-2$

7 $-5y=-2x+10, \ y=\dfrac{2}{5}x-2$

8 $3y=-6x+9, \ y=-2x+3$

9 x절편을 구하기 위해 $y=-x-6$에 $y=0$을 대입하면
$-x-6=0, \ -x=6, \ x=-6$

10 $2x-2y+8=0$에서 $-2y=-2x-8, \ y=x+4$
x절편을 구하기 위해 $y=x+4$에 $y=0$을 대입하면
$x+4=0, \ x=-4$

11 x절편을 구하기 위해 $y=-3x-9$에 $y=0$을 대입하면
$-3x-9=0, \ -3x=9, \ x=-3$

12 $4x-2y-12=0$에서 $-2y=-4x+12, \ y=2x-6$
x절편을 구하기 위해 $y=2x-6$에 $y=0$을 대입하면
$2x-6=0, \ 2x=6, \ x=3$

13 $3x+5y-15=0$에서 $5y=-3x+15, \ y=-\dfrac{3}{5}x+3$

기울기는 $-\dfrac{3}{5}$이므로 $a=-\dfrac{3}{5}$

x절편을 구하기 위해 $y=-\dfrac{3}{5}x+3$에 $y=0$을 대입하면

$-\dfrac{3}{5}x+3=0, \ -\dfrac{3}{5}x=-3, \ x=5$

이므로 $b=5$

y절편은 3이므로 $c=3$

따라서 $ab-c=-\dfrac{3}{5}\times5-3=-6$

19   일차함수의 꼴로 나타내면
㉠ $y=-3x-3$ ㉡ $y=3x-3$
㉢ $y=-\dfrac{1}{2}x+1$ ㉣ $y=-\dfrac{1}{2}x-1$

따라서 (기울기)>0인 것을 고르면 ㉡이다.

20 오른쪽 아래로 향하는 직선은 (기울기)<0이므로 ㉠, ㉢, ㉣이다.

21 y절편을 구하면 ㉠ -3, ㉡ -3, ㉢ 1, ㉣ -1
따라서 (y절편)>0인 것을 고르면 ㉢이다.

22 그래프는 그리면 오른쪽 그림과 같다.
따라서 제1사분면을 지나는 것은 ㉡, ㉢이다.

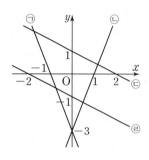

23 제3사분면을 지나지 않는 것은 ㉢이다.

24 서로 평행한 두 그래프는 기울기가 같은 그래프이므로 ㉢, ㉣이다.

25 $2x+4y-5=0$에서 $4y=-2x+5$, $y=-\dfrac{1}{2}x+\dfrac{5}{4}$
이므로 기울기는 $-\dfrac{1}{2}$이다.
따라서 기울기가 다르므로 주어진 그래프와 평행하지 않다.

26 $2x+4y-5=0$에 $x=0$, $y=\dfrac{5}{4}$를 대입하면
$0+4\times\dfrac{5}{4}-5=0$이므로 점 $\left(0,\ \dfrac{5}{4}\right)$를 지난다.

27 (기울기)<0이므로 x의 값이 증가하면 y의 값은 감소한다.

28 $y=-\dfrac{1}{2}x+\dfrac{5}{4}$의 그래프는 $y=-\dfrac{1}{2}x$의 그래프를 y축의 방향으로 $\dfrac{5}{4}$만큼 평행이동한 것이다.

29 그래프를 그리면 다음 그림과 같다.

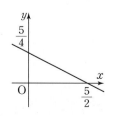

따라서 제1, 2, 4사분면을 지난다.

30 ① $y=0$을 대입하면
$x+4=0$, $x=-4$이므로 x절편은 -4이다.
② $x=0$을 대입하면
$4y+4=0$, $4y=-4$, $y=-1$이므로
y절편은 -1이다.
③ 그래프는 오른쪽 그림과 같으므로 제1사분면을 지나지 않는다.

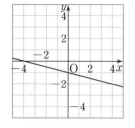

④ $x+4y+4=0$에서
$4y=-x-4$,
$y=-\dfrac{1}{4}x-1$이므로
일차함수 $y=-\dfrac{1}{4}x$의 그래프와 평행하다.
⑤ $x+4y+4=0$에 $x=4$, $y=-2$를 대입하면
$4-8+4=0$이므로 점 $(4,\ -2)$를 지난다.

03

본문 158쪽

축에 평행한(수직인) 직선의 방정식

원리확인

❶ 1, 1, 1, 1, 1,

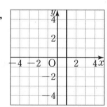

❷ -2, -2, -2, -2, -2,

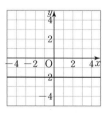

❸ -3, -3, -3, -3, -3,

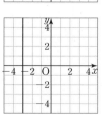

1 $3, y,$

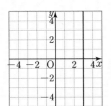

2 $1, x,$

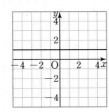

3 $-4, x,$

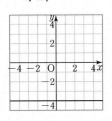

4

5

6

7 $y=1$ **8** $x=-3$ **9** $y=-2$

10 $x=5$ **11** $y=-3$ **12** $x=-7$

13 $y=2$ **◡** p, y, x, q, x, y

14 $x=-4$ **15** $y=6$ **16** $y=-2$

17 $x=3$ **18** $x=6$ **19** $y=3$

20 $y=-3$ **21** -3 **22** -3

23 4 **24** 2 **25** 1

4 $x=-4$의 그래프는 점 $(-4, 0)$을 지나고 y축에 평행한 직선이다.

5 $y=3$의 그래프는 점 $(0, 3)$을 지나고 x축에 평행한 직선이다.

6 $x=2$의 그래프는 점 $(2, 0)$을 지나고 y축에 평행한 직선이다.

7 x축에 평행하고 점 $(0, 1)$을 지나는 직선의 방정식은
$y=1$

8 y축에 평행하고 점 $(-3, 0)$을 지나는 직선의 방정식은
$x=-3$

9 x축에 평행하고 점 $(0, -2)$를 지나는 직선의 방정식은
$y=-2$

10 y축에 평행하고 점 $(5, 0)$을 지나는 직선의 방정식은
$x=5$

11 x축에 평행하고 점 $(0, -3)$을 지나는 직선의 방정식은
$y=-3$

12 y축에 평행하고 점 $(-7, 0)$을 지나는 직선의 방정식은
$x=-7$

13 x축에 평행하고 점 $(0, 2)$를 지나는 직선의 방정식은
$y=2$

14 점 $(-4, 5)$를 지나고 y축에 평행한 직선이므로
$x=-4$

15 점 $(3, 6)$을 지나고 x축에 평행한 직선이므로
$y=6$

16 점 $(-5, -2)$를 지나고 x축에 평행한 직선이므로
$y=-2$

17 점 $(3, -1)$을 지나고 y축에 평행한 직선이므로
$x=3$

18 점 $(6, 4)$를 지나고 y축에 평행한 직선이므로
$x=6$

19 점 $(1, 3)$을 지나고 x축에 평행한 직선이므로
$y=3$

20 점 $(5, -3)$을 지나고 x축에 평행한 직선이므로
$y=-3$

21 x축에 평행한 직선 위의 점들의 y좌표는 모두 같으므로
$a+1=-2, a=-3$

22 y축에 평행한 직선 위의 점들의 x좌표는 모두 같으므로
$-3a=9, a=-3$

23 y축에 평행한 직선 위의 점들의 x좌표는 모두 같으므로
$2a-4=a, a=4$

24 x축에 평행한 직선 위의 점들의 y좌표는 모두 같으므로
$5a-3=3a+1, 2a=4, a=2$에

25 주어진 직선의 방정식은 $y=3$이므로 $ax+by=3$에서
$a=0$

$by=3$에서 $y=\dfrac{3}{b}=3$이므로 $b=1$

따라서 $a+b=0+1=1$

04

본문 162쪽

연립방정식의 해와 그래프

원리확인

❶ 2, 1   ❷ 2, 1   ❸ 같다

1 (✏ 1, 1)   2 $x=4,\ y=2$

3 $x=1,\ y=-2$ 4 $x=-2,\ y=1$

5 $x=3,\ y=1$ 6 $x=4,\ y=1$

7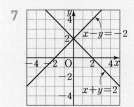

$x=0,\ y=2$

8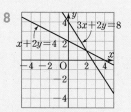

$x=2,\ y=1$

9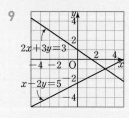

$x=3,\ y=-1$

10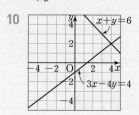

$x=4,\ y=2$

11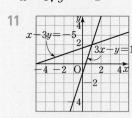

$x=1,\ y=2$

12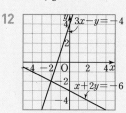

$x=-2,\ y=-2$

13 (✏ $-1,\ 1,\ -1,\ 1$)

14 $(-2, 3)$ 15 $(3, 3)$

16 $(4, 1)$ 17 $(-2, -1)$

18 $(1, 5)$ 19 $a=1,\ b=1$

20 $a=2,\ b=11$ 21 $a=6,\ b=2$

22 $a=-1,\ b=2$ 23 $a=2,\ b=-3$

24 $a=-1,\ b=2$ 25 ④

---

2 연립방정식의 해는 두 그래프의 교점의 좌표와 같다.
교점의 좌표가 $(4, 2)$이므로
연립방정식의 해는 $x=4,\ y=2$

3 연립방정식의 해는 두 그래프의 교점의 좌표와 같다.
교점의 좌표가 $(1, -2)$이므로
연립방정식의 해는 $x=1,\ y=-2$

4 연립방정식의 해는 두 그래프의 교점의 좌표와 같다.
교점의 좌표가 $(-2, 1)$이므로
연립방정식의 해는 $x=-2,\ y=1$

5 연립방정식의 해는 두 그래프의 교점의 좌표와 같다.
교점의 좌표가 $(3, 1)$이므로
연립방정식의 해는 $x=3,\ y=1$

6 연립방정식의 해는 두 그래프의 교점의 좌표와 같다.
교점의 좌표가 $(4, 1)$이므로
연립방정식의 해는 $x=4,\ y=1$

7 두 그래프의 교점의 좌표가 $(0, 2)$이므로
연립방정식의 해는 $x=0,\ y=2$

8 두 그래프의 교점의 좌표가 $(2, 1)$이므로
연립방정식의 해는 $x=2,\ y=1$

9 두 그래프의 교점의 좌표가 $(3, -1)$이므로
연립방정식의 해는 $x=3,\ y=-1$

10 두 그래프의 교점의 좌표가 $(4, 2)$이므로
연립방정식의 해는 $x=4,\ y=2$

11 두 그래프의 교점의 좌표가 $(1, 2)$이므로
연립방정식의 해는 $x=1,\ y=2$

12 두 그래프의 교점의 좌표가 $(-2, -2)$이므로
연립방정식의 해는 $x=-2,\ y=-2$

14 연립방정식 $\begin{cases} 4x+y=-5 \\ 2x+y=-1 \end{cases}$ 을 풀면 $x=-2,\ y=3$
따라서 두 그래프의 교점의 좌표는 $(-2, 3)$이다.

15 연립방정식 $\begin{cases} x-2y=-3 \\ x+3y=12 \end{cases}$ 를 풀면 $x=3,\ y=3$
따라서 두 그래프의 교점의 좌표는 $(3, 3)$이다.

16 연립방정식 $\begin{cases} -2x+3y=-5 \\ 3x-2y=10 \end{cases}$ 을 풀면 $x=4,\ y=1$

따라서 두 그래프의 교점의 좌표는 $(4,\ 1)$이다.

17 연립방정식 $\begin{cases} 3x-y=-5 \\ x-4y=2 \end{cases}$ 를 풀면 $x=-2,\ y=-1$

따라서 두 그래프의 교점의 좌표는 $(-2,\ -1)$이다.

18 연립방정식 $\begin{cases} 4x-y=-1 \\ -3x+y=2 \end{cases}$ 를 풀면 $x=1,\ y=5$

따라서 두 그래프의 교점의 좌표는 $(1,\ 5)$이다.

19 각 일차방정식에 $x=-1,\ y=3$을 대입하면

$-a-3=-4,\ a=1$

$-2+3=b,\ b=1$

20 각 일차방정식에 $x=4,\ y=1$을 대입하면

$4-2=a,\ a=2$

$8+3=b,\ b=11$

21 각 일차방정식에 $x=2,\ y=1$을 대입하면

$2+a=8,\ a=6$

$2b-1=3,\ 2b=4,\ b=2$

22 각 일차방정식에 $x=1,\ y=2$를 대입하면

$1-2=a,\ a=-1$

$b+6=8,\ b=2$

23 각 일차방정식에 $x=-1,\ y=3$을 대입하면

$-a-3=-5,\ -a=-2,\ a=2$

$-1+3b=-10,\ 3b=-9,\ b=-3$

24 각 일차방정식에 $x=2,\ y=4$를 대입하면

$2+4a=-2,\ 4a=-4,\ a=-1$

$6-4=b,\ b=2$

25 연립방정식 $\begin{cases} x+y=7 \\ x-5y=-5 \end{cases}$ 를 풀면

$x=5,\ y=2$

따라서 $a=5,\ b=2$이므로

$a+b=5+2=7$

연립방정식의 해의 개수와 그래프

1 무수히 많다.,

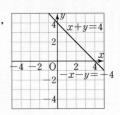

2 한 쌍,

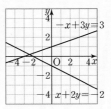

3 없다.,

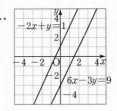

4 $=$, $=$, 무수히 많다, 무수히 많다

5 $=$, $\neq$, 없다, 없다

6 $\neq$, 한 개이다, 한 쌍이다

7 $=$, $\neq$, 없다, 없다

8 ㉣

9 ㉢

10 ㉠, ㉡   ㉦ $\neq$, $=$, $\neq$, $=$, $=$

11 $(\mathscr{O}\ -3,\ -6)$

12 $a=-3,\ b\neq2$

13 $a=-6,\ b\neq-12$

14 $a=-2,\ b\neq\dfrac{1}{2}$

15 $a=6,\ b\neq15$

16 $a\neq-6,\ b=4$

17 $\left(\mathscr{O}\ \dfrac{3}{2},\ 8\right)$

18 $a=3,\ b=-12$

19 $a=-2,\ b=3$

20 $a=5,\ b=2$

21 $a=6,\ b=-12$

22 $a=-2,\ b=-4$

23 $a\neq-2$

24 $a=-2,\ b=-4$

25 $a=-2,\ b\neq-4$

26 $a\neq1$

27 $a=1,\ b=-4$

28 $a=1,\ b\neq-4$

29 $\dfrac{9}{2}$ **30** 2 **31** ④

---

1 두 직선이 일치하므로 주어진 연립방정식의 해는 무수히 많다.

2 두 직선이 일치하지도 평행하지도 않으므로 주어진 연립 방정식의 해는 한 쌍이다.

3 두 직선이 평행하므로 주어진 연립방정식의 해는 없다.

4 $\dfrac{1}{4}=\dfrac{1}{4}=\dfrac{3}{12}$이므로 두 일차방정식의 그래프는 일치하므로 교점의 개수와 해의 개수는 무수히 많다.

5 $\dfrac{4}{-2}=\dfrac{6}{-3}\neq\dfrac{-2}{1}$이므로 두 일차방정식의 그래프는 평행하므로 교점의 개수와 해의 개수는 없다.

6 $\dfrac{-6}{3}\neq\dfrac{2}{6}$이므로 두 일차방정식의 그래프는 한 점에서 만나므로 교점의 개수는 한 개이고, 해의 개수는 한 쌍이다.

7 $\dfrac{-7}{7}=\dfrac{-3}{3}\neq\dfrac{5}{10}$이므로 두 일차방정식의 그래프는 평행하므로 교점의 개수와 해의 개수는 없다.

8 ㉣ $\begin{cases} 5x-2y=1 \\ 10x+y=3 \end{cases}$에서 $\dfrac{5}{10}\neq\dfrac{-2}{1}$이므로 두 일차방정식의 그래프는 한 점에서 만나고, 한 쌍의 해를 갖는다.

9 ㉢ $\begin{cases} -2x-y=9 \\ 4x+2y=-18 \end{cases}$에서 $\dfrac{-2}{4}=\dfrac{-1}{2}=\dfrac{9}{-18}$이므로 두 일차방정식의 그래프는 일치하고, 해의 개수는 무수히 많다.

10 ㉠ $\begin{cases} 2x-6y=-4 \\ x-3y=12 \end{cases}$에서 $\dfrac{2}{1}=\dfrac{-6}{-3}\neq\dfrac{-4}{12}$

㉡ $\begin{cases} -3x+3y=-6 \\ 2x-2y=8 \end{cases}$에서 $\dfrac{-3}{2}=\dfrac{3}{-2}\neq\dfrac{-6}{8}$

이므로 두 일차방정식의 그래프는 평행하고, 해의 개수는 없다.

12 $\dfrac{a}{3}=\dfrac{1}{-1}\neq\dfrac{-2}{b}$에서 $a=-3,\ b\neq2$

13 $\dfrac{a}{3}=\dfrac{-4}{2}\neq\dfrac{b}{6}$에서 $a=-6,\ b\neq-12$

14 $\dfrac{2}{1}=\dfrac{-a}{1}\neq\dfrac{1}{b}$에서 $a=-2,\ b\neq\dfrac{1}{2}$

15 $\dfrac{-2}{a}=\dfrac{1}{-3}\neq\dfrac{-5}{b}$에서 $a=6,\ b\neq15$

16 $\dfrac{4}{b}=\dfrac{-1}{-1}\neq\dfrac{a}{-6}$에서 $a\neq-6,\ b=4$

18 $\dfrac{-2}{6}=\dfrac{a}{-9}=\dfrac{4}{b}$에서 $a=3,\ b=-12$

19 $\dfrac{2}{b}=\dfrac{-a}{-3}=\dfrac{6}{-9}$에서 $a=-2,\ b=-3$

20 $\dfrac{2}{b}=\dfrac{-1}{1}=\dfrac{a}{5}$에서 $a=-5,\ b=-2$

21 $\dfrac{a}{-2}=\dfrac{-3}{1}=\dfrac{b}{4}$에서 $a=6,\ b=-12$

22 $\dfrac{3}{6}=\dfrac{a}{-4}=\dfrac{-2}{b}$에서 $a=-2,\ b=-4$

23 $\dfrac{2}{a}\neq\dfrac{-1}{1}$에서 $a\neq-2$

24 $\dfrac{2}{a}=\dfrac{-1}{1}=\dfrac{b}{4}$에서 $a=-2,\ b=-4$

25 $\dfrac{2}{a}=\dfrac{-1}{1}\neq\dfrac{b}{4}$에서 $a=-2,\ b\neq-4$

26 $\dfrac{1}{-1}\neq\dfrac{a}{-1}$에서 $a\neq1$

27 $\dfrac{1}{-1}=\dfrac{a}{-1}=\dfrac{4}{b}$에서 $a=1,\ b=-4$

28 $\dfrac{1}{-1}=\dfrac{a}{-1}\neq\dfrac{4}{b}$에서 $a=1,\ b\neq-4$

29 $x=-3$과 $y=x$의 교점의 좌표는 $(-3,\ -3)$이다.
따라서 구하는 도형의 넓이는 $\dfrac{1}{2}\times3\times3=\dfrac{9}{2}$

30 $y=2$와 $y=-x$의 교점의 좌표는 $(-2,\ 2)$이다.
따라서 구하는 도형의 넓이는 $\dfrac{1}{2}\times2\times2=2$

31 연립방정식 $\begin{cases} y=x+4 \\ y=-2x+4 \end{cases}$를 풀면
$x=0,\ y=4$이므로 두 그래프의 교점의 좌표는 $(0,\ 4)$이다.
따라서 구하는 도형의 넓이는
$\dfrac{1}{2}\times6\times4=12$

1 ③   **2** 8   **3** ④
4 ③   **5** −2   **6** 8

1 $2x+3y-4=0$에 $y=0$을 대입하면 $x=2$이므로
x절편은 2이다.
$2x+3y-4=0$에 $x=0$을 대입하면 $y=\dfrac{4}{3}$이므로
y절편은 $\dfrac{4}{3}$이다.

2 $-x+2y+4=0$에서 $2y=x-4$, $y=\dfrac{1}{2}x-2$이므로
기울기는 $\dfrac{1}{2}$이다.
따라서 y의 값이 -2에서 2까지 4만큼 증가할 때, x의
값의 증가량은 8이다.

3 ④ $\begin{cases} x+y=1 \\ 4x+4y=4 \end{cases}$ 에서
계수를 비교하면 $\dfrac{1}{4}=\dfrac{1}{4}=\dfrac{1}{4}$이므로
두 일차방정식의 그래프가 일치한다.

4 x축에 평행한 직선의 방정식은 $y=a$(a는 상수) 꼴이다.
㉢ $2x=3+y+2x$, $y=-3$
따라서 x축에 평행한 직선은 ㉡, ㉢이다.

5 $y=x-2$에 $x=5$를 대입하면 $y=3$
즉 $y=ax+13$에 $x=5$, $y=3$을 대입하면 $3=5a+13$
$5a=-10$, $a=-2$

6 두 직선 $y=-3x+5$, $y=x-3$의 y절편은 각각 5, -3
이고, 연립방정식 $\begin{cases} y=-3x+5 \\ y=x-3 \end{cases}$ 의 해는 $x=2$, $y=-1$
이므로 두 직선의 교점의 좌표는 $(2,\ -1)$이다.
따라서 구하는 넓이는 $\dfrac{1}{2}\times 8\times 2=8$

---

1 ①, ②   **2** ⑤   **3** ②
4 ④   **5** $\dfrac{3}{2}$ **6** ①, ④
7 ③   **8** −3   **9** ①
10 $a=-3$, $b=\dfrac{3}{4}$ **11** ②   **12** ②
13 ⑤   **14** ③   **15** ③

1 ① $x=1$일 때, $y=1$, -1이므로 함수가 아니다.
② $x=1$일 때, $y=2$, 3, $\cdots$이므로 함수가 아니다.
④ $y=200x$
⑤ $y=10-x$
따라서 함수가 아닌 것은 ①, ②이다.

2 $f(2)=3$이므로
$a\times 2-1=3$, $2a=4$, 즉 $a=2$
따라서 $f(x)=2x-1$이므로
$f(5)=2\times 5-1=9$

3 ㄷ. $y=-1$ ㄹ. $y=\dfrac{15}{x}$ ㅁ. $y=-4x$
따라서 일차함수인 것의 개수는 ㄴ, ㅁ의 2이다.

4 ④ $y=\dfrac{3}{4}x$의 그래프를 y축의 방향으로 2만큼 평행이동
하면 $y=\dfrac{3}{4}x+2$의 그래프와 겹쳐진다.

5 그래프가 두 점 $(0,\ 2)$, $(4,\ 0)$을 지나므로
$a=\dfrac{0-2}{4-0}=-\dfrac{1}{2}$
따라서 $\dfrac{(y의\ 값의\ 증가량)}{-3}=-\dfrac{1}{2}$이므로
$(y의\ 값의\ 증가량)=-\dfrac{1}{2}\times(-3)=\dfrac{3}{2}$

6 ① $y=\dfrac{2}{3}x-\dfrac{1}{2}$에 $y=0$을 대입하면
$0=\dfrac{2}{3}x-\dfrac{1}{2}$, $\dfrac{2}{3}x=\dfrac{1}{2}$, 즉 $x=\dfrac{3}{4}$
따라서 x절편은 $\dfrac{3}{4}$이다.
② $y=\dfrac{2}{3}x-\dfrac{1}{2}$에 $x=3$을 대입하면
$y=\dfrac{2}{3}\times 3-\dfrac{1}{2}=\dfrac{3}{2}$
따라서 점 $\left(3,\ \dfrac{3}{2}\right)$을 지난다.

③ 제2사분면을 지나지 않는다.

④ 기울기가 양수이므로 오른쪽 위로 향하는 직선이다.

⑤ x의 값이 증가할 때 y의 값도 증가한다.

따라서 옳은 것은 ①, ④이다.

7 일차함수 $y=ax+b$의 그래프에서 (기울기)>0,

(y절편)<0이므로

$a>0$, $b<0$

즉 $-a<0$, $-\dfrac{a}{b}>0$

따라서 $y=-ax-\dfrac{a}{b}$의 그래프는 오른쪽 그림과 같으므로 제3사분면을 지나지 않는다.

8 $y=ax+1$과 $y=-2x-1$의 그래프가 서로 평행하므로

$a=-2$

즉 $y=-2x+1$의 그래프가 점 $(b, 3)$을 지나므로

$3=-2b+1$, $b=-1$

따라서

$a+b=-2+(-1)=-3$

9 (기울기)$=\dfrac{-2}{3}=-\dfrac{2}{3}$이고, y절편이 5인 직선을 그래프로 하는 일차함수의 식은

$y=-\dfrac{2}{3}x+5$

이 직선이 점 $(a, 3)$을 지나므로

$3=-\dfrac{2}{3}a+5$, 즉 $a=3$

10 (기울기)$=\dfrac{3-1}{9-1}=\dfrac{1}{4}$

$y=\dfrac{1}{4}x+b$의 그래프가 점 $(1, 1)$을 지나므로

$1=\dfrac{1}{4}\times1+b$, 즉 $b=\dfrac{3}{4}$

따라서 $y=\dfrac{1}{4}x+\dfrac{3}{4}$에 $y=0$을 대입하면 $0=\dfrac{1}{4}x+\dfrac{3}{4}$

즉 $x=-3$이므로

$a=-3$

11 y축에 평행한 직선 위의 점들의 x좌표는 모두 같으므로

$2a-1=-a+5$, 즉 $a=2$

12 두 일차방정식 $x+3y=9$, $ax-6y=-2$의 그래프가 평행하므로

$\dfrac{1}{a}=-\dfrac{3}{6}\neq-\dfrac{9}{2}$

$a=-2$

13 $y=\dfrac{3}{4}x$의 그래프를 y축의 방향으로 -6만큼 평행이동한 그래프의 식은

$y=\dfrac{3}{4}x-6$

$y=\dfrac{3}{4}x-6$에 $y=0$을 대입하면

$0=\dfrac{3}{4}x-6$, 즉 $x=8$

$y=\dfrac{3}{4}x-6$에 $x=0$을 대입하면 $y=-6$

따라서 $a=8$, $b=-6$이므로

$a+b=8+(-6)=2$

14 직선 AB의 기울기와 직선 BC의 기울기가 같으므로

$\dfrac{4-(-2)}{3-(-1)}=\dfrac{a-4}{4-3}$, $\dfrac{3}{2}=a-4$, 즉 $a=\dfrac{11}{2}$

15 얼음의 높이가 1분마다 $\dfrac{3}{4}$ cm씩 짧아지므로 x분 후의 얼음의 높이를 y cm라 하면

$y=60-\dfrac{3}{4}x$

$y=15$일 때, $15=60-\dfrac{3}{4}x$, 즉 $x=60$

따라서 얼음의 높이가 15 cm가 되는 것은 60분 후이다.

개념 확장

최상위수학

수학적 사고력 확장을 위한
심화 학습 교재

심화 완성

개념부터
심화까지

수학은 개념이다